高等职业教育“十四五”规划教材

动物解剖彩色图谱

第2版

张步彩　丁小丽　主编

中国农业大学出版社
· 北京 ·

内 容 简 介

本书共分12章，包括运动系统、被皮系统、消化系统、呼吸系统、泌尿系统、生殖系统、心血管系统、淋巴系统、神经系统、内分泌系统、感觉器官、家禽解剖。各章节先文字概述主要知识点，再集中排版图片展示动物机体各组织、器官正常的形态、结构、位置和功能以及相互间的毗邻关系。整个图谱有300多幅彩色图片。本书对每幅图片都配有详细图注并进行了精简的文字说明，将部分历年执业兽医资格考试真题和临床实践内容插入相关章节，以便于读者学习参考。

图书在版编目(CIP)数据

动物解剖彩色图谱/张步彩，丁小丽主编.--2版.--北京：中国农业大学出版社，2023.8(2024.12重印)

ISBN 978-7-5655-3028-9

Ⅰ.①动… Ⅱ.①张…②丁… Ⅲ.①动物解剖学-图谱 Ⅳ.①Q954.5-64

中国国家版本馆CIP数据核字(2023)第137944号

书　　名　动物解剖彩色图谱　第2版

作　　者　张步彩　丁小丽　主编

策划编辑	张玉芬	**责任编辑**	张玉芬
封面设计	李尘工作室		
出版发行	中国农业大学出版社		
社　　址	北京市海淀区圆明园西路2号	**邮政编码**	100193
电　　话	发行部 010-62733489，1190		读者服务部 010-62732336
	编辑部 010-62732617，2618		出　版　部 010-62733440
网　　址	http://www.caupress.cn	**E-mail**	cbsszs@cau.edu.cn
经　　销	新华书店		
印　　刷	涿州市星河印刷有限公司		
版　　次	2023年8月第2版　2024年12月第2次印刷		
规　　格	185 mm×260 mm　16开本　14.5印张　360千字		
定　　价	66.00元		

第 2 版编审人员

主编	张步彩	江苏农牧科技职业学院
	丁小丽	江苏农牧科技职业学院
副主编	张晋川	江苏农牧科技职业学院
	高月秀	江苏农牧科技职业学院
	任东娜	江苏农牧科技职业学院
	贾燕青	杨凌职业技术学院
参编人员	曹礼静	重庆市荣昌区职业教育中心
	王惠文	江苏农牧科技职业学院
	李娜	江苏农牧科技职业学院
	管远红	江苏农牧科技职业学院
	王一明	伊犁职业技术学院
	戴建华	江苏农牧科技职业学院
	郝福星	江苏农牧科技职业学院
	程汉	江苏农牧科技职业学院
	吴植	江苏农牧科技职业学院
	解慧梅	江苏农牧科技职业学院
	袁橙	江苏农牧科技职业学院
	刘剑华	江苏农牧科技职业学院
	吴礼平	杨凌职业技术学院
	王雯熙	湖北生物科技职业学院
审稿	陆辉	江苏农牧科技职业学院
	孟婷	江苏农牧科技职业学院
	王涛	江苏农牧科技职业学院

第1版编审人员

主　　编　张步彩　江苏农牧科技职业学院
　　　　　王　涛　江苏农牧科技职业学院
副 主 编　张晋川　江苏农牧科技职业学院
　　　　　高月秀　江苏农牧科技职业学院
　　　　　丁小丽　江苏农牧科技职业学院
参编人员　解慧梅　江苏农牧科技职业学院
　　　　　吴　植　江苏农牧科技职业学院
　　　　　管远红　江苏农牧科技职业学院
　　　　　王一明　伊犁职业技术学院
　　　　　曹洪志　宜宾职业技术学院
　　　　　陈　益　河南牧业经济学院
　　　　　戴建华　江苏农牧科技职业学院
　　　　　程　汉　江苏农牧科技职业学院
　　　　　袁　橙　江苏农牧科技职业学院
　　　　　练国俊　江苏农牧科技职业学院
　　　　　王荣林　江苏农牧科技职业学院
审　　稿　蒋春茂　江苏农牧科技职业学院
　　　　　贺生中　江苏农牧科技职业学院
　　　　　孟　婷　江苏农牧科技职业学院

第 2 版前言

动物解剖课程是畜牧兽医类专业的一门重要专业基础课，是学习动物生理、动物病理、动物外科、兽医临床诊疗等课程的关键前导课程。本书在保留第 1 版精华的基础上，结合对行业、企业、教师、学生的调研，对每个章节知识点、临床实践、历年执业兽医资格考试真题进行了修订，特别是对部分章节中的图片进行增删、替换，使本书质量得到了进一步的提升。

习近平总书记在党的二十大报告中指出："万事万物是相互联系、相互依存的。只有用普遍联系的、全面系统的、发展变化的观点观察事物，才能把握事物发展规律。"本书收集的图片包括剥制、解剖、铸型、塑化、浸泡等类型，既有各系统（或器官）的整体图片，也有局部特征图片。想要掌握动物复杂的形态结构，探析有机体内器官、系统之间的联系，必须合理把握局部与整体的关系。习近平总书记在党的二十大报告中还指出："深入推进环境污染防治。坚持精准治污、科学治污、依法治污，持续深入打好蓝天、碧水、净土保卫战。""人民健康是民族昌盛和国家强盛的重要标志。把保障人民健康放在优先发展的战略位置，完善人民健康促进政策。"借助本书开展实训教学具有两个优点：一是减少实验动物不必要的处死，减少尸体掩埋或尸体焚烧，保护环境；二是避免密封不严的浸泡标本散发出少量刺激性气味，影响师生健康。

第 2 版图谱对图片、文字部分进行了优化，具有以下 4 个方面的特色：

第一，第 2 版图谱在保留第 1 版图谱优质图片的基础上，替换了一部分质量欠佳的图片，替换后的图片质量更佳、更能联系临床实践、更适用于教学与自学。第 2 版图谱仍具有 300 多幅图片，能生动、形象地展示动物复杂的形态结构和位置毗邻关系。

第二，结合解剖学要点及临床实践，对每幅图片进行精简的文字说明，更有助于读者学习、理解。

第三，对各章节的文字概述进行了修订，增加了近年来的执业兽医资格考试真题（2009—2022 年），真题穿插在相关章节知识点中，既能帮助读者学习相关知识点，又能让读者了解执业兽医考题的形式和出题思路。总体而言，内容体现了职业本科体例，联系了临床实践，更有助于学生及自学者为参加全国执业兽医资格考试做准备。

第四，各章节的文字概述部分穿插了临床实践内容，以知识点或案例的形式呈现。这既能增强读者兴趣，又能使读者更好地掌握临床实践知识。

本书主要采用了拍摄的优质图片，图文并茂，全彩印刷，印刷精美，文字内容准确简洁，适用范围广，实用性强，既可以作为畜牧兽医专业师生用书，也可以作为基层畜牧兽医工作者自学教材或参考书籍。

图谱编撰是一项艰巨的工程，需要付出极大的努力与辛苦，鉴于作者水平有限，书中难免有缺点和错误，敬请同行专家及广大读者批评指正。

编　者

2023 年 5 月

第 1 版前言

动物解剖课程是畜牧兽医类专业的一门重要专业基础课，是学习动物生理、动物病理、动物外科、兽医临床诊疗等课程的关键前导课程。

本图谱具有以下 4 个方面的特色：

1. 本图谱精选了来自教师教学、科研中积累的 300 多幅彩色图片，图片色彩鲜艳，形象逼真，能生动、形象地展示动物复杂的形态结构和位置毗邻关系。

2. 从解剖学角度对每幅图片进行精简的文字说明，更有助于读者学习、理解。

3. 图谱按照系统进行章节划分，每一章均有简要文字概述，历年的执业兽医资格考试真题穿插在相关章节知识点中，这样既帮助读者学习相关知识点，也能让读者了解执业兽医考题的形式和出题思路。

4. 各章节文字概述的相关知识点部分穿插了临床实践内容，以知识点或案例的形式呈现。既能增强读者兴趣，又能使读者更好地掌握临床实践知识。

本图谱图文并茂，全彩印刷，文字内容准确简洁，适用范围广，实用性强，既可以作为畜牧兽医专业师生用书，同时也可以作为基层畜牧兽医工作者自学教材或参考书籍。

图谱编撰是一项艰巨的工程，需要付出极大的努力与辛苦，鉴于作者水平有限，难免有缺点和错误，敬请专家学者及广大读者批评指正。

编者

2017 年 4 月

目　录

第一章　运动系统

家畜的运动系统由骨、骨连结和肌肉三部分组成。全身骨由骨连结连接成骨骼，构成畜体的坚固支架，在维持体形、保护脏器和支持体重方面起着重要的作用。肌肉附着于骨上，在其收缩时，以骨连结为支点，牵引骨发生移位而产生各种运动。位于皮下的一些骨的突起和肌肉，在体表可摸到或看到，在畜牧兽医实践中常用作确定内部器官位置和体尺测量的标志。

第一节　骨与骨连结

一、总论

骨由骨膜、骨组织和骨髓构成。

骨膜，在做骨折手术时应尽量保留骨膜，以免发生骨的坏死和延迟骨的愈合。骨内膜衬于骨髓腔内表面。

骨组织由几种细胞和大量钙化的细胞间质（也称骨基质）组成，骨基质包括骨密质与骨松质。

骨髓位于骨松质间隙内（因机体终身保留红骨髓，临床上骨髓穿刺做病理学检查）和幼畜长骨骨髓腔内。胎儿和幼龄动物的骨髓全是红骨髓，是重要的造血器官。在大量失血后，黄骨髓又可转变成红骨髓，恢复造血功能。

骨是由有机质和无机盐两种化学成分组成的。有机质主要为骨胶原，无机盐主要成分为磷酸钙、碳酸钙、氟化钙等。幼畜有机质多，骨柔韧富弹性；老畜无机盐多，骨质硬而脆，易发生骨折。哺乳幼畜和青年动物钙、磷缺乏，易出现佝偻病。母畜妊娠后期由于胎儿发育需要消耗大量钙盐，或母畜产仔过多，大量泌乳，大量的钙进入乳汁，可造成母畜骨软病。饲料中钙、磷不足或比例失调也会造成动物骨软病。

执业兽医资格考试真题

1.（2012 年）骨质内含量最多的无机盐是（　　）。

A. 碳酸钙　　B. 磷酸钙　　C. 磷酸镁　　D. 碳酸镁　　E. 磷酸钠

骨连结分为直接连结和间接连结。

直接连结即两骨相对面或相对缘之间借结缔组织直接相连，其间无腔隙，基本不能活动，或仅有小范围的活动。主要有：纤维连结（桡骨和尺骨的韧带联合）、软骨连结（椎体之间的椎间盘）、骨性结合（髂骨、坐骨和耻骨之间的结合）。

间接连结又称关节。

关节基本的构造包括关节面、关节软骨、关节囊、关节腔。

关节的辅助结构包括韧带（囊外韧带，内、外侧副韧带，圆韧带）、关节盘（股胫关节的半月板）、关节唇（髋臼周围的唇软骨）。

执业兽医资格考试真题

2.（2010 年）关节中分泌滑液的部位是（　　）。

A. 韧带　　B. 黏液囊　　C. 滑膜层　　D. 纤维层　　E. 关节软骨

3. (2009 年、2014 年)关节的基本构造包括(　　)。
A. 关节囊、关节腔、关节韧带、籽骨
B. 关节囊、关节腔、关节软骨、籽骨
C. 关节囊、关节面、关节软骨、籽骨
D. 关节囊、关节腔、关节盘、关节软骨
E. 关节囊、关节腔、关节面、关节软骨

4. (2020 年)围成关节腔的结构是关节囊滑膜层和(　　)。
A. 关节盘　B. 韧带　C. 关节软骨　D. 关节囊纤维层　E. 关节唇

二、头骨及其连结

头骨包括颅骨和面骨。

颅骨由枕骨、顶间骨、蝶骨、筛骨、顶骨、额骨和颞骨构成。

面骨由对骨(鼻骨、上颌骨、泪骨、颧骨、切齿骨、腭骨、翼骨、鼻甲骨、下颌骨)和单骨(犁骨、舌骨)构成。

下颌骨分左、右两半,每半分下颌体和下颌支。下颌体前部为切齿部,有切齿槽,后部为臼齿部,有臼齿槽,切齿槽与臼齿槽之间为齿槽间缘。在下颌体与下颌支之间的下缘,有下颌血管切迹。两侧下颌骨之间形成下颌间隙。

鼻旁窦主要有额窦、上颌窦、腭窦和筛窦等。在兽医临床上较为重要的是额窦和上颌窦。眶下窦是禽唯一的鼻旁窦,位于眼球的前下方和上颌外侧。鸡支原体病,眶下窦内有黄色干酪样分泌物。

联系临床实践

(1)齿槽间缘:在对牛口腔检查时,徒手开口法就是食指与中指由口角处(即齿槽间缘处)伸入口内,将牛舌向外拉出即可。

(2)下颌间隙与血管切迹:对临床诊断如兽医卫生检疫有重要实践意义的下颌淋巴结位于下颌间隙,牛的下颌淋巴结在下颌间隙后部,其外侧与颌下腺前端相邻,猪的下颌淋巴结在下颌体与下颌支交界的内侧,马的下颌淋巴结与血管切迹相对。

执业兽医资格考试真题

5. (2009 年、2014 年)鼻腔黏膜发炎常波及的腔窦是(　　)。
A. 血窦　B. 淋巴窦　C. 上颌窦　D. 冠状窦　E. 静脉窦

6. (2011 年)头骨中最大的骨是(　　)。
A. 上颌骨　B. 下颌骨　C. 鼻甲骨　D. 颌前骨　E. 腭骨

7. (2017)寰枕关节的类型属于(　　)。
A. 单轴关节　B. 单轴复关节　C. 双轴关节　D. 多轴关节　E. 多轴复关节

头骨的连结，大部分为不动连结，只有颞下颌关节具有活动性，可进行开口、闭口和侧运动。

三、躯干骨及其连结

（一）躯干骨

躯干骨包括脊柱、肋、胸骨和胸廓。

1. 脊柱

脊柱由一系列椎骨（颈椎、胸椎、腰椎、荐椎和尾椎），借软骨、关节和韧带紧密连结形成。椎骨由椎体、椎弓和突起（棘突、横突、关节突）组成。

（1）颈椎：家畜均有 7 枚颈椎。第 1 颈椎又称寰椎，前面与枕骨髁形成寰枕关节，后面有一对鞍状关节面与第 2 颈椎（枢椎）形成寰枢关节。第 3～6 颈椎前、后关节突发达，棘突不发达，横突分前后两支，基部有横突孔。第 7 颈椎椎窝两侧有一对后肋凹与第 1 肋骨成关节，棘突较明显。

（2）胸椎：牛、羊 13 个，马 18 个，猪 14 或 15 个，犬 13 个，骆驼 12 个。牛、马较高的一些棘突（第 2～6 胸椎）是构成鬐甲的基础。牛、马胸高指鬐甲最高点至胸骨的腹侧缘；畜牧学上牛的身高是鬐甲最高点与水平地面之间的高度。

（3）腰椎：牛、马 6 个，驴、骡 5 个，猪、羊 6 或 7 个，犬、猫 7 个，骆驼 7 个。横突长，呈上下压扁的板状，长横突以扩大腹腔顶壁的横径，并都可以在体表触摸到。

（4）荐椎：牛、马 5 个，猪、羊 4 个，犬、猫 3 个，骆驼 5 个。成年时荐椎愈合成一整体，称为荐骨。荐椎的横突相互愈合，前部宽并向两侧突出，称为荐骨翼。翼的背外侧有粗糙的耳状关节面，与髂骨成关节。第 1 荐椎椎头腹侧缘较突出，称为荐骨岬，是重要的骨性标志，未达到性成熟的小母猪卵巢位于荐骨岬两侧稍靠后方。

联系临床实践

临床上腰荐间隙硬膜外麻醉是将麻醉药通过腰荐间隙注入硬膜外腔内，多用于家畜的后躯、臀部、阴道、直肠、后肢及剖腹产、胎位异常、乳房切除等手术。

（5）尾椎：数目变化较大。牛前几个尾椎椎体腹侧有成对腹棘，中间形成一血管沟，供尾中动脉（牛脉搏测定）通过。

2. 肋、胸骨和胸廓

（1）肋：肋包括肋骨与肋软骨。肋骨位于肋背侧，肋软骨位于腹侧，直接与胸骨相连，称为真肋，其余由结缔组织顺次连接成肋弓，这种肋称为假肋。有的肋软骨游离，称为浮肋（犬、兔、少部分品种猪）。牛、羊 13 对肋，其中真肋 8 对，假肋 5 对；马 18 对肋，其中真肋 8 对，假肋 10 对；猪 14 或 15 对肋，其中真肋 7 对。

（2）胸骨：胸骨由胸骨柄、胸骨体、剑状软骨构成。

(3)胸廓:由胸椎、肋和胸骨构成。前部肋较短,直接与胸骨相连,坚固性强但活动范围小,可以保护胸腔内器官,并连接前肢。后部肋长且弯曲,活动范围大,形成呼吸运动的杠杆。相邻肋之间的空隙称为肋间隙。

执业兽医资格考试真题

8.(2009 年)胸廓的组成包括(　　)。

A.胸椎、肋骨和胸骨　　B.胸椎、肋骨和肱骨

C.胸椎、肋骨和腰椎　　D.胸椎、肋骨和肩胛骨

E.胸骨、肋骨和肩胛骨

9.(2012 年)肋软骨不与其他肋骨相连接的肋骨称为(　　)。

A.假肋　　B.浮肋

C.肋弓　　D.真肋

E.剑状软骨

10.(2016 年)马胸骨的形态特点是(　　)。

A.胸骨体上下扁平,有胸骨嵴

B.胸骨体上下压扁,无胸骨嵴

C.胸骨体前部左右压扁,后部上下压扁,有胸骨嵴

D.胸骨体前部上下压扁,后部左右压扁

E.胸骨体左右压扁,无胸骨嵴

(二)躯干骨的连结

1.脊柱的连结

脊柱的连结包括椎体间连结、椎弓间连结和脊柱总韧带。

(1)椎体间连结:是指相邻两椎骨的椎头和椎窝,借椎间盘相连结,椎间盘的外围是纤维环,中央为柔软的髓核。

联系临床实践

体形小、年龄大的软骨营养障碍类犬(如腊肠犬、比格犬、北京犬)易发生椎间盘突出,表现为椎间盘的纤维环破裂,髓核突出,压迫脊髓,引起疼痛,共济失调,麻木和运动障碍等一系列症状,典型病例为后肢瘫痪、大小便失禁。

(2)椎弓间连结:是指相邻椎骨的关节突构成的关节,有关节囊,颈部的关节突发达,关节囊宽松,活动范围较大。

(3)脊柱总韧带:包括棘上韧带、背纵韧带与腹纵韧带。

项韧带由弹性纤维构成,呈黄色,辅助颈部肌肉支撑头部,牛、马、骆驼项韧带发达。

2.胸廓的关节

胸廓的关节包括肋椎关节和肋胸关节。

四、四肢骨及其连结

（一）前肢骨

前肢骨由肩胛骨、臂骨（肱骨）、前臂骨（桡骨和尺骨）、前脚骨（腕骨、掌骨、指骨和籽骨）构成。

（二）前肢关节

前肢关节由肩关节、肘关节、腕关节、指关节（系关节、冠关节、蹄关节）构成。肩关节由肩胛骨的肩臼和肱骨头构成，关节囊松大，无侧副韧带，为多轴单关节。肘关节是由肱骨远端和前臂骨近端构成的单轴复关节，有内外侧副韧带。系关节又称球节。

联系临床实践

狩猎犬如灵缇犬四肢较长，在狩猎奔跑时易发生肘关节脱位。用力使此关节角度尽量达到最小时可手法复位。

执业兽医资格考试真题

11.(2013 年)构成哺乳动物肩关节的骨骼是(　　)。

A.肱骨和前臂骨　B.前臂骨和腕骨　C.腕骨和掌骨
D.掌骨和指骨　E.肩胛骨和肱骨

12.(2015 年)牛肩关节的特点是(　　)。

A.有十字韧带　B.有悬韧带　C.有侧(副)韧带
D.无侧(副)韧带　E.无关节囊

13.(2016 年)构成牛肘关节的骨骼是(　　)。

A.肱骨和前臂骨　B.肱骨和肩胛骨　C.前臂骨、腕骨和掌骨
D.掌骨、近指节骨和近籽骨　E.前臂骨和腕骨

14.(2022 年)马前肢仅有一指，是第(　　)指。

A.1　B.2　C.3
D.4　E.5

（三）后肢骨

后肢骨由髋骨（髂骨、坐骨和耻骨）、股骨、髌骨（膝盖骨）、小腿骨（胫骨和腓骨）、跗骨、跖骨、趾骨和籽骨构成。

联系临床实践

髋骨的骨性标志有髋结节、荐结节、坐骨结节以及股骨的大转子，四者围成的臀肌丰满

度是确定牛膘情依据之一。

母畜的骨盆比公畜的大而宽敞，荐骨与耻骨的距离（骨盆纵径）较公畜大；髋骨两侧对应点的距离（骨盆横径）较公畜远，骨盆底的耻骨部较凹，坐骨部宽而平，骨盆后口也较大。

实践中易发生股骨干骨折以及股骨远端靠近髌骨处骨折。

执业兽医资格考试真题

15.（2013 年）家畜的髋骨包括（　　）。

A. 髂骨、股骨、坐骨　　B. 髂骨、坐骨、膝盖骨

C. 髂骨、膝盖骨、耻骨　　D. 膝盖骨、耻骨、坐骨

E. 髂骨、坐骨、耻骨

16.（2017 年）关于牛髋骨的描述，错误的是（　　）。

A. 由髂骨、坐骨和耻骨组成　　B. 耻骨和坐骨共同组成闭孔

C. 坐骨后外侧角粗大称坐骨结节　　D. 髂骨内侧角称荐结节

E. 髂骨翼外侧角称髂骨结节

（四）后肢关节

后肢关节由荐髂关节、髋关节、膝关节、跗关节（飞节）、趾关节（系关节、冠关节、蹄关节）构成。荐髂关节由荐骨翼和髂骨的耳状关节面构成，几乎不能活动，功能是将后肢固定在躯干上。髋关节由髋臼和股骨头构成的多轴复关节，关节囊松大，有髋臼周缘的唇软骨（加深关节窝、增强关节的稳定性作用）和圆韧带（股骨头韧带，加固髋关节的作用）。膝关节包括股膝（髌）关节和股胫关节。股膝关节由膝盖骨和股骨远端前部的滑车关节面构成，有 3 条膝直韧带（外、中、内），为单轴单关节。股胫关节由股骨远端后部的内外侧髁和胫骨近端构成，有两个半月板、十字韧带和侧韧带，为单轴复关节。跗关节又称为飞节。

联系临床实践

坐骨神经是由来自第 6 腰神经和第 1 荐神经腹侧支的分支组成，其从坐骨大孔穿出盆腔，沿荐结节阔韧带的外侧向后向下伸延，经大转子与坐骨结节之间，绕过髋关节后方，约在股骨中部，分为腓总神经和胫神经。在给动物臀部肌肉注射时，如果注射到股部就容易损伤坐骨神经，或在做骨盆、股骨骨折手术时，小心勿伤及坐骨神经。

股膝关节的韧带包括膝直韧带与膝内、外侧副韧带。猪、犬、猫有 1 条膝直韧带。牛、马有 3 条膝直韧带，分别为膝外侧直韧带、膝中间直韧带和膝内侧直韧带。

马属动物的髋关节有一个特殊的韧带，称为股骨副韧带，来自腹直肌耻前腱，此韧带限制后肢的外展运动，所以马的后肢不擅长侧踢，但是有强大的后踢能力，在与马接触时不能站在马的正后方。

执业兽医资格考试真题

17. (2010 年)马在运动过程中突然出现膝关节、跗关节不能屈曲，大腿和小腿强直。强迫运动时蹄尖着地，拖曳前进。触诊时髌骨位于滑车嵴的顶端，内直韧带高度紧张。手术治疗的最佳方案是(　　)。
A. 跗关节切开矫形术　B. 膝内直韧带切断术
C. 膝关节外侧韧带加固术　D. 髋关节开放性整复固定术
E. 切开膝关节，整复固定髌骨

18. (2018 年)犬膝(直)韧带有(　　)。
A. 1 条　B. 2 条　C. 3 条
D. 4 条　E. 5 条

19. (2019 年、2021 年)家畜后肢关节活动性最小的关节是(　　)。
A. 荐髂关节　B. 髋关节　C. 膝关节
D. 跗关节　E. 趾关节

20. (2019 年)荐骨翼与髂骨翼的耳状关节面构成的关节称为(　　)。
A. 腰荐关节　B. 髋关节　C. 耻骨联合
D. 荐髂关节　E. 坐骨联合

21. (2021 年)连接髋关节的骨骼是(　　)。
A. 荐骨　B. 髂骨　C. 股骨
D. 膝盖骨　E. 胫骨

五、牛(羊)的心骨和犬的阴茎骨

1. 心小骨

心小骨的大小和形状因牛(羊)的品种、年龄和性别不同而差异较大，即使相同品种的不同个体也有变异。且均为正常骨骼。杂交牛均有 1 或 2 块心小骨，西门塔尔杂交一代牛均有 2 块，也有研究发现某些地方的本地黄牛仅见到 1 头牛有 1 块心小骨，而在 1 头 7 岁的纯种西门塔尔母牛竟分离出 4 块心小骨。黑白花杂交一代心脏内含有 2 块硬质骨，2 块心小骨，一大一小。成年雄性黄羊(4 岁左右)的心脏部位均有一块硬骨骼(心小骨)，而雌性或雄性年青个体中没有此类骨骼。

2. 犬的阴茎骨

公犬的阴茎构造比较特殊，有一块 8～10 cm 的阴茎骨。

执业兽医资格考试真题

22. (2010 年)与其他家畜相比，犬阴茎的特殊结构是(　　)。
A. 阴茎骨　B. 阴茎头　C. 阴茎体
D. 阴茎根　E. 乙状弯曲

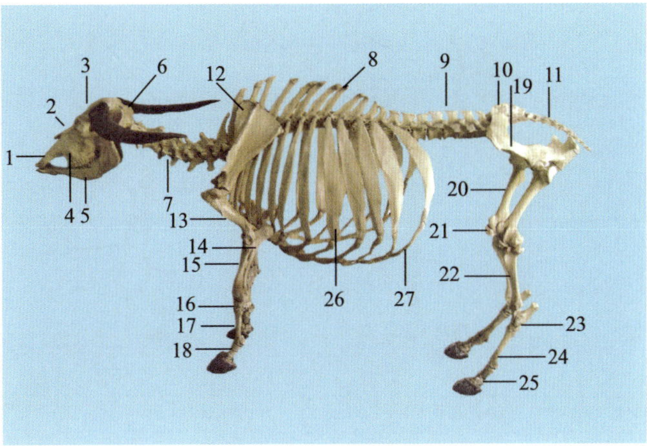

图 1-1 牛全身骨骼

1.颌前骨 2.鼻骨 3.额骨 4.上颌骨 5.下颌骨 6.枕骨 7.颈椎 8.胸椎 9.腰椎 10.荐椎 11.尾椎 12.肩胛骨 13.臂骨 14.尺骨 15.桡骨 16.腕骨 17.掌骨 18.指骨 19.髋骨 20.股骨 21.髌骨 22.胫骨 23.跗骨 24.跖骨 25.趾骨 26.肋骨 27.肋软骨

全身骨骼分为头骨、躯干骨和四肢骨。头骨分为参与形成颅腔的颅骨和不参与形成颅腔的面骨。躯干骨分为脊柱、肋、胸骨。前肢骨由肩胛骨、肱骨、前臂骨、腕骨、掌骨、指骨和籽骨组成。后肢骨由髋骨、股骨、髌骨、小腿骨、跗骨、跖骨、趾骨和籽骨组成。

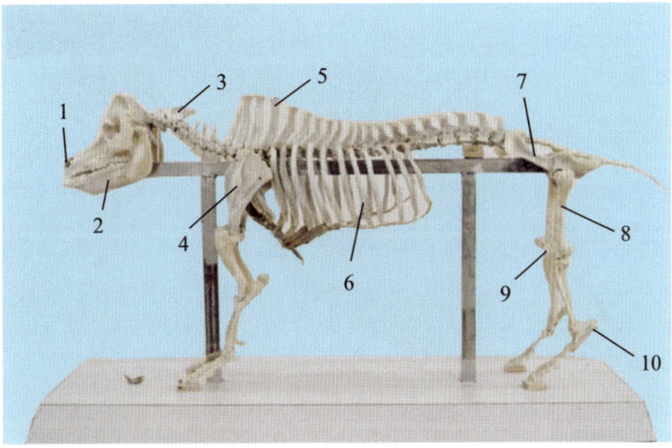

图 1-2 姜曲海猪骨骼全身观

1.吻骨 2.下颌骨 3.枢椎 4.肩胛骨 5.胸椎 6.肋 7.髋骨 8.股骨 9.髌骨 10.跟骨

猪在切齿骨上方和鼻骨前方有一块吻骨，猪头骨近似楔形，枕嵴为头骨最高点，肱骨大结节发达，分前、后两部，与小结节围成管状，髋骨狭而长，坐骨嵴发达。胸椎有 14 或 15 块，腕骨有 8 枚，掌骨有 4 枚，腓骨细，骨体不消失，跗骨有 7 枚。

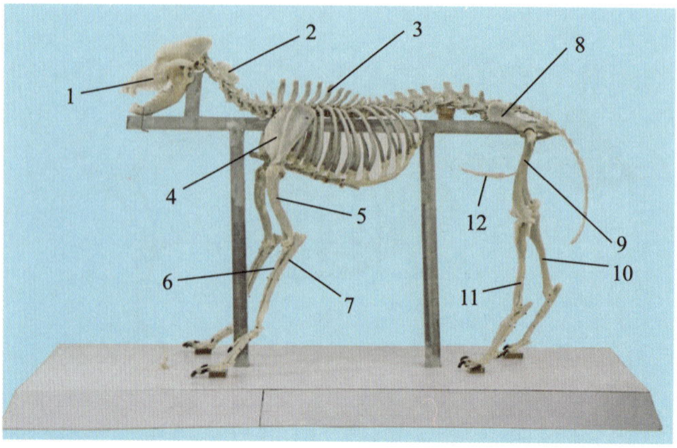

图 1-3 藏獒骨骼全身观

1. 上颌骨 2. 枢椎 3. 胸椎 4. 肩胛骨 5. 肱骨 6. 桡骨 7. 尺骨
8. 髋骨 9. 股骨 10. 胫骨 11. 腓骨 12. 阴茎骨

犬头骨无眶上孔，筛骨发达，嗅窝深，犬寰椎上没有翼孔，而是一个翼切迹。胸椎无椎外侧孔，荐骨由 3 枚荐椎愈合而成。前臂骨间隙狭长，腕骨 7 枚，掌骨 5 枚，指骨 5 枚，大转子小，低于股骨头，胫骨腓骨等长，胫骨呈“S”状弯曲。犬有 1 枚阴茎骨。

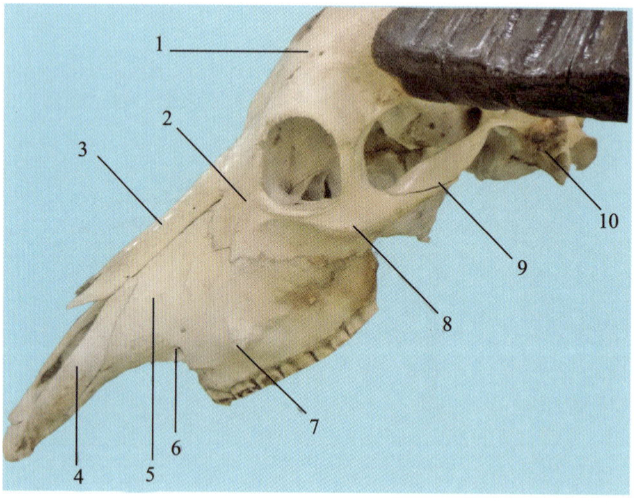

图 1-4 牛头骨侧面观

1. 额骨 2. 泪骨 3. 鼻骨 4. 颌前骨 5. 上颌骨 6. 眶下孔 7. 面结节 8. 颧骨 9. 颧弓 10. 颞骨

牛头骨侧面观呈三角形，额骨前面是鼻骨，鼻骨前面是颌前骨（切齿骨），上颌骨上有眶下孔、面结节和上臼齿齿槽。颧弓由颧骨的颞突和颞骨的颧突构成。额骨、泪骨和颧骨围成圆形、大而深的眼眶。

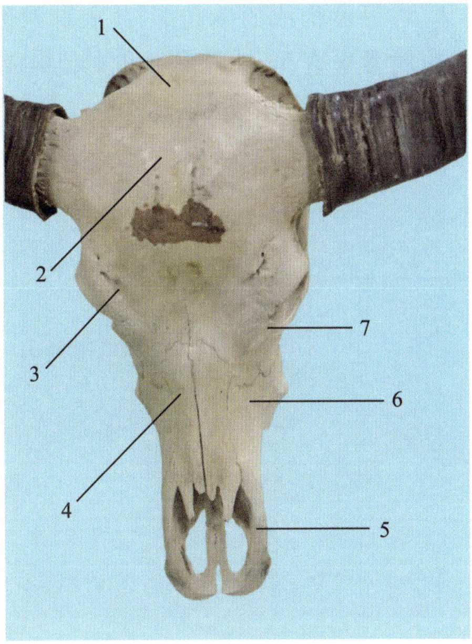

图 1-5 牛头骨前侧观

1. 顶骨 2. 额骨 3. 眶上沟 4. 鼻骨 5. 颌前骨 6. 上颌骨 7. 泪骨

颅顶由额骨和顶骨构成，额骨部宽而平，两侧有眶上沟和眶上孔。额骨的后缘高，为额隆起，为头骨的最高点，有角的牛在额隆起前方有一角突。鼻骨构成鼻腔顶。在鼻骨和切齿骨之间有很宽大的骨质鼻孔。

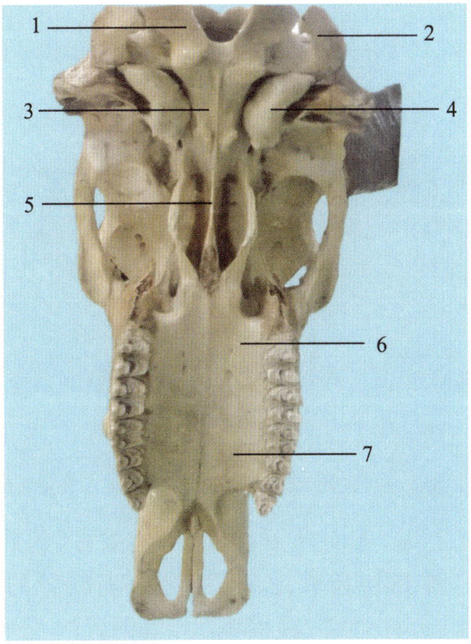

图 1-6 牛头骨底面观

1. 枕髁 2. 颈静脉突 3. 蝶骨体 4. 鼓泡 5. 犁骨 6. 腭骨腭突 7. 上颌骨腭突

头骨底面可看到由枕骨体、蝶骨体构成的颅底部，颅底部两侧有突向腹侧、左右压扁的鼓泡。鼻后孔窄而长，其侧壁由腭骨垂直部、蝶骨翼突和翼骨构成。由腭骨的水平部与上颌骨及切齿骨的腭突共同构成头骨底面的腭部。

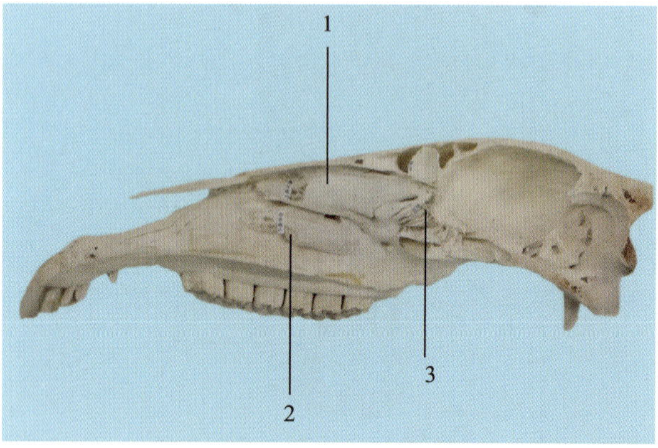

图 1-7　鼻甲骨(马)

1.上鼻甲骨　2.下鼻甲骨　3.筛骨

上鼻甲骨附着在鼻骨上，较长；下鼻甲骨附着在上颌骨上，较短。上、下鼻甲骨把鼻腔分为上、中、下 3 个鼻道。

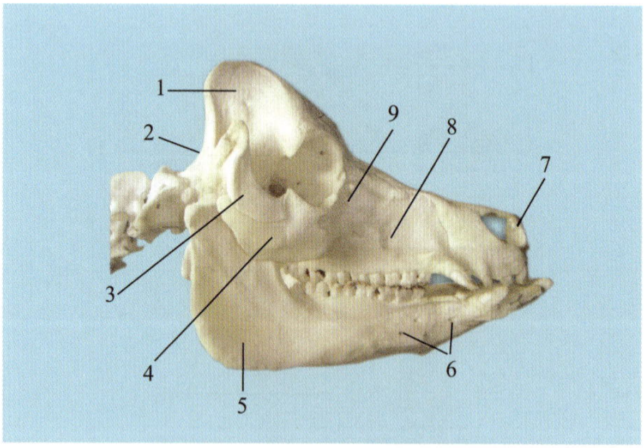

图 1-8　姜曲海猪头骨侧面观

1.顶骨　2.枕骨　3.颞骨　4.颧骨　5.下颌骨　6.颏孔　7.吻骨　8.上颌骨　9.泪骨

猪额骨向外侧突出一眶上突，弯向外下方，但不达颧弓，因此猪不形成封闭的眼眶，而由眶韧带相连。吻骨位于鼻骨和切齿骨之间，由鼻中隔软骨的前端骨化形成，呈三面棱形。猪枕骨发达，头骨最高点为枕骨嵴，项面宽大，呈倒置的三角形，枕骨大孔背面两侧有项结节。

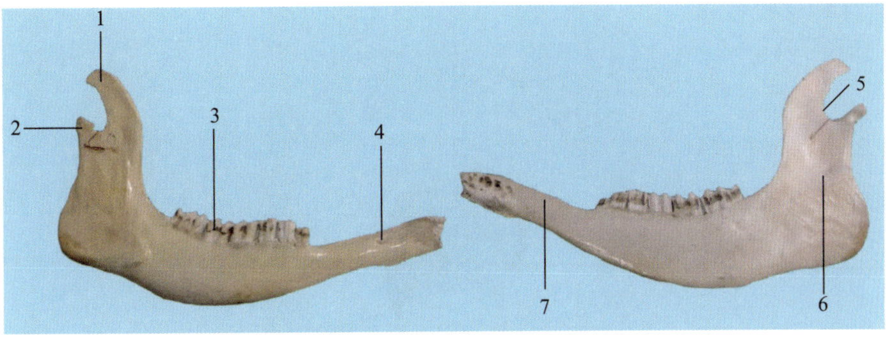

图 1-9　牛下颌骨外侧(左)及下颌骨内侧(右)

1.冠状突　2.髁突　3.臼齿　4.颏孔　5.下颌切迹　6.下颌孔　7.齿槽间隙

牛下颌骨是面骨中最大的骨，分左、右两半，有齿槽的部分为骨体，骨体向上延伸的宽骨板为下颌支，内、外侧均凹。下颌支上端有两个突起，前为冠状突，供颞肌附着，后为髁突，与颞骨构成颞下颌关节。下颌骨体的前部外侧有颏孔。

牛下颌骨体的臼齿齿槽缘上各有 6 个臼齿槽，切齿部上各有 4 个切齿齿槽。内侧面有一下颌孔，与外侧的颏孔相通。在公马的下颌骨体还有一个犬齿齿槽。

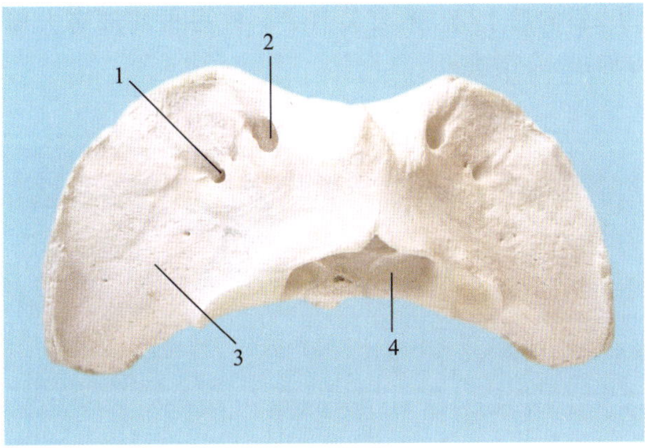

图 1-10　牛第 1 颈椎后侧观

1.翼孔　2.椎外侧孔　3.寰椎翼　4.椎孔

牛第 1 颈椎为寰椎，呈环状，无椎体和棘突，由背侧弓和腹侧弓及其间的侧块构成，前端有成对的关节窝，与枕骨成关节；后端有鞍状关节面，与第 2 颈椎成关节；背侧弓前部有发达的背侧结节；腹侧弓后部有腹侧结节。横突呈板状，称寰椎翼，寰椎翼的腹侧凹为寰椎窝，寰椎翼前部内侧有椎外侧孔，通椎管；外侧有翼孔，通寰椎窝，牛无横突孔，其他家畜在寰椎翼后侧有横突孔。

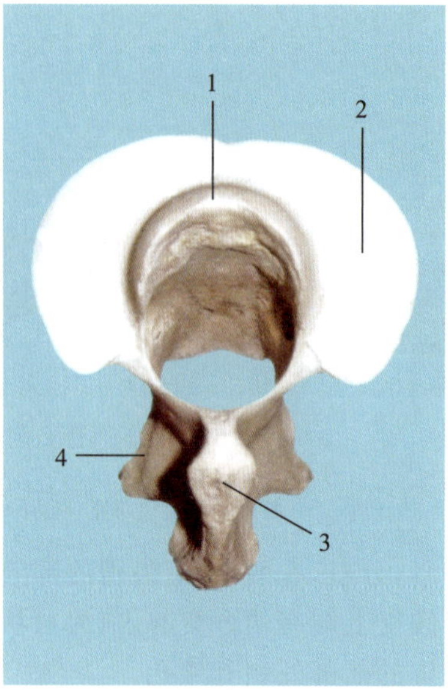

图 1-11　牛第 2 颈椎前侧观

1. 齿状突　2. 鞍状关节面　3. 棘突　4. 横突

牛第 2 颈椎为枢椎，椎体最长，前端呈半圆状的齿突，其关节面与寰椎的鞍状关节面成关节。棘突发达呈板状，斜向后上方，无前关节突。椎弓根前部有大而圆的椎外侧孔，横突长而不分支，向后外方伸出，有横突孔。

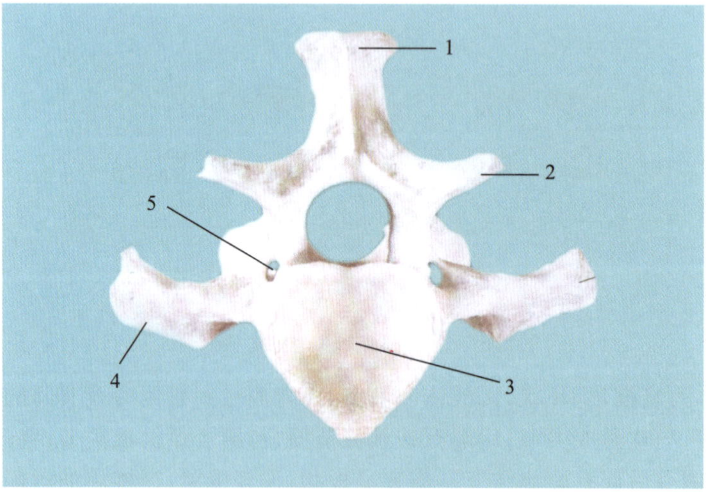

图 1-12　牛第 3 颈椎后侧观

1. 棘突　2. 后关节突　3. 椎窝　4. 横突　5. 横突孔

牛第 3～6 颈椎形态相似，都有发达的椎体，腹侧嵴明显，椎头和椎窝很明显，关节突特别发达，呈板状，棘突小，横突分为背侧支和腹侧支，横突基部有横突孔。

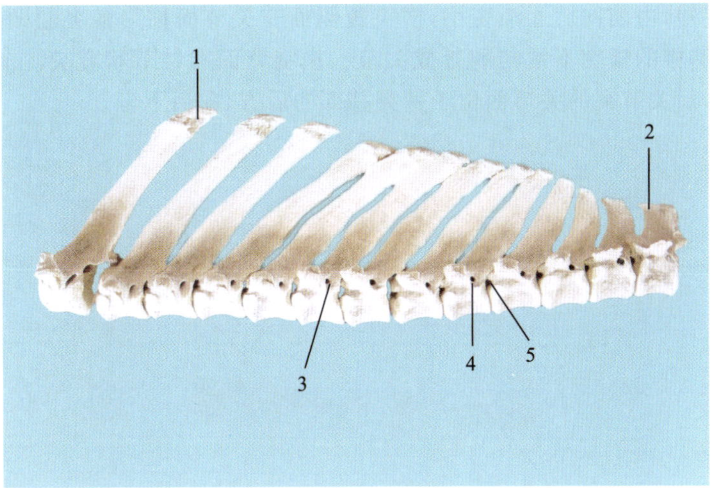

图 1-13　牛胸椎

1.第 1 胸椎　2.第 13 胸椎　3.横突孔　4.后肋凹　5.前肋凹

牛胸椎有 13 枚，棘突特别发达，高而向后倾斜，第 2～6 棘突最高，为鬐甲的骨质基础，向后逐渐降低，第 13 胸椎棘突垂直，与腰椎的相似。马胸椎共有 18 枚，偶见有 17 或 19 枚。

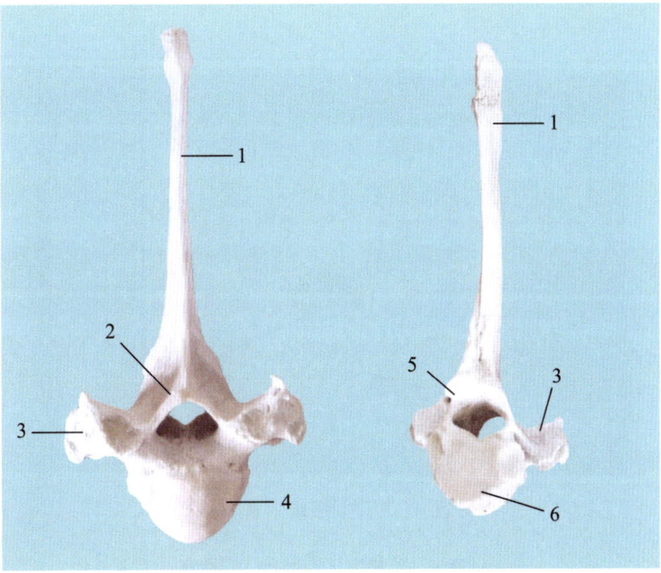

图 1-14　牛胸椎前侧观(左)及后侧观(右)

1.棘突　2.前关节突　3.横突　4.椎头　5.关节后突　6.椎窝

牛胸椎椎体近似三棱柱形，椎头与椎窝不明显，椎头和椎窝的两侧各有前肋凹和后肋凹，与肋头成关节，最后胸椎无后肋凹，相邻胸椎椎体之间除有椎间孔外，还有一椎外侧孔。

牛胸椎横突短，由前向后逐渐变小，横突腹侧面有关节面称为横突肋凹，与肋结节成关节，但最后两个胸椎的横突不常与肋骨成关节。横突背面有结节状乳突。前关节突的关节面平，向前上方，后关节突的关节面位于棘突基部的后方，向后下方。

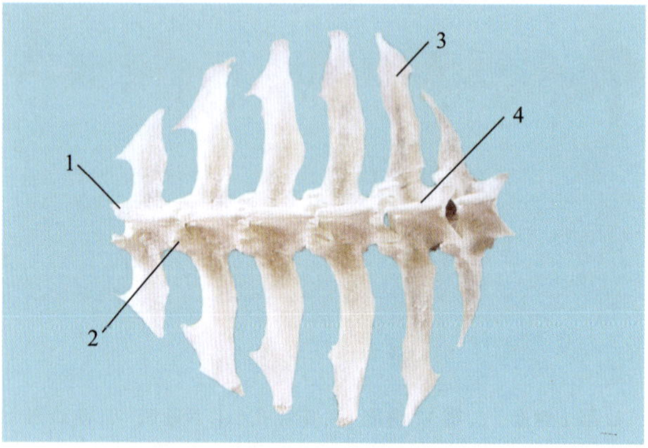

图 1-15　牛腰椎

1. 前关节突　2. 后关节突　3. 横突　4. 棘突

牛腰椎有 6 枚，第 4 或第 5 腰椎的椎体最长，椎头、椎窝不明显。横突长而宽扁，向两侧水平伸出。棘突也发达，与后位胸椎的棘突同高，关节突连接坚固。

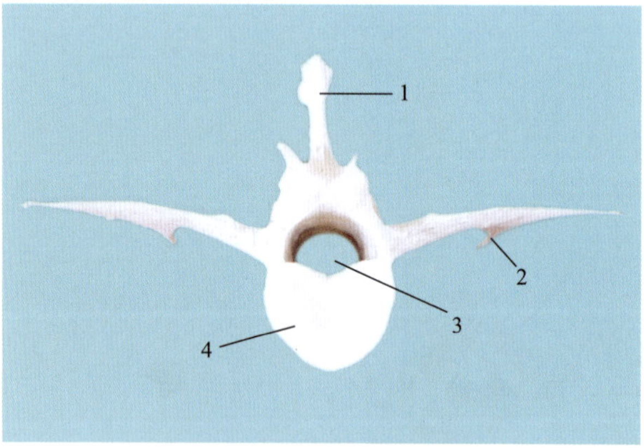

图 1-16　牛腰椎后侧观

1. 棘突　2. 横突　3. 椎孔　4. 椎窝

牛腰椎有椎骨的典型形态，分为椎体、椎弓和突起 3 部分。椎体是椎骨腹侧的部分，呈短柱状，前凸为椎头，后凹为椎窝，椎弓呈弓状，位于椎体的背侧，与椎体共同围成椎孔。突起有 3 种，均由椎弓发出：棘突 1 个，向上；横突 1 对，伸向两侧；关节突 2 对，分别位于椎弓背侧前、后缘的两侧。

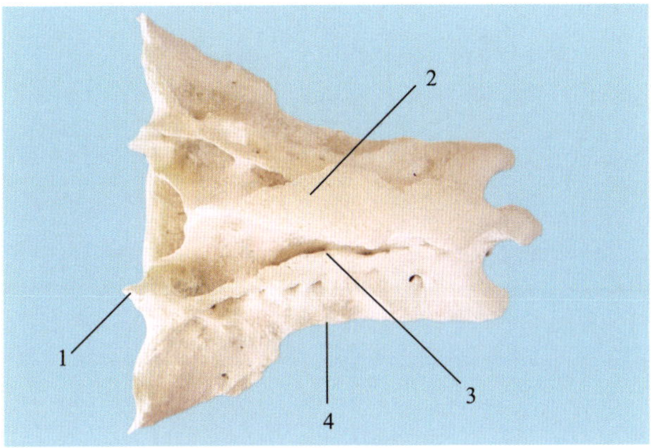

图 1-17 牛荐椎背侧观

1.前关节突 2.荐正中嵴 3.荐中间嵴 4.荐外侧嵴

牛有 5 枚荐椎，互相愈合。背侧观呈三角形，棘突相互愈合为荐正中嵴。荐椎横突相互愈合为荐骨侧部，前部宽阔呈四方形，为荐骨翼，其下方有三角形的耳状关节面，与髂骨成关节。翼后部的横突相连成荐外侧嵴，薄而锐。

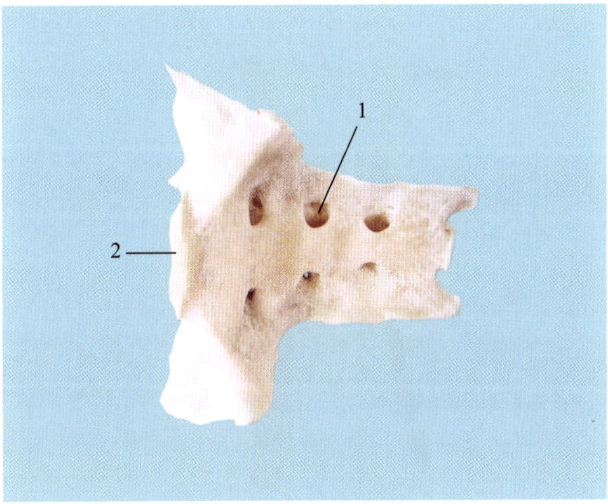

图 1-18 牛荐椎腹侧观

1.荐腹侧孔 2.荐骨岬

牛荐骨的盆面两侧有较大的荐腹侧孔，与荐背侧孔相通。第 1 荐椎椎体的腹侧缘略凸，为荐骨岬。马的荐骨比牛的小而平直，棘突之间不愈合。背侧面和盆面均有 4 个孔，背侧孔比牛大。

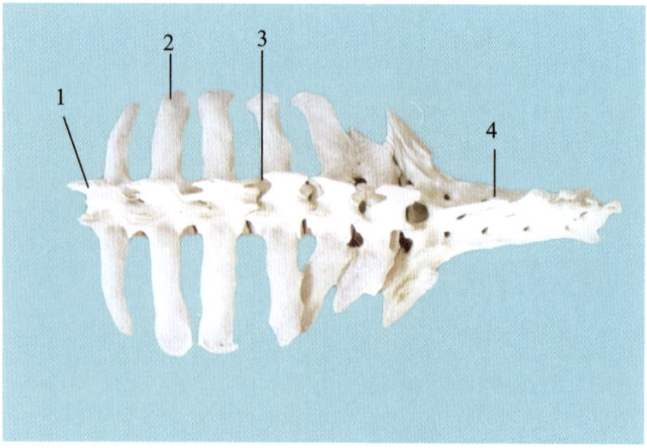

图 1-19　马腰椎、荐椎整体观

1.前关节突　2.第2腰椎　3.后关节突　4.荐椎

马第6腰椎横突与荐骨之间有卵圆形关节面，互成关节，以增加腰部连接的牢固性。最后腰椎和第1荐椎之间的间隙为腰荐间隙，临床上硬膜外麻醉即自腰荐间隙将麻醉剂注入硬膜外腔，以阻滞硬膜外腔内脊神经根的传导作用。

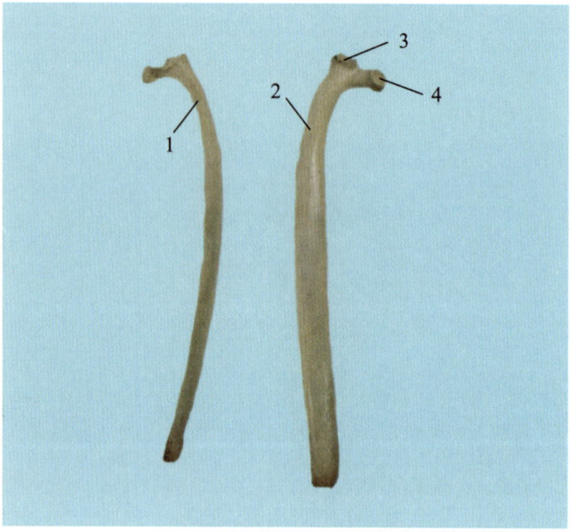

图 1-20　马肋骨

1.肌沟　2.肋沟　3.肋结节　4.肋骨小头

左侧为肋外侧面，右侧为肋内侧面。肋分背侧的肋骨和腹侧的肋软骨，呈弓形，左右成对，马为18对。肋骨的椎骨端有肋骨小头和肋结节，肋骨小头与相邻胸椎的肋凹形成的肋窝成关节；肋结节位于肋头的后下方，与后一胸椎的横突肋凹成关节。肋骨前缘凹后缘凸。牛的肋较宽，有13对。

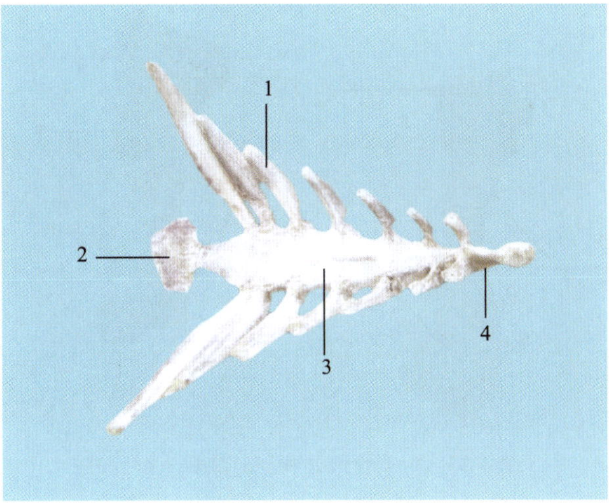

图 1-21　牛胸骨

1. 肋软骨　2. 剑状软骨　3. 胸骨体　4. 胸骨柄

牛胸骨位于胸廓底壁的正中，向后下方倾斜，前端为胸骨柄，几乎呈垂直方向，两侧与第 1 肋软骨成关节。胸骨体上下压扁，两侧有肋窝，与肋软骨成关节。后端为剑状突，接剑状软骨。

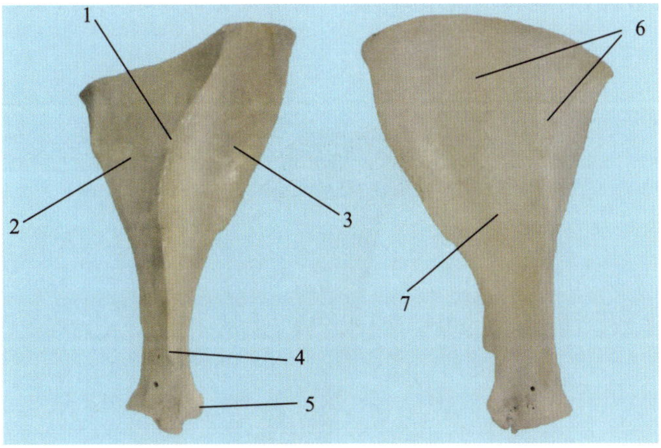

图 1-22　牛肩胛骨外侧面(左)及内侧面(右)

1. 肩胛冈　2. 冈下窝　3. 冈上窝　4. 肩峰　5. 肩胛结节　6. 锯肌面　7. 肩胛下窝

牛肩胛骨为三角形扁骨，斜位于胸廓前部两侧，外侧面有一纵向的肩胛冈，冈的末端延长为尖的突起，称为肩峰。肩胛冈将外侧面分为前方较小的冈上窝和后方较大的冈下窝，均供肌肉附着。

牛肩胛骨内侧面有一浅而大的肩胛下窝。肩胛骨远端有一圆形浅窝，称为关节盂，关节盂前上方有突出的肩胛结节。

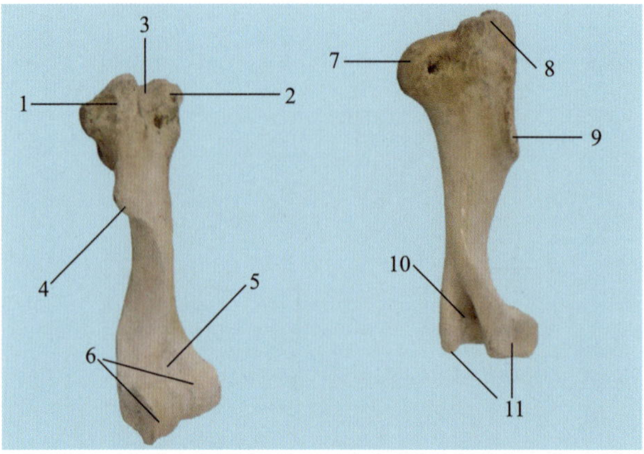

图 1-23 牛肱骨前外侧(左)及后外侧(右)

1、8. 大结节 2. 小结节 3. 结节沟 4、9. 三角肌结节 5. 冠状窝 6、11. 内侧髁和外侧髁 7. 臂骨头 10. 鹰嘴窝

牛肱骨由前上方斜向后下方，分为一骨体和两骨端。骨体呈不规则的圆柱形，外侧面有螺旋状的臂肌沟，从后上方经外侧至前下方。肌沟外上方有隆凸的三角肌结节。近端粗大，后部有球状肱骨头，与肩胛骨的关节窝成关节。前部两侧各有一个突起，外侧的大，称为大结节，高于肱骨头；内侧的小，称为小结节，两结节间有沟，供臂二头肌通过。牛肱骨远端内外侧有两个髁状关节面，与桡骨成关节，两髁后面形成宽而深的肘窝，又称为鹰嘴窝。

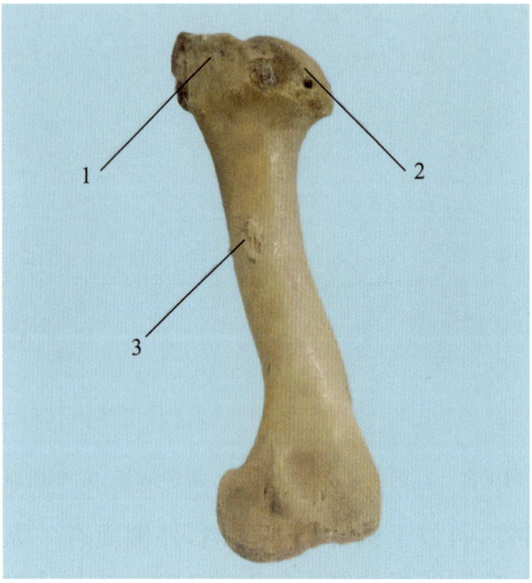

图 1-24 牛肱骨内侧面

1. 小结节 2. 肱骨头 3. 大圆肌粗隆

牛肱骨内侧面中部有卵圆形粗面，为大圆肌粗隆。

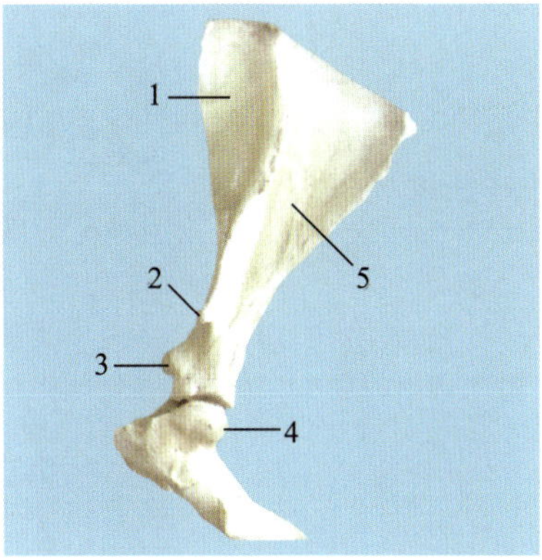

图 1-25 牛肩关节

1. 冈上窝 2. 肩峰 3. 肩胛结节 4. 肱骨头 5. 冈下窝

肩关节由肩胛骨的关节盂和肱骨头构成，肱骨头大，关节盂浅而小，活动范围大，但主要做屈伸运动。

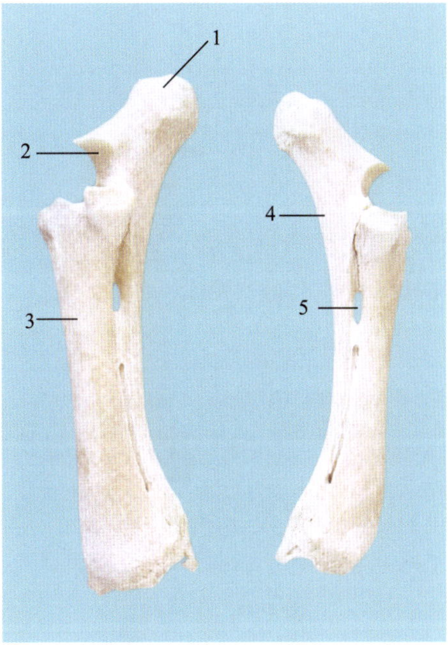

图 1-26 牛前臂骨

1. 鹰嘴 2. 肘突 3. 桡骨 4. 尺骨 5. 前臂间隙

牛前臂骨由桡骨和尺骨组成。桡骨位于前内侧，大而粗，骨体前圆后扁，向前微弓，尺骨位于后外侧，较桡骨长。近端粗大而特别突出，高于桡骨，形成伸肌的杠杆，称为鹰嘴，鹰嘴的前缘中部有一呈钩状的肘突，伸入肱骨的肘窝中。尺骨骨体与桡骨紧密结合，但留有上、下两个裂隙。

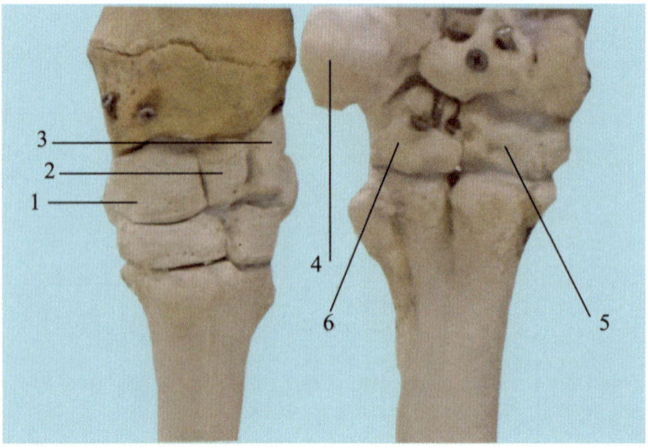

图 1-27　牛腕骨

1.桡腕骨　2.中间腕骨　3.尺腕骨　4.副腕骨　5.第 2、第 3 腕骨　6.第 4 腕骨

牛腕骨有 6 枚，排成两列。近列有 4 枚，自内侧向外依次为桡腕骨、中间腕骨、尺腕骨和副腕骨，副腕骨短，厚而圆，位于尺腕骨的后方。远列有 2 枚，内侧为愈合的第 2、第 3 腕骨，呈四边形，外侧为第 4 腕骨。

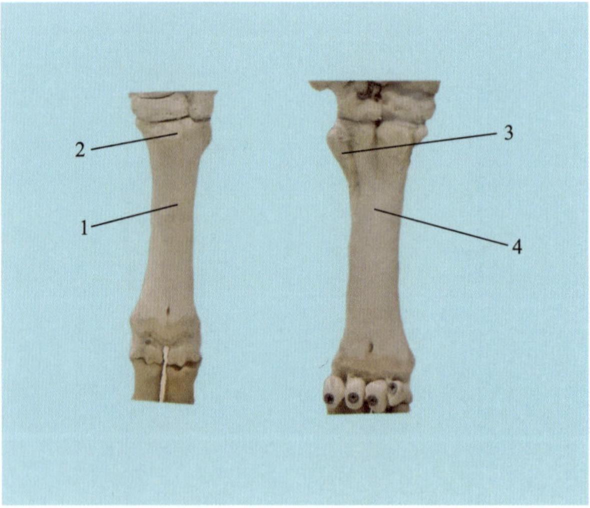

图 1-28　牛掌骨

1.背侧纵沟　2.掌骨粗隆　3.小掌骨　4.掌侧纵沟

牛的掌骨有 2 枚，即位于内侧的第 3 和第 4 掌骨，合并为一大掌骨，和位于外侧的第 5 掌骨，即小掌骨。大掌骨骨体短，扁而宽，背侧面稍圆隆，正中有纵沟。外侧后方有小关节面与小掌骨相接。小掌骨已退化，呈锥状的短骨，位于大掌骨近端的掌外侧面。

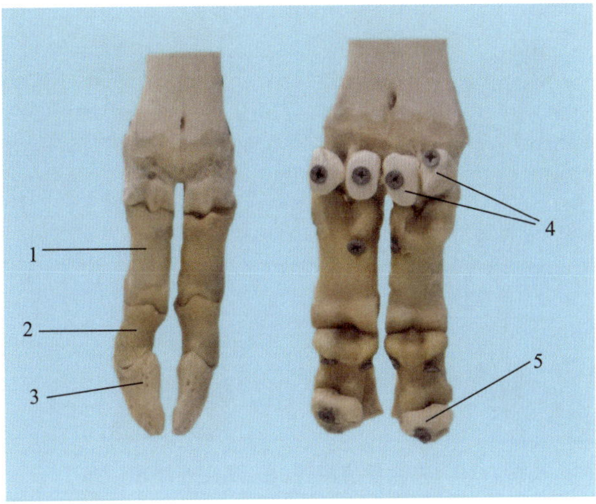

图 1-29　牛指骨和籽骨

1. 系骨　2. 冠骨　3. 蹄骨　4. 近籽骨　5. 远籽骨

牛的指骨有 3 个指节骨，分别称为系骨、冠骨和蹄骨，每一个指骨有 2 个近籽骨和 1 个远籽骨。

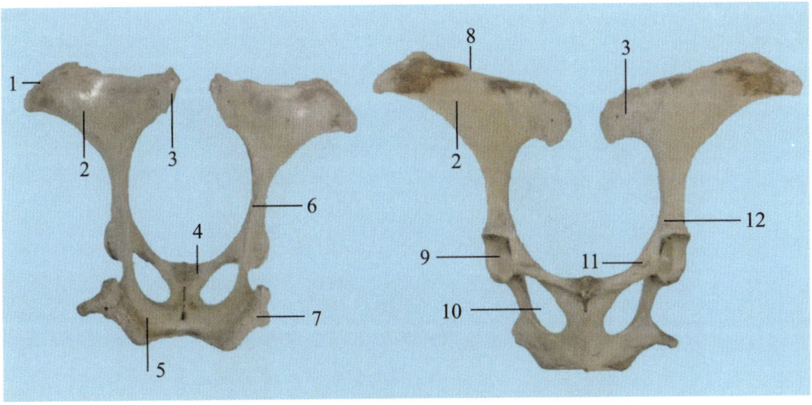

图 1-30　牛髋骨背侧(左)及腹侧(右)

1. 髋结节　2. 髂骨翼　3. 荐结节　4. 耻骨　5. 坐骨　6. 坐骨嵴　7. 坐骨结节
8. 髂嵴　9. 髋臼　10. 闭孔　11. 髂耻隆起　12. 腰小肌结节

牛髋骨由髂骨、坐骨和耻骨 3 部分组成，髂骨最大，为三角形扁骨，前宽为髂骨翼，后窄为髂骨体，髂骨翼的前外侧角为髋结节，内侧角为荐结节。耻骨最小，构成骨盆底壁的前部，内侧部与对侧耻骨在正中联合，坐骨为一不规则的四边形扁骨，位于耻骨的后方，内侧缘与对侧坐骨在正中联合，构成骨盆联合的后部，后外侧角粗大，为坐骨结节。

髂骨体呈三棱柱状，向后下与耻骨和坐骨构成髋臼，与股骨头成关节。髂骨体腹侧有一腰小肌结节，耻骨和髂骨相接处有一髂耻隆起。

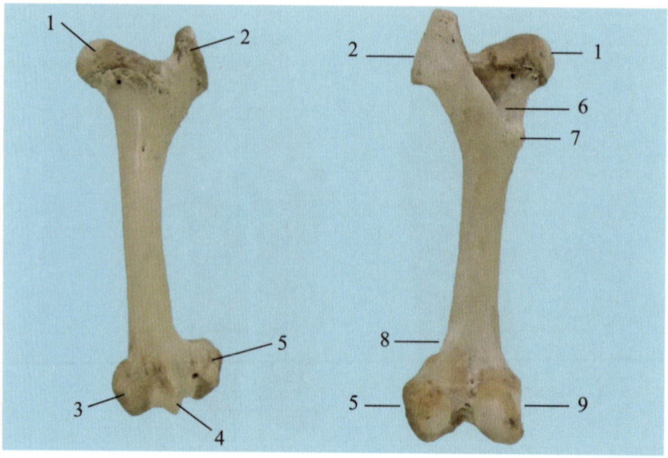

图 1-31　牛股骨前侧观(左)及后外侧观(右)

1.股骨头　2.大转子　3.滑车内侧嵴　4.滑车外侧嵴　5.外侧髁　6.转子窝　7.小转子　8.髁上窝　9.内侧髁

股骨是由髋臼处向前下的长骨,骨体呈圆柱状,近端大,内侧缘有球形的股骨头,与髋臼呈关节,头的中央有一凹陷,供圆韧带附着,外侧缘有扁而高大的大转子。远端粗大,前部有滑车关节面,与膝盖骨成关节,后部形成圆形的外侧髁,与胫骨成关节。

牛股骨外侧缘下部有髁上窝,是趾浅屈肌的起始部。内侧缘的上部有粗糙的小转子。大转子和股骨头之间为转子窝。

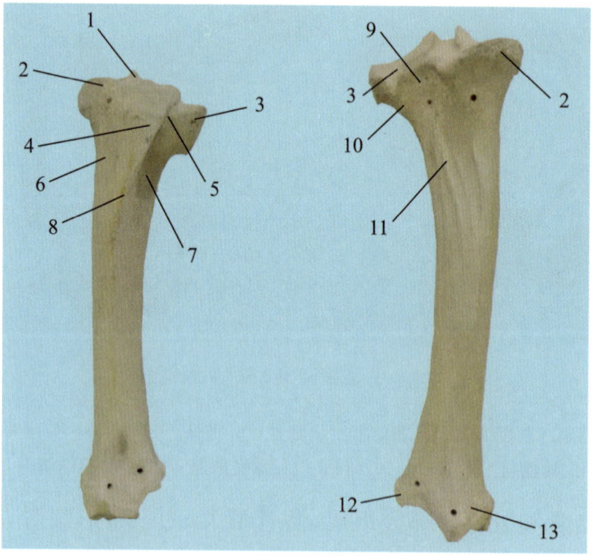

图 1-32　牛胫骨前侧观(左)及后侧观(右)

1.髁间隆起　2.近端内侧髁　3.近端外侧髁　4.胫骨粗隆　5.伸肌沟　6.外侧面　7.内侧面
8.胫骨嵴　9.腘切迹　10.腓骨头　11.肌线　12.踝骨关节面　13.远端内侧髁

牛胫骨骨体呈三棱柱状。近端大,有浅凹的内、外侧髁,两髁之间有髁间隆起,外侧髁的外侧缘有退化腓骨的短突,即腓骨头。近端的前面有三角形隆起,称为胫骨粗隆,向内下方延续为胫骨嵴。远端较小，有由两个深沟和位于两沟中间低嵴构成的关节面，与距骨成关节；内侧有下垂的突，称为内侧髁，外侧有与髁骨成关节的关节面。胫骨近端呈三棱柱形，远端前、后压扁，外侧髁的后面有腘肌通过的腘切迹。

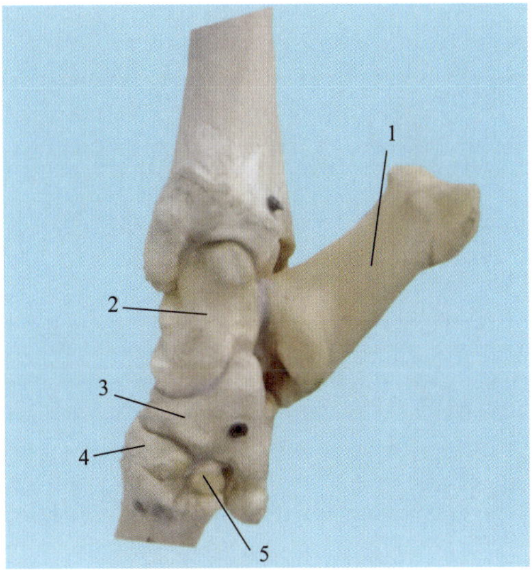

图 1-33　牛跗关节侧面观

1. 跟骨　2. 距骨　3. 中央第 4 跗骨　4. 第 2、3 跗骨　5. 第 1 跗骨

跗骨分为 3 列，近列外侧的为跟骨，内侧的为距骨，近列跗骨的近端关节面接小腿骨。中间列为中央第 4 跗骨。远列跗骨 2 块，关节面接跖骨。猪与犬有 7 块跗骨，马有 6 块，牛有 5 块。

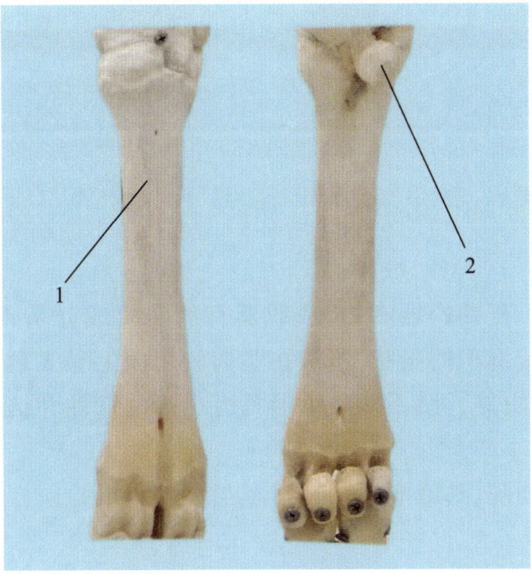

图 1-34　牛跖骨

1. 大跖骨　2. 小跖骨

左侧为跖骨背侧观，右侧为跖骨前侧观。跖骨是由第 3 和第 4 跖骨合并的大跖骨和位于内侧的第 2 跖骨，即小跖骨组成。大跖骨略向前倾斜，比大掌骨略长，骨体断面呈四边形，近端跖骨内侧有一小关节面，与小跖骨成关节，小跖骨呈四边形盘状。

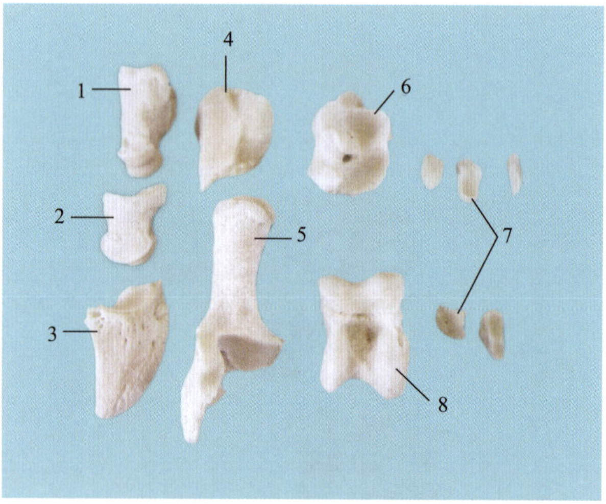

图 1-35　牛指骨、籽骨、跟骨

1. 第 1 指骨　2. 第 2 指骨　3. 第 3 指骨　4. 髌骨　5. 跟骨　6. 第 3 腕骨　7. 籽骨　8. 距骨

牛第 1 指骨呈三边形；第 2 指骨短，呈三棱柱状；第 3 指骨位于蹄匣内，近端关节面呈略凹的半圆形，底面稍凹。近籽骨，呈三角锥形；远籽骨呈横向四边形，位于第 2 指骨和第 3 指骨之间的掌侧面。跟骨较长而窄，近端有粗大突出的跟结节。

第二节　肌肉

一、总论

每一块肌肉都是一个复杂的器官，构成肌器官的主要成分是骨骼肌纤维。营养好的家畜肌内膜和肌束膜内含有沉积的脂肪，所以在肌肉的切面上呈大理石状纹路，大理石纹路越明显的肌肉，肉的口感会更好。腱不能收缩但具有很强的韧性和抗张力，使肌肉牢固地附着于骨上。

肌肉的辅助器官由筋膜、黏液囊、腱鞘、滑车与籽骨组成。

1. 筋膜

筋膜分为浅筋膜和深筋膜。

(1)浅筋膜：位于皮下，由疏松结缔组织构成，营养好的家畜浅筋膜内蓄积大量脂肪，又称为皮下脂肪，浅筋膜的主要作用是储存脂肪、维持体温。浅筋膜中一层板状的肌肉称为皮肌。

（2）深筋膜：由致密结缔组织构成，包围在浅层肌群的表面，并伸入肌肉之间，附着于骨上，形成肌肉间隔。

2. 黏液囊和腱鞘

（1）黏液囊：位于肌肉、腱、韧带、皮肤与骨的突起之间，起减少摩擦的作用。关节附近的黏液囊会和关节腔相通，关节腔内有滑液，所以此处黏液囊称为滑膜囊。

（2）腱鞘：在活动范围比较大的关节（如腕关节），此处的黏液囊会卷折成圆筒状包裹在肌腱外表面，称之为腱鞘，可减少腱活动时的摩擦，保护肌腱。腱鞘常会发生腱鞘炎。

联系临床实践

黏液囊发炎时，往往黏液囊内液体增多，囊壁增厚，常见的有肘头黏液囊炎（患病动物肘头部出现界线明显的肿胀）、牛腕前黏液囊炎（患牛腕关节前面发生局限性、带有波动性的隆起，无痛无热）。腱鞘炎以急性浆液性腱鞘炎较多发，腱鞘内充满浆液性渗出物，有的皮下肿胀达鸡蛋大甚至苹果大，有的呈索状肿胀，温热疼痛，有波动。有时腱鞘周围出现水肿，患部皮肤肥厚，有时与腱鞘粘连，患肢机能障碍。

3. 滑车与籽骨

（1）滑车：多位于骨的突出部，为具有沟的滑车状突起，如股骨远端的滑车状关节面。

（2）籽骨：位于关节角顶部的小骨。

滑车和籽骨的作用是改变肌肉作用力的方向，减少腱与骨或关节之间的摩擦。

二、皮肌

皮肌是分布于浅筋膜中的薄层骨骼肌，舒缩时可颤动皮肤。

三、头部肌

头部肌分面部肌和咀嚼肌两部分。

（1）面部肌：包括鼻唇提肌、鼻孔外侧开肌、上唇提肌、下唇降肌、口轮匝肌、颊肌。

（2）咀嚼肌：包括咬肌（下颌支的外面）、翼肌、颞肌、枕下颌肌、二腹肌。

联系临床实践

猪囊尾蚴与牛囊尾蚴主要寄生于咬肌、舌肌、心肌、颈肌及肩肌等处。

四、躯干肌

(一)脊柱肌

脊柱肌是支配脊柱活动的肌肉。

(1)脊柱背侧肌:包括背腰最长肌、髂肋肌、夹肌、头半棘肌。

联系临床实践

背腰最长肌与髂肋肌之间的沟,称为髂肋肌沟。胸椎横突与髂肋肌沟中有三焦俞、肾俞、气海、大肠俞、关元俞、小肠俞和膀胱俞等7个中兽医穴位,这些俞穴是五脏六腑贮藏、转输营养物质之处,因此,针灸或按摩这些穴位对激发调整脏腑功能有积极的辅助治疗意义。

执业兽医资格考试真题

23. (2011年)动物全身最长的肌肉是(　　)。
A. 髂肋肌　　B. 夹肌
C. 头半棘肌　　D. 颈多裂肌
E. 背腰最长肌

24. (2015年)组成髂肋肌沟的肌肉是(　　)。
A. 头半棘肌与髂肋肌　　B. 头寰最长肌与髂肋肌
C. 髂肋肌与夹肌　　D. 背腰最长肌与髂肋肌
E. 髂肋肌与颈多裂肌

25. (2022年)位于下颌支侧面的闭口肌是(　　)。
A. 颞肌　　B. 二腹肌
C. 翼外侧肌　　D. 翼内侧肌
E. 咬肌

(2)脊柱腹侧肌:包括颈长肌、腰小肌、肩胛舌骨肌。

联系临床实践

牛肩胛舌骨肌亦称横突舌骨肌,为三角形薄肌,在颈前部位于颈静脉沟底,将颈外静脉与颈总动脉隔开。临床上,给家畜静脉注射或采血时,为了不伤及颈总动脉,扎针部位应在颈的前半部(前1/3与中1/3之间)。

(二)颈腹侧肌

(1)胸头肌:构成颈静脉沟的下缘。

(2)胸骨甲状舌骨肌:位于气管腹侧。因气管位于颈腹正中位置,全部被胸骨舌骨肌与胸骨甲状肌所覆盖,生理实验“胸内负压的测定与呼吸运动的调节”中,在给家兔气管插管时,要钝性分离此肌。

(三)胸壁肌

(1)肋间外肌:位于肋间隙的表层,引起吸气。
(2)肋间内肌:位于肋间外肌的深面,帮助呼气。

联系临床实践

猪囊尾蚴与肌旋毛虫均会寄生于肋间肌。

(3)膈:又称为横膈膜,周围为肌纤维构成,称为肉质缘。膈上有主动脉孔、食管裂孔、腔静脉孔。

联系临床实践

肉品的卫生检疫检查肌旋毛虫包囊时,采集左、右膈脚,记为一份肉样,其质量不少于50 g。检查时先撕开肌外膜肉眼观察有无针尖大小露珠样小白点。然后顺着肌纤维方向,每份肉样上至少剪取28粒燕麦粒(2 mm×10 mm)大小的肉样,将肉样均匀地放置在夹压玻璃板上,排成一排,每个夹压玻璃板上可放置16粒,将另一夹压玻璃板重叠在放有肉样的玻璃板上,并扭动螺丝,加压使肉粒压成半透明薄片镜检。

执业兽医资格考试真题

26.(2011年)作为胸腔和腹腔间分界的吸气肌是(　　)。
A.肋间外肌　B.前背侧锯肌　C.膈肌　D.后背侧锯肌　E.肋间内肌

(四)腹壁肌

腹壁肌由腹外斜肌、腹内斜肌、腹直肌、腹横肌组成。
(1)腹黄膜:由牛和马的腹壁深筋膜的弹力纤维构成,呈黄色。
(2)腹白线:位于腹底壁正中线上。在白线中部稍后方有一瘢痕称为脐,公牛、公猪的尿道开口于此。

联系临床实践

侧腹壁切开法(常用于肠切开、肠扭转、肠变位、肠套叠及牛、羊的瘤胃切开术)由外到内要钝性分离腹外斜肌、腹内斜肌和腹横肌三层肌肉。下腹壁正中线切开法(多用于犬剖腹产)指在腹白线部位做切口,依次切开皮肤、钝性分离皮下结缔组织,切开腹白线,切开腹膜。

腹股沟管为胎儿时期睾丸从腹腔下降到阴囊的通道。公畜的腹股沟管明显,内有精索和血管、神经通过,母畜仅供血管、神经通过。

联系临床实践

当仔猪或小型犬腹股沟管腹环过大时,小肠可脱入鞘膜管或鞘膜腔内,形成腹股沟疝或阴囊疝,需手术治疗。

执业兽医资格考试真题

27.(2010年)组成腹股沟管的肌肉是(　　)。

A.腹直肌与腹横肌　　B.腹内斜肌与腹直肌

C.腹外斜肌与腹直肌　　D.腹横肌与腹内斜肌

E.腹内斜肌与腹外斜肌

五、前肢肌

前肢肌肉可分为肩带肌、肩部肌、臂部肌、前臂部肌和前脚部肌。

(一)肩带肌

(1)背侧组:由斜方肌、菱形肌、背阔肌、臂头肌、肩胛横突肌组成。

(2)腹侧组:由胸浅肌、胸深肌、腹侧锯肌组成。

联系临床实践

胸头肌和臂头肌之间形成颈静脉沟,内有颈外静脉,是临床上牛、羊、马采血与输液的常用部位。

执业兽医资格考试真题

28.(2009年、2012年、2014年)组成家畜颈静脉沟的肌肉是(　　)。

A.胸肌与斜角肌　　B.胸头肌与臂头肌

C.肋间肌与胸头肌　　D.斜角肌与臂头肌

E.背最长肌和胸头肌

29. (2017 年) 与臂头肌共同组成家畜颈静脉沟的肌肉是(　　)。
A. 肩胛横突肌　　B. 肩胛舌骨肌　　C. 胸骨甲状肌
D. 胸骨舌状肌　　E. 胸头肌

30. (2022 年) 连接躯干和前肢的是(　　)。
A. 肩关节　　B. 臂部肌　　C. 肩带肌
D. 肘关节　　E. 荐髂关节

(二)肩部肌

(1)外侧组:由冈上肌、冈下肌、三角肌组成。冈上肌位于冈上窝内,全为肌质。冈下肌位于冈下窝内,大部分被三角肌覆盖。三角肌位于冈下肌的浅层,呈三角形。

(2)内侧组:由肩胛下肌、大圆肌组成。

执业兽医资格考试真题

31. (2019 年) 肩胛骨的冈上肌附着部称为(　　)。
A. 盂上结节　　B. 冈结节　　C. 关节盂
D. 冈上窝　　E. 冈下窝

(三)臂部肌

(1)伸肌组:由臂三头肌、前臂筋膜张肌组成。

(2)屈肌组:由臂二头肌、臂肌组成。

(四)前臂部肌及前脚部肌

分为背外侧伸肌群和掌侧屈肌群。

(1)背外侧肌群:由腕桡侧伸肌、指总伸肌、指内侧伸肌、指外侧伸肌组成。

(2)掌侧肌群:由腕尺侧伸肌、腕尺侧屈肌、腕桡侧屈肌、指浅屈肌、指深屈肌组成。

联系临床实践

前臂骨和腕桡侧屈肌之间的沟为前臂正中沟,沟内有正中神经,与正中动脉、静脉伴行。

六、后肢肌

后肢肌肉包括髋部肌、股部肌、小腿和后脚部肌。

(一)髋部肌

(1)臀肌群:由臀浅肌、臀中肌、臀深肌和髂肌组成。臀部肌由臀浅肌(牛、羊无此肌)、臀中肌、臀深肌组成，臀部可作为肌肉注射部位。

联系临床实践

臀中肌在畜牧上，可用于鉴定牛、羊的膘情。

(2)髂腰肌：由髂肌和腰大肌组成。

(二)股部肌

(1)股后肌群：由臀股二头肌、半腱肌、半膜肌组成。
(2)股前肌群：由阔筋膜张肌、股四头肌组成。
(3)股内侧肌群：由股薄肌、耻骨肌、内收肌、缝匠肌组成。

联系临床实践

臀股二头肌与半腱肌之间为股二头肌沟，沟内有坐骨神经。

(三)小腿和后脚部肌

(1)小腿背外侧肌群：由趾长伸肌、胫骨前肌、腓骨第3肌、腓骨长肌、趾外侧伸肌组成。肉食动物(犬)没有第3腓骨肌。马没有腓骨长肌。

(2)小腿跖侧肌群：由腓肠肌、趾浅屈肌、趾深屈肌、腘肌组成。

(3)跟总腱：腓肠肌腱、趾浅屈肌腱、股二头肌腱和半腱肌腱合成一粗而坚硬的腱索，连于跟结节上，有伸跗关节作用。

执业兽医资格考试真题

32. (2013年)组成牛腿(总)腱的肌肉是(　　)。
A. 腓肠肌、趾浅屈肌、臀股二头肌　　B. 腓肠肌、趾深屈肌、臀股二头肌
C. 腓肠肌、趾浅屈肌、股四头肌　　D. 腓肠肌、趾深屈肌、股四头肌
E. 腓肠肌、趾浅屈肌、趾深屈肌

33. (2016年)牛腓肠肌腱、趾浅屈肌腱、臀股二头肌腱和半腱肌腱合成一粗而坚硬的腱索称(　　)。
A. 跟(总)腱　　B. 中心腱　　C. 悬韧带　　D. 侧韧带
E. 耻前腱

34. (2019年)马小腿后脚部背外侧肌群中不包括(　　)。
A. 趾长伸肌　　B. 趾外侧伸肌　　C. 腓骨长肌　　D. 腓骨第三肌
E. 胫骨前肌

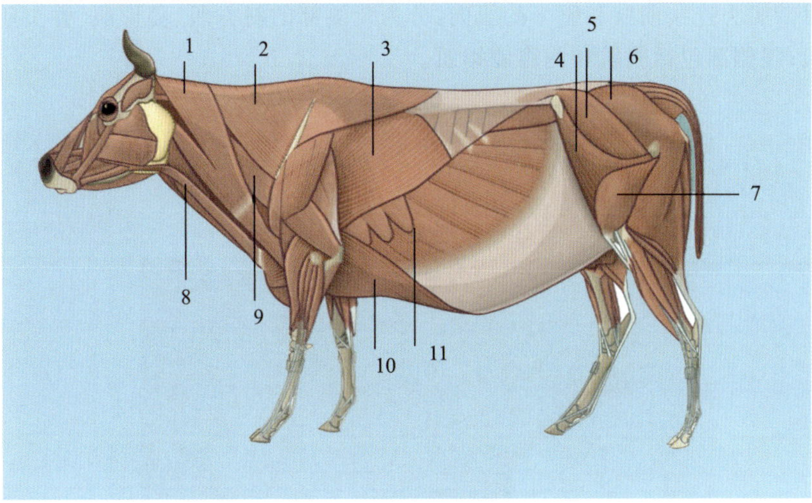

图 1-36 牛肌肉整体观

1. 臂头肌 2. 斜方肌 3. 背阔肌 4. 股阔筋膜张肌 5. 臀中肌 6. 股二头肌
7. 股四头肌 8. 胸头肌 9. 肩胛横突肌 10. 胸肌 11. 胸下锯肌

牛全身主要的浅层肌有：颈腹外侧的胸头肌，连接前肢和躯干的斜方肌、臂头肌、背阔肌和胸肌，肩胛部的冈上肌、三角肌，前肢的臂三头肌，胸壁的肋间外肌，腹壁的腹外斜肌，后肢的股阔筋膜张肌和股二头肌等。

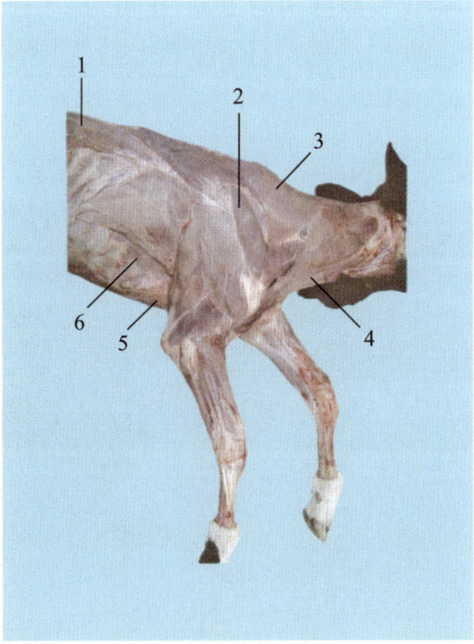

图 1-37 牛肩带肌

1. 背腰最长肌 2. 冈上肌 3. 斜方肌 4. 臂头肌 5. 胸深后肌 6. 胸腹侧锯肌

牛的肩带肌为连接前肢和躯干的肌肉,分为背侧部的斜方肌、菱形肌、臂头肌、肩胛横突肌和背阔肌;腹侧部包括胸肌和胸腹侧锯肌。

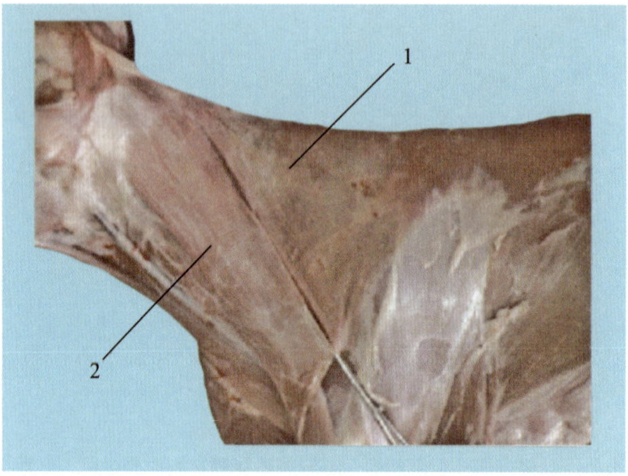

图 1-38 牛斜方肌和臂头肌

1. 斜方肌 2. 臂头肌

牛斜方肌呈扁平三角形,分为颈、胸两部,颈部由前上方斜向后下方,胸斜方肌由后上方斜向前下方,但两部分界不明显,作用是提举、摆动和固定肩胛骨。

牛臂头肌位于颈侧部皮下,一部分起于枕骨和项韧带,另一部分起于颞骨,二者会合后止于肱骨嵴,前部宽后部窄,构成颈静脉沟的上界,作用为牵引前肢向前,伸肩关节,伸展和侧偏头颈。

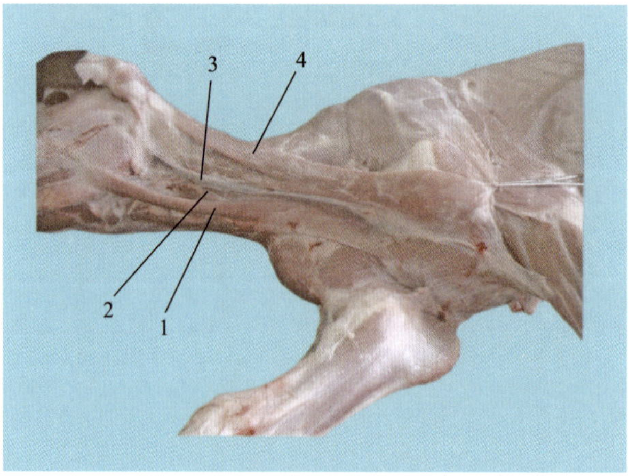

图 1-39 牛胸头肌

1. 胸头肌 2. 肩胛舌骨肌 3. 颈静脉 4. 臂头肌

牛胸头肌，位于颈部的腹外侧皮下，自胸骨延伸至头部，形成颈静脉沟的下界，可屈头颈；分深、浅两层，浅层为胸下颌肌，起于胸骨止于下颌骨，深层为胸乳突肌，起于胸骨止于颞骨乳突。

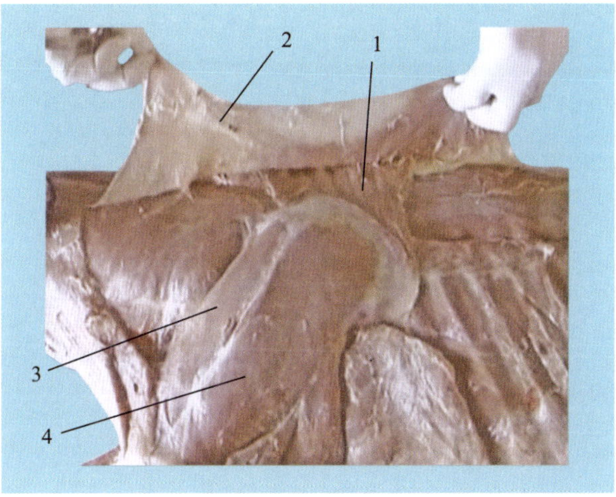

图 1-40　牛菱形肌

1. 菱形肌　2. 斜方肌　3. 冈上肌　4. 冈下肌

牛菱形肌位于斜方肌下方，起于项韧带、棘上韧带和胸椎棘突，止于肩胛软骨内侧面，分为颈、胸两部分。颈菱形肌厚而狭长，胸菱形肌薄而宽，作用为向上牵引肩胛骨，前肢不动时，可伸颈。

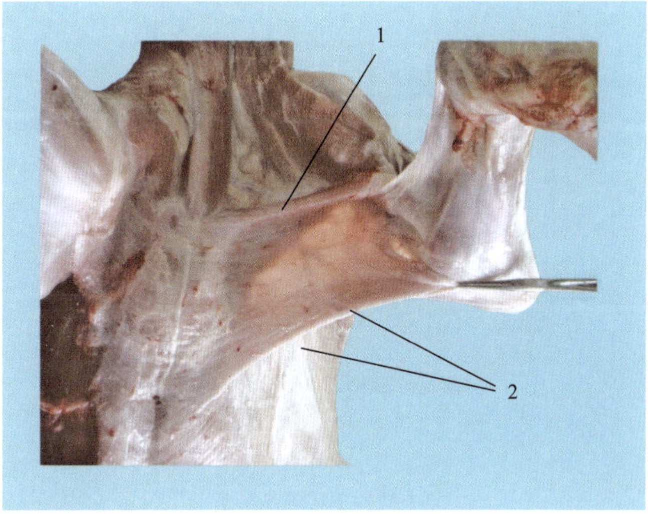

图 1-41　牛胸肌

1. 胸浅肌　2. 胸深肌

牛胸肌分为胸浅肌和胸深肌两部分。胸浅肌包括前部的胸浅前肌和后部的胸浅后肌，胸浅后肌薄而宽，起自胸骨腹侧面，止于前臂内侧筋膜，作用为内收前肢。胸深肌分为后部发达的胸后深肌和前部狭小的胸深前肌，胸后深肌前窄而厚，后宽而薄，起于胸骨腹侧和腹黄膜，止于肱骨内、外侧结节，可内收及后退前肢，当前肢踏地时，可牵引躯干向前。

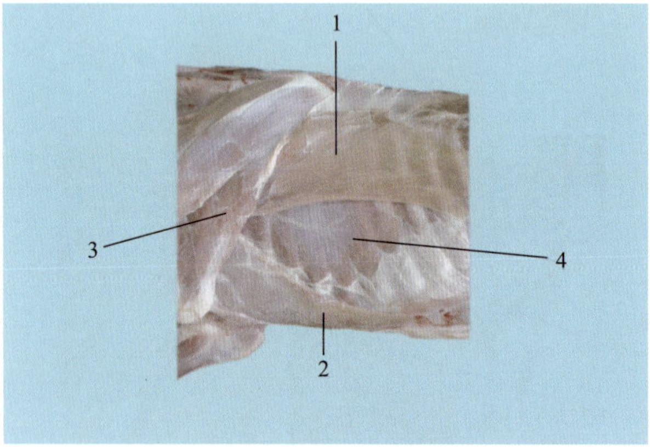

图 1-42　牛背阔肌

1. 背阔肌　2. 胸深肌　3. 臂三头肌　4. 胸下锯肌

背阔肌是位于胸侧壁上部的扇形扁平肌，肌纤维由后上方斜向前下方，起于背腰筋膜、肋骨、肋间外肌等，止于大圆肌腱膜、臂三头肌长头腱膜和肱骨内侧结节。作用为向后上方牵引肱骨，屈肩关节；前肢踏地时，牵引躯干向前，也可协助吸气。

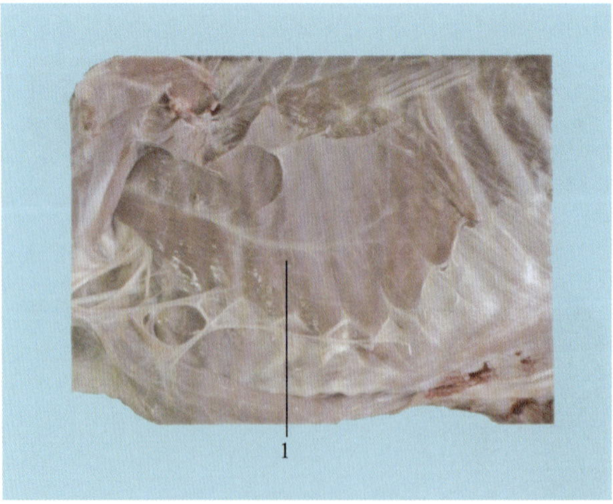

图 1-43　牛胸腹侧锯肌

1. 胸腹侧锯肌

腹侧锯肌为宽大的扇形肌，分为颈、胸两部，颈部发达，胸部较薄，起于颈椎横突和肋骨，止于肩胛骨内侧上部。可提举躯干，伸举头颈和协助吸气。

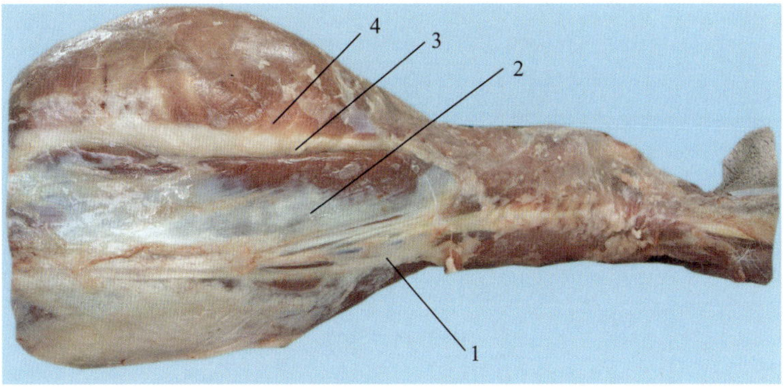

图 1-44 背腰最长肌和髂肋肌(羊)

1.脊柱 2.背腰最长肌 3.髂肋肌沟 4.髂肋肌

背腰最长肌，为全身最长的肌肉，呈三棱形，由许多肌束结合而成，表面覆盖一层强厚的腱膜，位于胸椎、腰椎棘突与横突和肋骨椎骨端所形成的夹角内；髂肋肌，位于背腰最长肌的腹外侧，狭长而分节，由一系列斜向前下方的肌束组成，向前伸达第6、第5或第4颈椎，在腰部与背腰最长肌融合。

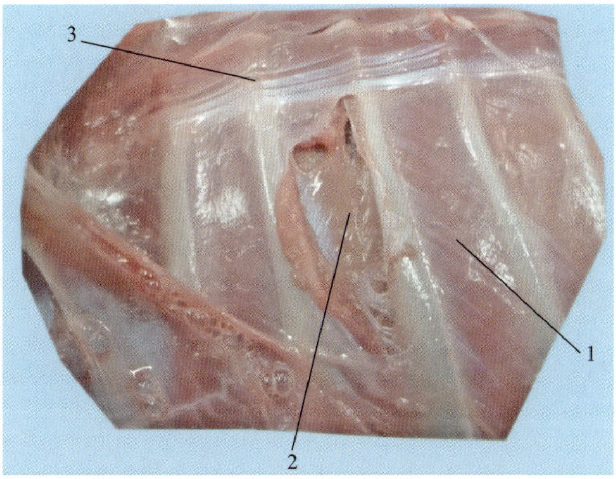

图 1-45 肋间外肌和肋间内肌

1.肋间外肌 2.肋间内肌 3.髂肋肌

肋间外肌为吸气肌，肌纤维由前一肋骨后缘斜向后一肋骨的前缘，肋间内肌为呼气肌，肌纤维由后一肋骨的前缘斜向前一肋骨的后缘。

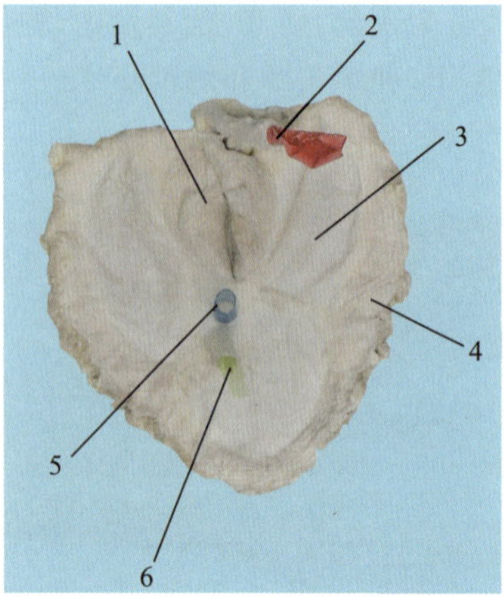

图 1-46　膈肌

1.膈肌脚　2.主动脉孔　3.膈肌腱　4.膈肌肌腹　5.食管裂孔　6.后腔静脉孔

膈肌，为一圆形肌，分隔胸腔和腹腔，分为中央的腱质部和外周的肉质部，周围附着于肋、腰椎和胸骨上，自上向下有3个孔，分别为主动脉孔、食管裂孔和后腔静脉孔，在膈收缩时，引起吸气动作。

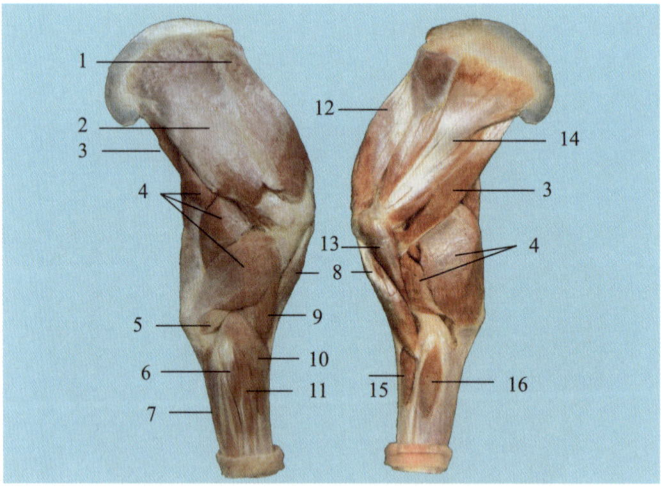

图 1-47　前肢外侧肌(左)及内侧肌(右)

1.冈上肌　2.冈下肌　3.大圆肌　4.臂三头肌长头和外侧头　5.肘肌　6.指外侧伸肌　7.腕尺侧伸肌　8.臂二头肌　9.臂肌　10.腕桡侧伸肌　11.指总伸肌　12.冈上肌　13.喙臂肌　14.肩胛下肌　15.腕桡侧伸肌　16.腔桡侧屈肌

肩胛下肌位于肩胛骨内侧面，起于肩胛下窝和肩胛软骨，分前、中、后三部分，总腱止于肱骨内侧结节，可屈肩关节。大圆肌呈长纺锤形，位于肩胛下肌后方，起于肩胛骨后缘，止于大圆肌粗隆，可屈肩关节，还可内收肱骨。冈上肌位于肩关节的前方，冈上窝内，为肩关节的伸肌。冈下肌可屈肩关节，位于冈下窝内。臂三头肌位于肩胛骨后缘和肱骨形成的夹角内，三个头共同止于鹰嘴，为肘关节的伸肌。臂二头肌位于肱骨前方，起于肩胛结节，止于桡骨，为肘关节的屈肌，还可伸肩关节。喙臂肌起于肩胛骨的喙突，止于大圆肌粗隆，呈扁而小的梭形，可内收和屈肩关节。

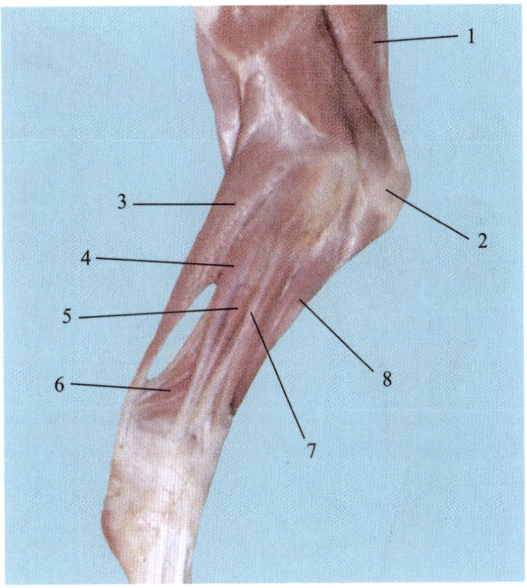

图 1-48　前臂外侧肌（羊）

1. 臂三头肌长头　2. 肘关节　3. 腕桡侧伸肌　4. 指内侧伸肌　5. 指总伸肌　6. 腕斜伸肌　7. 指外侧伸肌　8. 腕尺侧伸肌

前臂部的背外侧肌是腕关节和指关节的伸肌，由前向后依次为腕桡侧伸肌、指内侧伸肌、指总伸肌、指外侧伸肌、腕尺侧伸肌和在指总伸肌深面的腕斜伸肌。

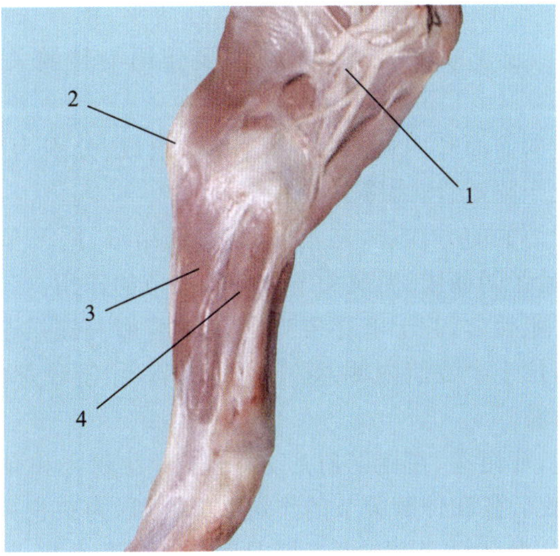

图 1-49　前臂内侧肌

1. 臂神经丛　2. 肘关节　3. 腕尺侧屈肌　4. 腕桡侧屈肌

腕尺侧伸肌和腕尺侧屈肌之间有尺沟，内有尺侧副动脉和尺侧副静脉经过。腕桡侧屈肌紧贴桡骨，和桡骨间形成前臂正中沟，内有正中动脉和正中神经通过。

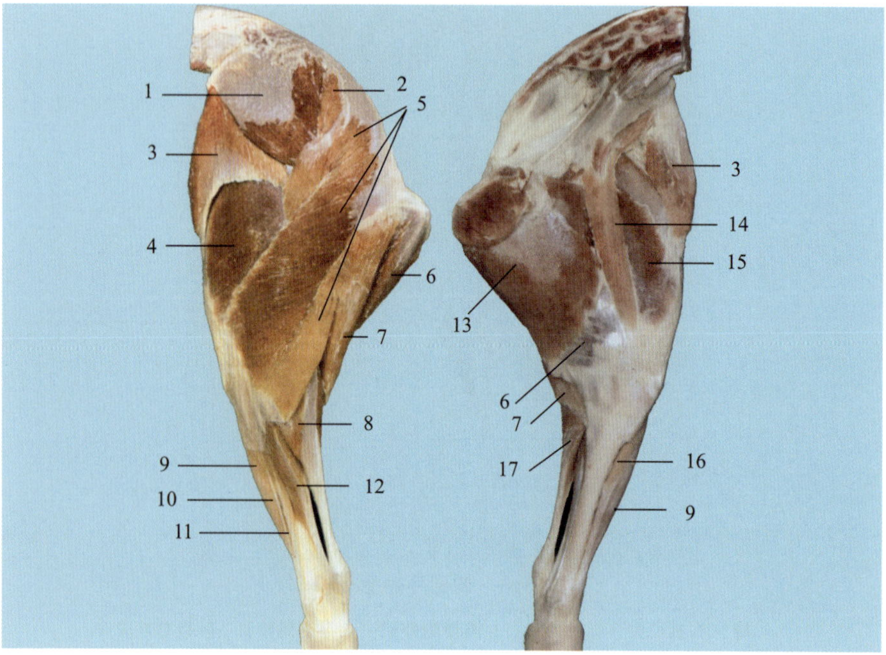

图 1-50 羊后肢肌外侧面(左)及内侧面(右)

1. 臀中肌 2. 臀浅肌 3. 阔筋膜张肌 4. 股四头肌外侧头 5. 股二头肌 6. 半膜肌 7. 半腱肌 8. 腓肠肌 9. 第 3 腓骨肌 10. 腓骨长肌 11. 趾外侧伸肌 12. 趾深屈肌 13. 股薄股 14. 缝匠肌 15. 股四头肌内侧头 16. 胫骨前肌 17. 趾浅屈肌

股二头肌，长而宽，位于臀股部的外侧面，起点分两头，椎骨头起自荐骨和荐结节阔韧带，坐骨头起自坐骨结节，止于髌骨、胫骨嵴等，主要作用为伸髋关节，也可伸膝关节和跗关节。

股四头肌，位于股骨的前面和内外两侧，由 4 个头组成、分别为股外侧肌、股内侧肌、股直肌和股中间肌，共同止于膝盖骨，为膝关节的伸肌。

阔筋膜张肌，位于股部的前方浅层，三角形，起自髋结节，向下呈扇形展开，借阔筋膜止于髌骨和胫骨近端。有紧张阔筋膜、屈髋关节和伸膝关节的作用。

半腱肌，位于股二头肌后方，起于坐骨结节，止于胫骨嵴和跟结节，作用同股二头肌。半膜肌，宽而长，呈三棱形，位于半腱肌内侧，起于坐骨结节，止于胫骨内侧上髁和胫骨近端内侧，可伸髋关节和内收后肢。

股薄肌，位于股内侧，薄而宽，在缝匠肌后方，起于骨盆联合和耻骨前腱，以腱膜止于膝内侧韧带、胫骨嵴，有内收后肢和伸膝关节的作用。缝匠肌，为狭长而薄的带状肌，位于股内侧浅层前部，起于髂骨盆面的髂筋膜，止于胫骨嵴，有伸膝关节，屈髋关节和内收后肢的作用。

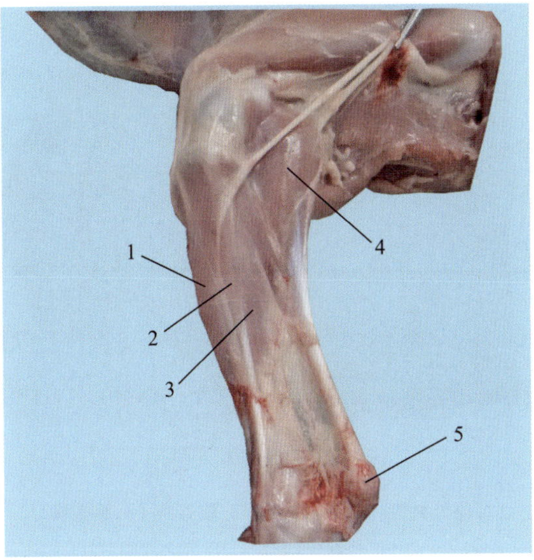

图 1-51 小腿背外侧肌(羊)

1.腓骨第 3 肌 2.腓骨长肌 3.趾外侧伸肌 4.腓肠肌 5.跟结节

背外侧有 6 块肌,4 块在背侧,重叠为 3 层,浅层为腓骨第 3 肌,中层为趾内侧伸肌和趾长伸肌,深层为胫骨前肌,2 块位于小腿外侧,前为腓骨长肌,后为趾外侧伸肌。

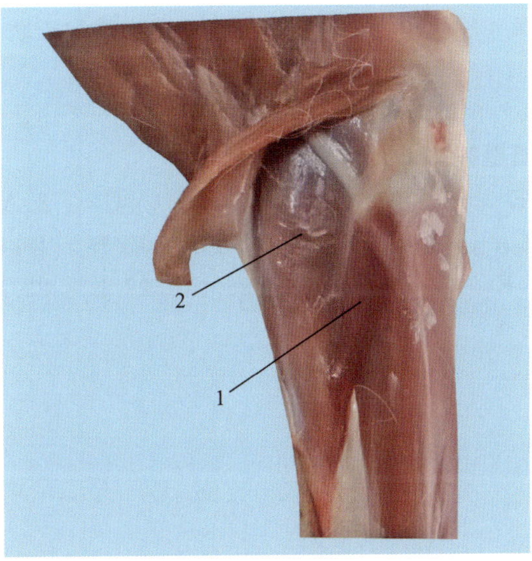

图 1-52 比目鱼肌(羊)

1.腓肠肌 2.比目鱼肌

腓肠肌为发达的纺锤形肌,有内、外两个肌头分别起于股骨远端,比目鱼肌呈薄而窄的带状,斜位于小腿外侧上部,起于胫骨外侧髁,止于腓肠肌外侧头。

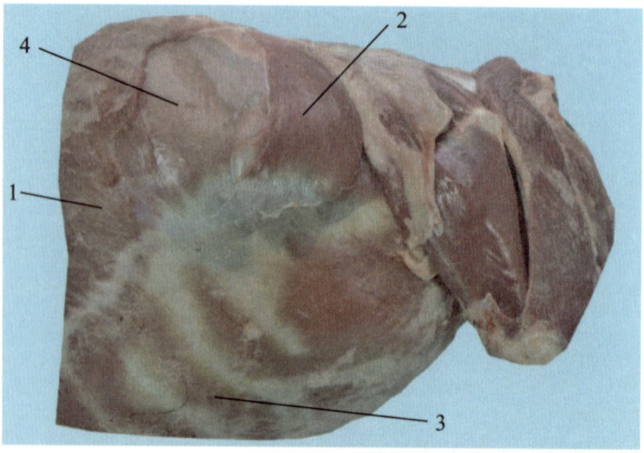

图 1-53　羊腹壁肌

1. 腹外斜肌　2. 腹内斜肌　3. 腹直肌　4. 腹横肌

腹外斜肌为腹壁肌的最外层，肌纤维由前上方斜向后下方，起自第 9～10 肋骨的外侧及肋间外肌筋膜，以腱膜止于腹白线、耻骨前腱和髋结节，起始部为肉质，向下移行为腱膜。

腹内斜肌为腹壁的第 2 层肌，位于腹外斜肌的深面，肌纤维从后上方斜向前下方，起自髋结节和第 3～5 腰椎横突，止于最后肋骨后缘、腹白线和耻骨前腱，肉质部呈扇形，位于腹胁部，向下移行为腱膜。

腹直肌为腹壁第 3 层肌肉，位于腹底壁，肌纤维纵走，起自胸骨和后 10 个肋软骨的外侧面，肌腹宽而平，止于耻骨前缘。肌表面有 3～5 条腱划。

腹横肌为腹壁肌的第 4 层肌肉，肌纤维上下行走，以肉质起于肋弓内面和前 5 个腰椎横突，以腱膜止于腹白线。

执业兽医资格考试真题答案

1. B	2. C	3. E	4. C	5. C	6. B	7. C	8. A	9. B	10. C
11. E	12. D	13. A	14. C	15. E	16. E	17. B	18. A	19. A	20. D
21. C	22. A	23. E	24. D	25. E	26. C	27. E	28. B	29. E	30. C
31. D	32. E	33. A	34. C						

第二章　被皮系统

被皮系统由皮肤及其衍生物构成。皮肤衍生物包括家畜的蹄、枕、角、毛、乳腺、皮脂腺、汗腺以及禽类的羽毛、冠、喙和爪等。

第一节　皮肤和皮肤腺

皮肤被覆于动物体表，具有保护内部器官，防止异物侵害和机械损伤的作用。

一、表皮

表皮是皮肤的最表层，表皮内无血管和淋巴管，有丰富的神经末梢。黑色素细胞产生黑色素颗粒，量的多少与皮肤颜色的深浅有关。黑色素颗粒能够吸收紫外线，使深层组织免受紫外线辐射的损害。临床上，疥螨寄生于动物的表皮内。

执业兽医资格考试真题

1.(2012 年)位于皮肤最表层的表皮的两类组成细胞是(　　)。

A.朗格汉斯细胞和黑素细胞　B.角质形成细胞和黑素细胞
C.角质形成细胞和非角质形成细胞　D.朗格汉斯细胞和非角质形成细胞
E.角质形成细胞和朗格汉斯细胞

二、真皮

真皮位于表皮下面，由不规则致密结缔组织构成，在真皮不同的平面上分布有毛囊、汗腺、皮脂腺、血管、淋巴管和神经。皮革就是由真皮鞣制而成。临床上，皮内注射是把药液注入真皮层内。

三、皮下组织

皮下组织位于皮肤的最深层，由疏松结缔组织构成，又称为浅筋膜。皮下组织中脂肪组织的多少是动物营养状况的标志。马、牛、羊颈侧部的皮下组织最发达，是常选的皮下注射部位。

执业兽医资格考试真题

2.(2009 年、2014 年)皮内注射是把药物注入(　　)。

A.表皮　B.真皮　C.基底层
D.网状层　E.皮下组织

3.(2015 年)皮下注射是将药物注入(　　)。

A.表皮内　B.真皮乳头层内　C.真皮网状层
D.表皮与真皮之间　E.浅筋膜

4.(2017 年)皮肤的结构包括(　　)。
A.表皮、真皮和基底层　　B.表皮、真皮和网状层
C.表皮、网状层和皮下组织　　D.表皮、真皮和皮下组织
E.真皮、网状层和皮下组织

四、汗腺

汗腺位于真皮和皮下组织内。绵羊和马的汗腺发达,牛的面部汗腺发达,猪趾间部的汗腺发达。

五、皮脂腺

皮脂腺一般位于毛囊与竖毛肌之间。马的皮脂腺最发达,牛、羊次之,猪的皮脂腺不发达。绵羊的皮脂与汗液混合形成脂汗,影响羊毛的弹性及坚固性,若缺乏,则被毛粗糙、无光泽,而且易折断。

六、乳腺

乳房由皮肤、筋膜和实质构成。乳房的皮肤薄而柔软,毛稀而细,乳房与阴门裂之间有线状毛流的皮肤纵褶,称为乳镜,其对鉴定乳牛产乳能力有重要意义。乳镜越大,产乳量越高。

1.牛的乳房

母牛的乳房有各种不同的形态,如圆形、扁平形及山羊形。母牛的乳房,位于两股之间,腹后耻骨部腹下壁,由 4 个乳腺结合成一个整体,每个乳腺有一圆柱状或圆锥形的乳头。每个乳头的乳头管数是 1 条,乳头的大小与形态决定是否适合用机器挤奶或用手挤奶。奶牛乳头管是最重要的阻止病原体入侵的物理性屏障,乳头管上皮分泌的角蛋白可以阻挡细菌侵入。

2.马的乳房

马的乳房呈扁圆形,位于两股之间,被纵沟分为左、右两部分,左、右有一对扁平乳头。每个乳头上有 2 个乳头管的开口。

3.羊的乳房

羊的乳房呈圆锥形,有一对圆锥形的乳头。乳头基部有较大的乳池。每个乳头上有 1 个乳头管的开口。

4.猪的乳房

猪的乳房位于胸部和腹正中部的两侧。乳房的数目依品种而异,一般 5～8 对,有的 10 对,每个乳头上有 2～3 个乳头管的开口。

5.犬、猫的乳房

犬有 4～5 对乳房,对称排列于胸、腹部正中线两侧。乳头短,每个乳头有 2～4 个乳头

管的开口，每个乳头管口有6～12个小排泄孔。猫有5对乳头，前2对位于胸部，后3对位于腹部。

执业兽医资格考试真题

5.(2016年)奶牛乳房每个乳头的乳头管数是(　　)。

A.5条　　B.4条　　C.3条　　D.2条　　E.1条

6.(2018年)奶牛乳房具有阻止病原体侵入的物理屏障，最重要的结构是(　　)。

A.腺泡　　B.分泌小管　　C.输乳管　　D.输乳窦(乳泡)　　E.乳头管

7.(2022年)犬乳腺属于哪类的腺体？(　　)

A.内分泌腺　　B.生殖腺　　C.副性腺　　D.皮肤腺　　E.消化腺

联系临床实践

蠕形螨寄生于犬、山羊和猪等动物的毛囊或皮脂腺，引起皮肤病。

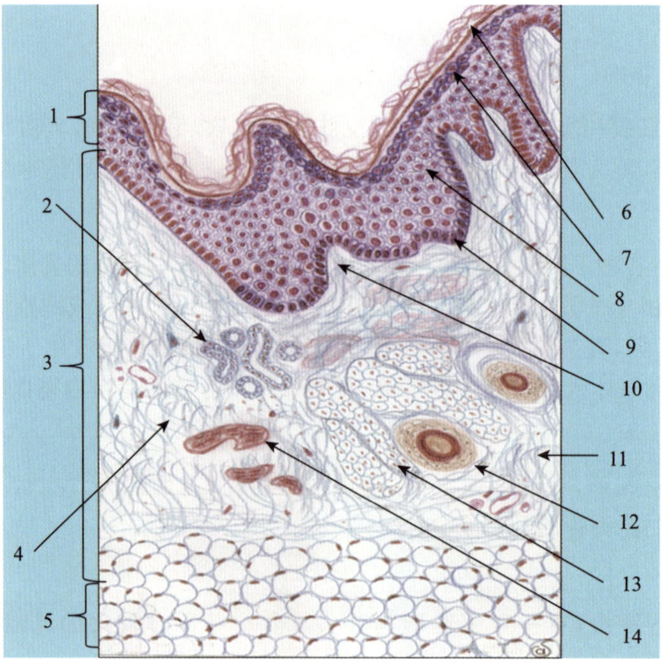

图2-1　皮肤结构示意图

1.表皮　2.汗腺　3.真皮　4.真皮网状层　5.皮下组织　6.角质层　7.颗粒层　8.棘层　9.基底层　10.真皮乳头层　11.胶原纤维　12.毛囊　13.皮脂腺　14.竖毛肌

皮肤分表皮和真皮两层，借皮下结缔组织和深部组织相连。表皮较薄，由复层扁平上皮组成。真皮较厚，由致密结缔组织组成，真皮内有毛囊、皮脂腺和汗腺。

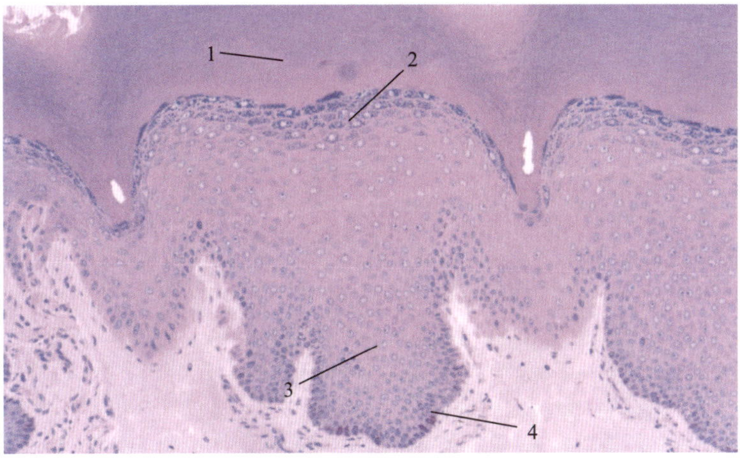

图 2-2　表皮组织结构图

1.角质层　2.颗粒层　3.生发层　4.基底层

真皮层向表皮层伸入，形成真皮乳头。表皮最内层为基底层，位于真皮层的基膜上，生发层位于基底层之上，颗粒层细胞逐渐扁平，染色比下面两层细胞深，角质层大部分角化，染色强嗜酸性。

图 2-3　动物特殊毛

1.鬃毛　2.髯　3.距毛　4.触毛

动物体表一般有毛覆盖，着生在体表的普通毛称为被毛，是温度的不良导体，有保温作用。另外在畜体特定部位还有一些特殊的粗毛，如马颈部的鬃毛、系关节后的距毛，公羊颏部的髯，猫口唇周围的触毛。

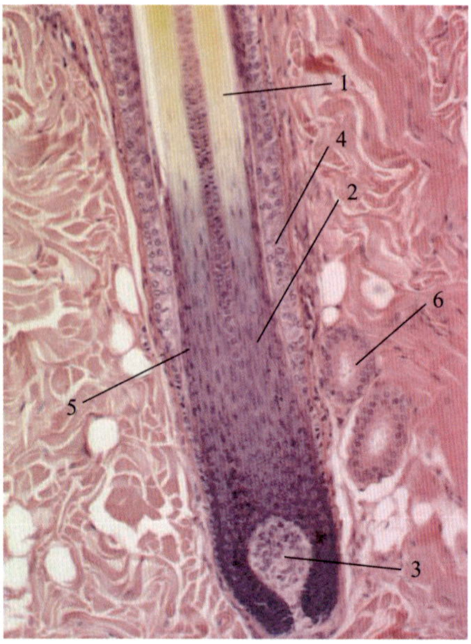

图 2-4　毛组织切片图

1.毛根　2.毛囊　3.毛球　4.外根鞘　5.内根鞘　6.汗腺

毛的结构有毛干、毛根和毛囊 3 部分，毛根被包在毛囊内。

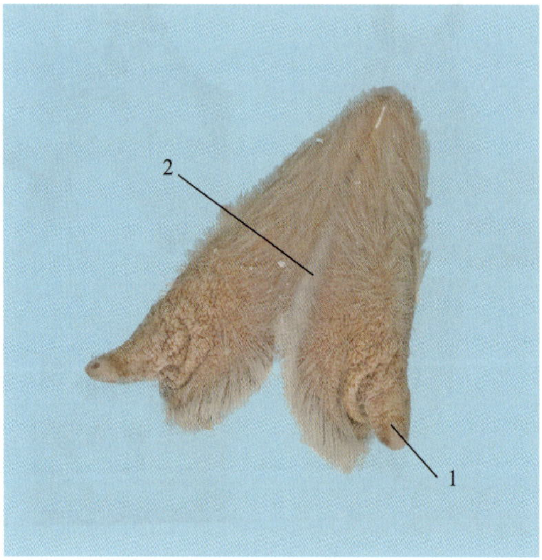

图 2-5　羊乳房

1.乳头　2.乳房间沟

羊的乳房位于腹股沟区腹中线的两侧，由一对乳腺构成，腹侧面中央有一前后纵行的乳房间沟，将乳房分为左、右两半。羊的乳头呈圆锥形，乳头基部有较大的乳池，每个乳头上有一个乳头管的开口。左、右两侧乳腺的深筋膜在中线合并成乳房悬韧带。

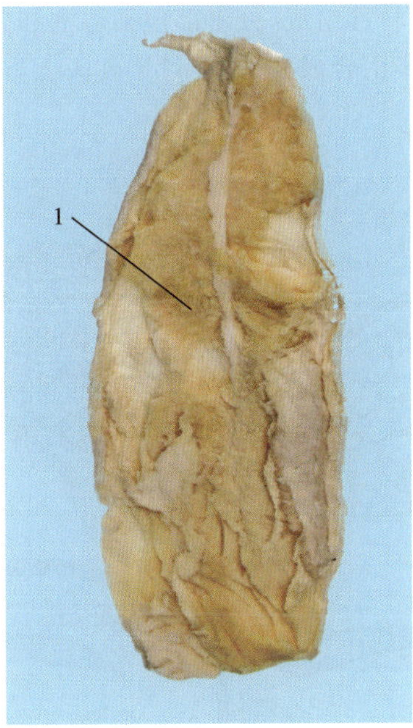

图 2-6　猪乳腺

1.乳腺组织

由筋膜把乳腺实质分为许多腺叶，腺叶由分泌部和导管部构成，分泌部包括腺泡和分泌小管；导管部由等级不同的输乳管构成，最后开口于乳头上方的乳池。猪的乳房成对排列于腹白线的两侧，常有 5～8 对，每个乳房有 1 个乳头，每个乳头有 2～3 个乳头管。

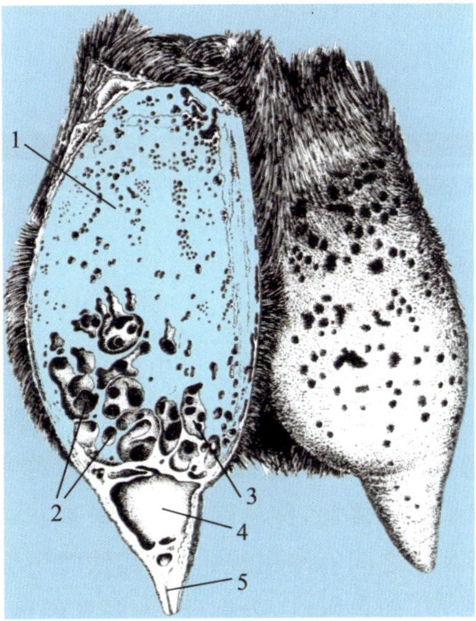

图 2-7　乳房结构示意图

1.乳腺组织　2.乳道　3.乳池腺部　4.乳头乳池部　5.乳头管

乳腺的实质由分泌部和导管部组成，分泌部包括腺泡和分泌小管，导管部由许多小的输乳管汇合成大的输乳管，进一步汇合成乳道，开口于乳头上方的乳池。

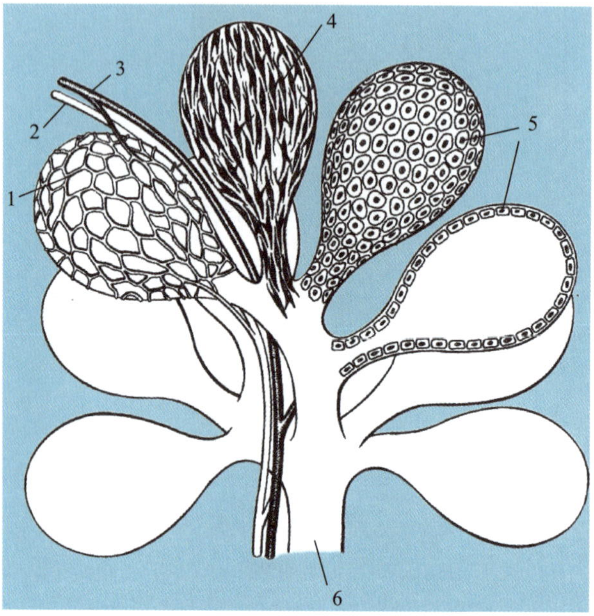

图 2-8　乳腺结构示意图

1. 毛细血管　2. 微静脉　3. 微动脉　4. 肌上皮细胞　5. 腺泡细胞　6. 小输乳管

乳腺是复管泡状腺，由大量腺泡组成，腺泡形状不规则，腺泡细胞为单层，在腺细胞和基膜之间有梭形的肌上皮细胞，有利于排出乳汁。

第二节　蹄和角

蹄由表皮（构成蹄匣）、真皮（构成肉蹄）和皮下组织组成。

牛（羊）为偶蹄动物，每肢的指（趾）端有 4 个蹄，从内向外，分别称为第 2、第 3、第 4、第 5 指（趾）蹄。第 3、第 4 指（趾）蹄发达，直接与地面接触，称主蹄。第 2、第 5 指（趾）蹄很小，不能着地，附着于系关节掌（跖）侧面，称悬蹄。主蹄呈锥状，分蹄匣和肉蹄两部分。蹄匣分角质壁、角质底（与角质壁下缘之间有蹄白线，为装蹄铁时下钉的标志）和角质球。肉蹄由蹄真皮衍生而成，富含血管神经，颜色鲜红，分肉壁、肉底和肉球 3 部分。

马蹄马为奇蹄动物，其由蹄匣和肉蹄两部分组成。蹄匣由蹄壁、蹄底和蹄叉（枕叉）组成。

猪也属于偶蹄动物，肢端有2个主蹄和2个悬蹄。

犬有腕枕、掌(跖)枕和指(趾)枕。犬的爪锋利，可分爪轴、爪冠、爪壁和爪底，均由表皮、真皮和皮下组织构成。

猫每只脚下有一大的脚垫，每一脚垫下各有一小的肉垫，因此行走踏地的声音很轻。

执业兽医资格考试真题

8.(2010年)给马钉蹄铁的标志位置是(   )。

A.蹄壁　B.蹄球　C.蹄叉　D.蹄白线　E.蹄真皮

9.(2011年)属于偶蹄动物的是(   )。

A.犬　B.猫　C.兔　D.猪　E.马

10.(2019年)属于奇蹄的动物是(   )。

A.牛　B.羊　C.马　D.猪　E.驼

11.(2020年)具有蹄叉的动物是(   )。

A.羊　B.牛　C.马　D.猪　E.犬

角是反刍动物额骨角突表面覆盖的皮肤衍生物。由角表皮和角真皮构成。角的表面常有环状的角轮。角的大小和弯曲度决定于角突的外形和角质不均的生长，如角的一面生长旺盛，角顶就将向相反的一面倾斜，因而形成各种弯曲状甚至螺旋状的角。

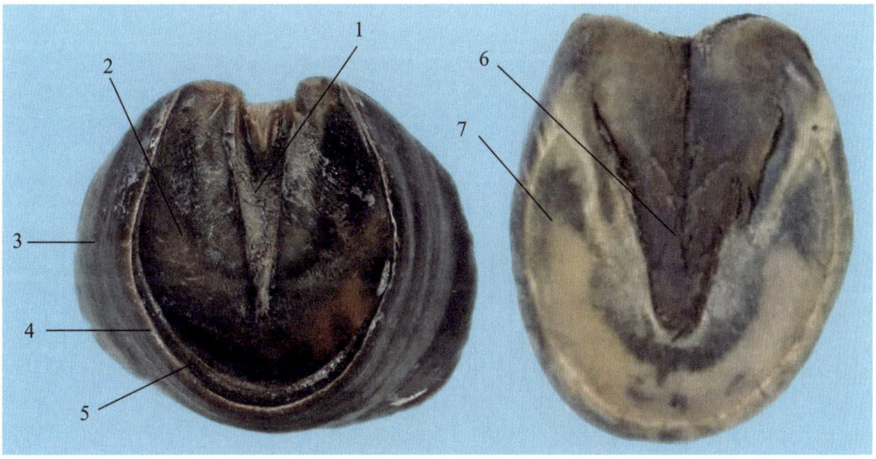

图2-9　马蹄

1.蹄叉角质　2.蹄底角质　3.蹄壁角质　4.蹄缘角质　5.蹄冠沟　6.蹄叉　7.蹄底

蹄是指(趾)端着地的部分，由皮肤演变而来。其表皮层角质化称为蹄匣，无血管和神经，其真皮层也称肉蹄，富含血管和神经，颜色鲜红，套于蹄匣内。马蹄为单蹄，只有第3指(趾)存在。

马蹄分为蹄匣和肉蹄两部分。蹄匣为蹄的角质层。蹄匣可包括蹄缘、蹄冠、蹄壁、蹄底和蹄叉五部分，其中蹄壁根据结构的不同可分为外面的釉层、中间的冠状层和内面的小叶层。

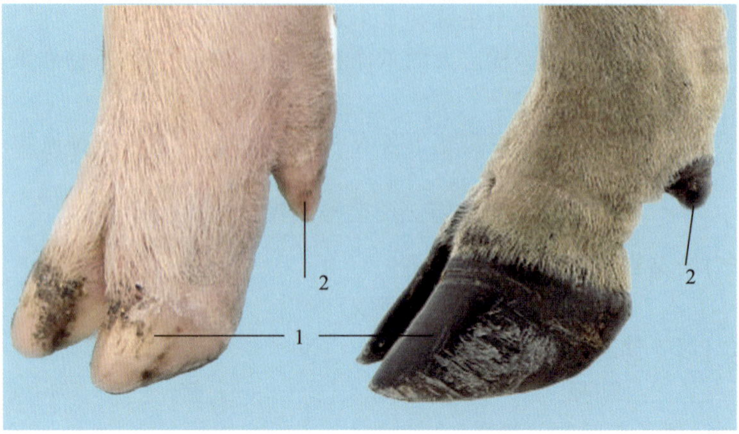

图 2-10　猪蹄(左)及牛蹄(右)

1.主蹄　2.悬蹄

猪蹄每肢有 4 个,第 3、第 4 指(趾)大,称为主蹄;第 2、第 5 指(趾)较小,称为悬蹄。前肢的蹄均比后肢的蹄短而宽大。外侧的第 4 蹄比内侧的第 3 蹄大,同样第 5 蹄比第 2 蹄大。主蹄似马蹄的 1/2,包括蹄匣和肉蹄两部分。牛为偶蹄动物,每肢的指(趾)端有 4 个蹄,从内向外,分别称为第 2、第 3、第 4、第 5 指(趾)蹄。第 3、第 4 指(趾)蹄发达,直接与地面接触,称为主蹄;第 2、第 5 指(趾)蹄很小,不能着地,附着于系关节掌(跖)侧面,称为悬蹄。

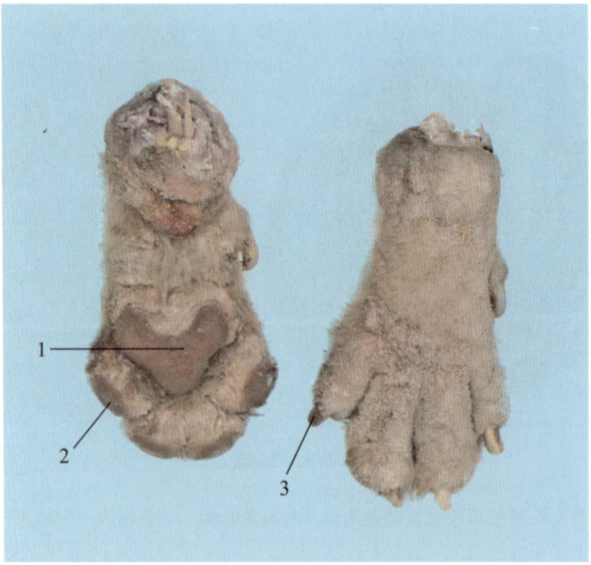

图 2-11　犬爪

1.掌垫　2.指垫　3.爪

犬的爪相当于蹄行动物的蹄,前肢有 5 个爪,后肢有 4 个爪。犬的掌垫和指垫与地面接触,起减震作用,和蹄行动物的蹄球作用相同。

图 2-12 羊角

1. 羊角

角是皮肤衍生的鞘状结构。角包括角基、角体和角尖，角尖部位最厚。在角的表面有环形隆起，称为角轮，羊的角轮发达。

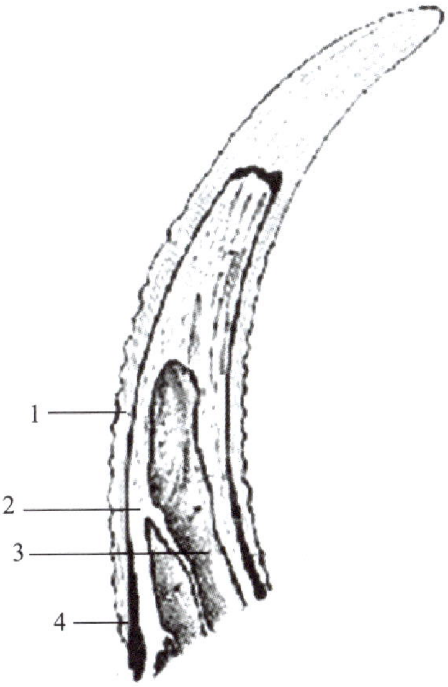

图 2-13 角示意图

1. 角表皮 2. 额骨角突 3. 角窦 4. 角真皮

角由角表皮和角真皮构成，角真皮和额部皮肤真皮相延续，无皮下组织。

执业兽医资格考试真题答案

1. C 2. B 3. E 4. D 5. E 6. E 7. D 8. D 9. D 10. C 11. C

第三章 消化系统

消化系统由消化管、消化腺两部分组成。消化管包括口腔、咽、食管、胃、小肠、大肠、肛门。消化腺分为壁内腺和壁外腺。壁内腺主要指存在于消化管壁内的腺体，如食管腺、胃腺、肠腺等；壁外腺是能够位于消化管壁之外单独构成的完整器官，如唾液腺（腮腺、颌下腺、舌下腺）、肝脏、胰脏。

第一节　消化管

一、口腔和咽

(一)口腔

口腔包括唇、颊、硬腭、软腭、口腔底、舌和齿。

1. 唇

牛上唇中部和两鼻孔之间的无毛区,称为鼻唇镜。羊、犬两鼻孔间有鼻镜。羊上唇正中有“人中”。猪上唇与鼻连在一起构成吻突。犬、猫上唇与鼻端形成鼻镜,正中有“人中”;兔上唇中央有一唇裂,也有鼻镜。

联系临床实践

健康动物的鼻镜或鼻唇镜湿润而温度较低。

执业兽医资格考试真题

1. (2013 年)牛上唇中部与两鼻孔之间形成的特殊结构为(　　)。
   A. 唇裂　　B. 鼻镜　　C. 吻突　　D. 鼻唇镜　　E. 人中

2. 颊

颊位于口腔两侧,主要由颊肌构成,外覆皮肤,内衬黏膜。其上有颊腺和腮腺管的开口。

3. 硬腭和软腭

硬腭构成口腔的顶壁,向后与软腭延续。牛、羊的硬腭前端形成齿枕(齿垫)。马的软腭深达会厌基部,隔开口咽部和鼻咽部,故马不能用口呼吸,病理下逆呕物从鼻腔流出。

4. 口腔底

口腔底大部分被舌占据,前部有舌下肉阜,为颌下腺管开口。猪和犬的舌下肉阜很小,位于舌系带处。

5. 舌

舌可分舌尖、舌体和舌根。在舌尖和舌体交界处的腹侧有 1 条(马)或 2 条(牛、猪)与口腔底相连的黏膜褶,称为舌系带。牛舌乳头的形态包括锥状乳头、豆状乳头、丝状乳头、菌状乳头、轮廓乳头。猪舌乳头包括丝状乳头、锥状乳头、轮廓乳头、菌状乳头和叶状乳头。马和兔无圆锥状乳头。菌状乳头、轮廓乳头和叶状乳头上分布味蕾，为味觉器官。牛(羊)舌背后有舌圆枕。猪无舌下肉阜。

6. 齿

牛(羊)无上切齿。牛的恒齿式：2×[0·0·3·3/4·0·3·3]=32；马的恒齿式：2×[3·1·3(4)·3/3·1·3·3]=40(42)；猪的恒齿式：2×[3·1·4·3/3·1·4·3]=44；犬的恒齿式：2×[3·1·4·2/3·1·4·3]=42。

7. 唾液腺

唾液腺由腮腺、颌下腺和舌下腺组成。牛、羊、猪、马有三大唾液腺。犬、兔唾液腺发达，有4种，多眶下腺。猫的唾液腺特别发达，有5种，多臼齿腺、眶下腺。

执业兽医资格考试真题

2. (2012年)下面哪一种不是马属动物的舌乳头(　　)。
A. 轮廓乳头　B. 叶状乳头　C. 丝状乳头　D. 菌状乳头
E. 圆锥状乳头

3. (2011年)不能用口呼吸的动物是(　　)。
A. 犬　B. 猫　C. 牛　D. 猪
E. 马

4. (2012年)在下列消化器官中，以物理消化为主的器官是(　　)。
A. 口腔　B. 胃　C. 十二指肠　D. 直肠
E. 结肠

(二)咽

1. 鼻咽部

鼻咽部位于软腭背侧，为鼻腔向后的直接延续。两侧壁上各有一个咽鼓管咽口，经咽鼓管与中耳相通。马的咽鼓管形成喉囊。

2. 口咽部

口咽部也称咽峡，位于软腭和舌之间。腭舌弓由软腭到舌根两侧的黏膜褶组成。腭扁桃体位于舌根与腭舌弓交界处。

3. 喉咽部

位于喉口背侧，上有食管口通食管，下有喉口通喉腔。

执业兽医资格考试真题

5. (2010年)牛腭扁桃体位于(　　)。
A. 喉咽部　B. 口咽部侧壁　C. 舌根部背侧　D. 软腭口腔面
E. 鼻咽部后背侧壁

执业兽医资格考试真题

6.(2011年)下列哪种动物的咽鼓管在鼻咽部膨大形成喉囊(咽鼓管囊)( )。

A. 牛 B. 羊 C. 猪

D. 鸡 E. 马

7.(2016年)位于口咽部侧壁的扁桃体称为( )。

A. 舌扁桃体 B. 腭扁桃体 C. 腭帆扁桃体

D. 咽扁桃体 E. 盲肠扁桃体

(三)食管

食管分颈、胸、腹3段。颈前1/3位于气管背侧,颈中部移至气管的左侧,胸段位于胸纵隔内,又转至气管背侧。向后延伸,然后穿过膈的食管裂孔进入腹腔。

(四)胃

1. 多室胃

多室胃由瘤胃、网胃、瓣胃和皱胃(真胃)组成。

联系临床实践

金属异物(铁钉、铁丝等)被吞入胃内时,易留存于网胃,由于胃壁肌肉的强力收缩,常刺穿胃壁,引起创伤性网胃炎,严重的引起创伤性心包炎。

执业兽医资格考试真题

8.(2011年)反刍动物与单胃动物的主要区别在于( )。

A. 瘤胃 B. 网胃 C. 瓣胃

D. 皱胃 E. 前胃

9.(2011年)瘤胃微生物在发酵过程中不断产生大量气体。牛一昼夜产生气体为( )。

A. 600～1 300 L B. 60～130 L C. 100～300 L

D. 200～500 L E. 1 500～2 000 L

10.(2011年)关于瘤胃氮代谢下列哪项描述是不正确的( )。

A. 蛋白质的分解 B. 微生物蛋白合成 C. 尿素再循环

D. 糖类的分解和利用 E. 脂肪的消化和代谢

11.(2013年)牛为多室胃动物,成年牛容积最大的胃是( )。

A. 腺胃 B. 瓣胃 C. 网胃

D. 瘤胃 E. 皱胃

12.(2017年)牛有4个胃,顺序依次为(　　)。

A.瘤胃、瓣胃、皱胃、网胃　　B.网胃、瓣胃、皱胃、瘤胃

C.瓣胃、瘤胃、皱胃、网胃　　D.皱胃、瓣胃、瘤胃、网胃

E.瘤胃、网胃、瓣胃、皱胃

2. 单室胃

(1)马胃:大部分位于左季肋部,小部分位于右季肋部,呈扁平弯曲的囊状,胃的左端向后上方膨大形成胃盲囊。

(2)猪胃:位于季肋部和剑状软骨部,胃的左端大而圆,近贲门处有一盲突称胃憩室,在幽门小弯处有鞍状隆起,称幽门圆枕。

(3)犬胃:呈梨状囊,左端膨大,位于左季肋部。

3. 胃壁的组织结构

(1)黏膜:由上皮、固有层和黏膜肌层组成。无腺部黏膜上皮为复层扁平上皮;有腺部黏膜上皮为单层柱状上皮,贲门腺区分泌黏液,幽门腺区分泌黏液,胃底腺区分泌消化液(主细胞分泌胃蛋白酶原、凝乳酶等消化酶,壁细胞分泌盐酸,颈黏液细胞分泌黏液)。

(2)黏膜下层:猪的黏膜下层有淋巴小结。

(3)肌层:由3层平滑肌组成。内层为斜行肌,中层为环行肌,外层为纵行肌。

执业兽医资格考试真题

13.(2012年)下列哪一种细胞不是胃底腺区的主要组成细胞(　　)。

A.壁细胞　　B.内分泌细胞　　C.立方上皮细胞

D.主细胞　　E.颈黏液细胞

14.(2013年)牛皱胃的黏膜上皮为(　　)。

A.单层扁平上皮　　B.单层柱状上皮　　C.单层立方上皮

D.复层扁平上皮　　E.假复层纤毛皮

15.(2016年)瘤胃发酵产生的气体大部分(　　)。

A.经呼吸道排出　　B.被微生物利用　　C.经嗳气排出

D.经直肠排出　　E.被胃肠道吸收

(五)肠

肠包括十二指肠、空肠、回肠、盲肠、结肠和直肠。

1. 牛(羊)的肠

(1)十二指肠:位于右季肋部和腰部,起自幽门。

(2)空肠:大部分位于腹腔右侧,借空肠系膜悬吊在结肠圆盘周围,形似花环状。

(3)回肠:自空肠的最后肠圈起,呈直线向前上方伸延至盲肠腹侧,以回肠口开口于盲结肠交界处,开口处形成隆起的回肠乳头。

(4)盲肠:呈圆筒状,位于右髂部。

(5)结肠：是大肠中最长的一段。初袢呈乙状弯曲（"S"形），旋袢呈圆盘状，终袢呈"U"形。

2. 马的肠

(1)十二指肠：长约 1 m，位于右季肋部和腰部。

(2)空肠：长约 22 m，位于腹腔左侧，肠系膜宽达 50～60 cm，所以活动范围大。

(3)回肠：位于左髂部，从空肠向右向上延伸，开口于盲肠底小弯内侧的回盲口。

(4)盲肠：外形似逗点状，位于腹腔右侧，盲肠底和盲肠体上有 4 条纵肌带和 4 列肠袋。

(5)结肠：可分为大结肠、横结肠和小结肠。大结肠盘曲成双层马蹄铁形，可分为四段三曲（右下大结肠，胸骨曲，左下大结肠，骨盆曲，左上大结肠，膈曲，右上大结肠）。

3. 猪的肠

(1)十二指肠：较短，长 40～90 cm，其位置、形态和行程与牛（羊）相似。

(2)空肠：大部分位于腹腔右半部，在结肠圆锥的右侧。

(3)回肠：较短，末端开口于盲肠与结肠交接处的腹侧，开口处黏膜突入盲结肠内。

(4)盲肠：呈圆锥状，位于左髂部，有 3 条纵肌带和 3 列肠袋。

(5)结肠：升结肠盘曲成结肠圆锥，位于胃的后方，偏于腹腔左侧，有纵肌带和肠袋。

4. 犬的肠

大肠无纵肌带和肠袋。盲肠呈螺旋状弯曲，位于右髂部稍下方。结肠呈"U"形袢。

5. 肠的组织结构

(1)小肠壁的结构：由黏膜、黏膜下层、肌层和浆膜构成。

(2)小肠绒毛由上皮和固有层构成。上皮为单层柱状上皮，含有柱状细胞（吸收）、杯状细胞（分泌）和内分泌细胞。

(3)黏膜下层：十二指肠的黏膜下层中有十二指肠腺。

(4)肌层：内环、外纵两层。

(5)大肠壁的结构：无肠绒毛，上皮细胞呈高柱状，在柱状细胞之间夹有大量杯状细胞。固有层内肠腺发达。肌层特别发达，由内环、外纵两层平滑肌组成，猪和马的大肠的外纵行肌集合形成纵肌带。

执业兽医资格考试真题

16. (2017 年)盲肠发达、外形似逗号，盲肠尖位于剑状软骨部的家畜是(　　)。
    A. 马　　B. 牛　　C. 羊
    D. 猪　　E. 犬

17. (2018 年)激活胃蛋白酶原的因子是(　　)。
    A. 碳酸氢盐　　B. 内因子　　C. 磷酸氢盐
    D. 盐酸　　E. 钠离子

18. (2018 年)主要由肠环形肌产生的节律性收缩和舒张形成的小肠运动形式(　　)。
    A. 紧张性收缩　　B. 蠕动　　C. 逆蠕动
    D. 分节运动　　E. 钟摆运动

19. (2019 年)铁在肠道内吸收的主要部位是(　　)。

A. 直肠　　B. 盲肠　　C. 十二指肠

D. 回肠　　E. 结肠

20. (2021 年)结肠呈圆盘状肠袢的动物是(　　)。

A. 马　　B. 猪　　C. 兔

D. 牛　　E. 犬

图 3-1　牛(上 1)、羊(上 2)、猪(上 3)、犬(下 1)和兔(下 2)的唇和鼻端

1. 牛鼻唇镜　2. 下唇　3. 羊鼻镜　4. 猪吻突　5. 犬鼻镜　6. 兔上唇

牛上唇较短厚,坚实而不灵活。上唇中部与两鼻孔之间的无毛区,称为鼻唇镜,表面有鼻唇腺开口。羊唇薄而灵活,采食时起重要作用,上唇正中有沟状的"人中"穴。猪唇的活动性小,上唇与鼻连在一起构成吻突,有掘地、觅食作用。犬口裂大,唇薄而灵活,有触毛,上唇与鼻融合,形成鼻镜,正中有明显的纵行浅沟,称为人中。兔唇分为三瓣,有纵裂,唇的表面被覆皮肤,内面衬以黏膜,中层为环形肌。黏膜深层有唇腺,腺管直接开口于黏膜表面。

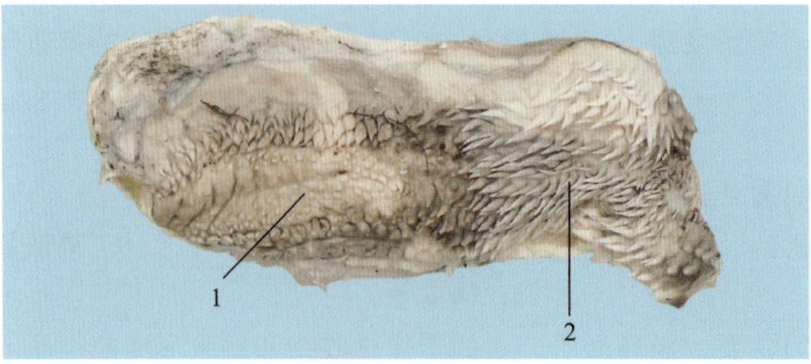

图 3-2　牛颊部

1. 颊乳头　2. 锥状乳头

牛颊部是口腔两侧的主要成分，参与口腔封闭环境的构成，位于面部两侧，形成口腔前庭外侧壁，主要由皮肤、颜面浅层表情肌、颊肌和黏膜构成。

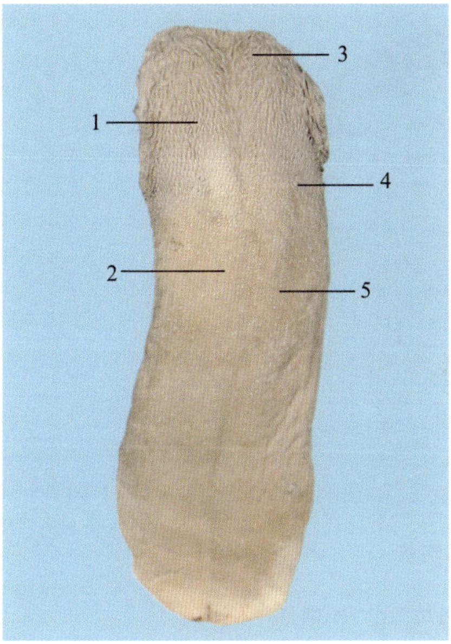

图 3-3 犬舌

1. 圆锥乳头 2. 舌体 3. 舌根 4. 轮廓乳头 5. 菌状乳头

舌由横纹肌构成，表面覆以黏膜，在咀嚼、吞咽等动作中有搅拌和推送食物的作用，舌的结构包括舌尖、舌体、舌根。舌背侧面的黏膜表面形成许多形状和大小不同的突起，称为舌乳头。

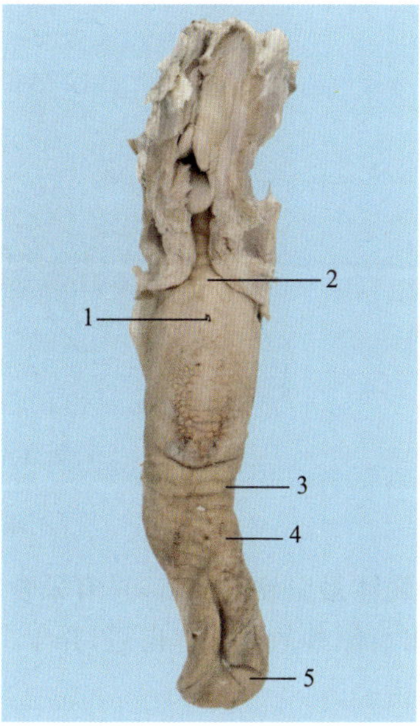

图 3-4 猪舌

1. 轮廓乳头 2. 舌根 3. 舌体 4. 菌状乳头 5. 舌尖

猪舌长而窄，舌背黏膜上有细而软的丝状乳头，一对轮廓乳头，一对叶状乳头，舌根部有锥状乳头。

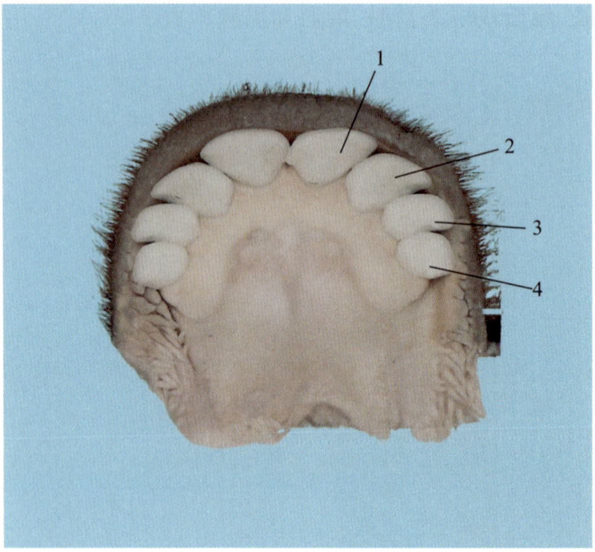

图 3-5　牛下切齿

1. 门齿　2. 内中间齿　3. 外中间齿　4. 隅齿

牛下切齿有 4 对，由内向外顺次为门齿、内中间齿、外中间齿、隅齿。齿冠呈铲形，齿根细圆，脱换有一定的规律，常作为年龄鉴定依据。

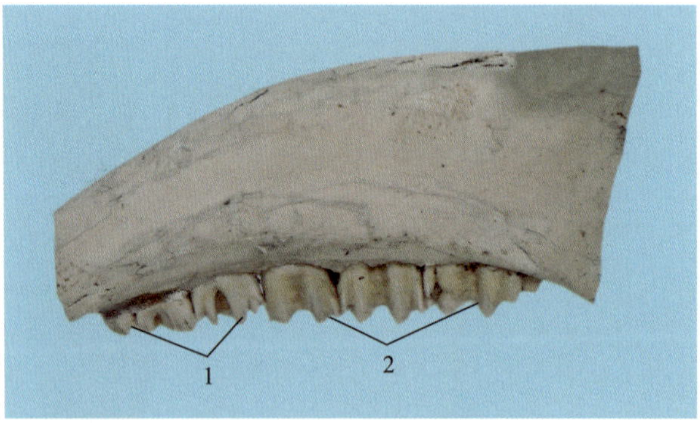

图 3-6　牛齿槽及牙齿

1. 前臼齿　2. 后臼齿

齿是动物体最坚硬的器官，具有采食和咀嚼作用。齿分为 3 部分，埋在齿槽内的部分称为齿根，露出齿龈外的部分称齿冠，介于二者之间被齿龈覆盖的部分称为齿颈。臼齿分为前臼齿和后臼齿。

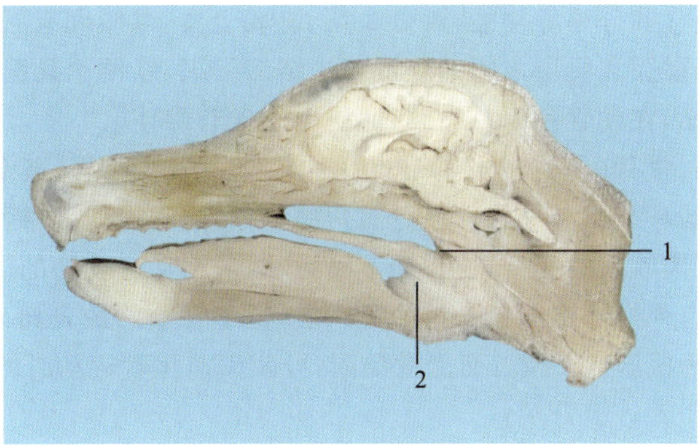

图 3-7 犬鼻咽腔

1.鼻咽部 2.口咽部

鼻咽指腭帆平面以上的部分,向前经鼻后孔通鼻腔。口咽位于会厌上缘与腭帆之间,向前经咽峡通口腔,其外侧壁腭舌弓与腭帆之间的腭扁桃体窝内容纳腭扁桃体。腭扁桃体、咽扁桃体、舌扁桃体在鼻腔和口腔通咽处,共同形成一个淋巴环,称为咽淋巴环,具有防御功能。鼻咽腔近似于立方体,其前界为后鼻孔,上界为蝶骨体,后界为斜坡和第1、第2颈椎,下界为软骨。

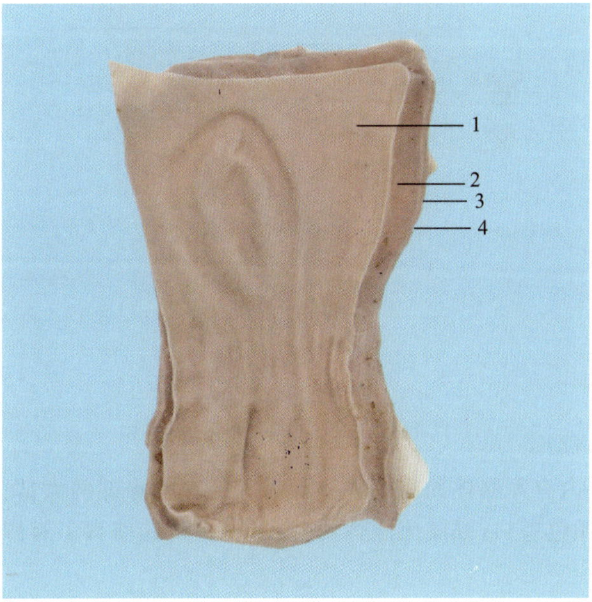

图 3-8 食管黏膜

1.黏膜 2.黏膜下层 3.肌层 4.浆膜

黏膜是消化管道的最内层，柔软而湿润，色泽淡红，富有伸展性。当管腔内空虚时，常形成褶皱，具有保护、吸收和分泌等功能，可分 3 层：黏膜上皮，黏膜固有层，黏膜肌层。

黏膜下层是位于黏膜和肌层之间的一层疏松结缔组织，以便于黏膜的活动，内含较大的血管、淋巴管和神经丛，在食管和十二指肠，此层内还含有腺体。

肌层，除口腔、咽、食管(马的前 4/5)和肛门的管壁为横纹肌外，其余各段均由平滑肌构成，一般可分为内层的环行肌和外层的纵行肌两层，两层之间有肌间神经丛和结缔组织。肌间神经丛具有调节肌肉收缩的作用，使胃肠不断运动，从而促进食物的消化和吸收。

浆膜，外膜为富有弹性纤维的疏松结缔组织层，位于管壁的最表面，在胃、肠外膜表面尚有一层间皮覆盖，称为浆膜。浆膜表面光滑湿润，可减少消化管运动时的摩擦，便于活动。

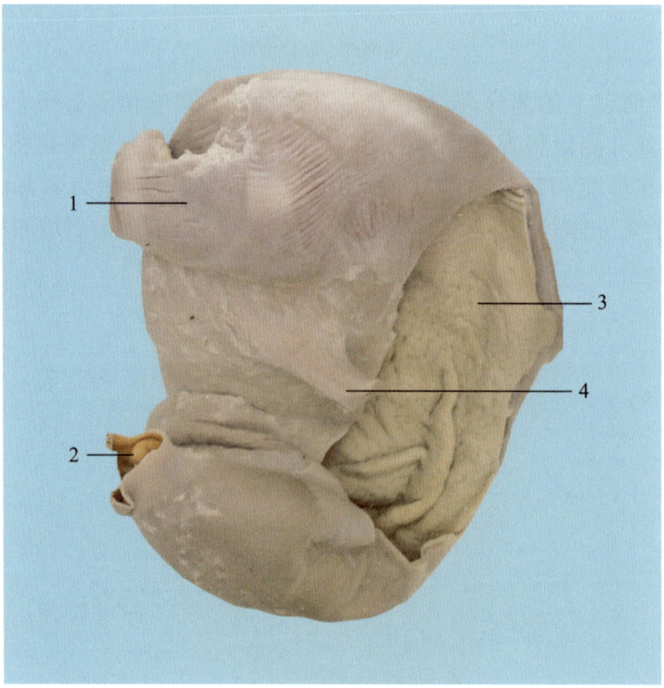

图 3-9　马胃黏膜

1. 胃盲囊　2. 幽门　3. 胃黏膜　4. 食管

胃黏膜根据黏膜内有无腺体而将黏膜分为无腺部和有腺部两大部分。无腺部的黏膜上皮为复层扁平上皮，颜色苍白，黏膜无腺体，相当于多室胃的前胃。有腺部黏膜有腺体，相当于多室胃的皱胃。

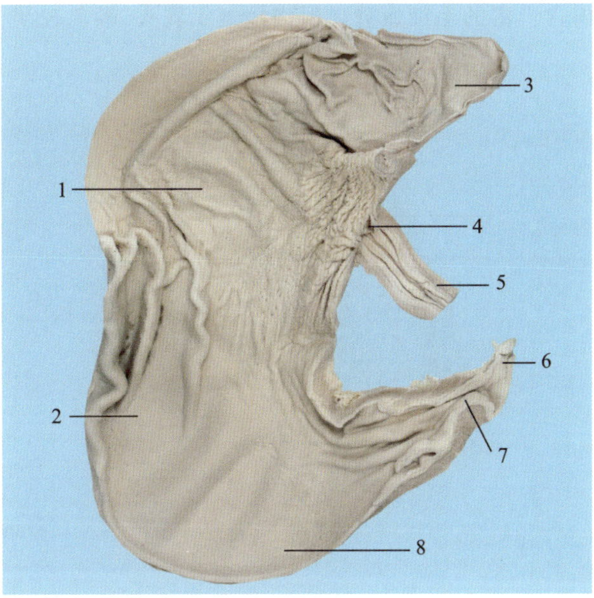

图 3-10 猪胃黏膜

1. 贲门腺区 2. 胃底腺区 3. 胃憩室 4. 贲门 5. 食管 6. 十二指肠 7. 幽门 8. 幽门腺区

猪胃黏膜无腺部面积小，色白；贲门腺区面积最大，占胃的左半部，色淡黄；胃底腺区色棕红，分布于胃的右侧部。

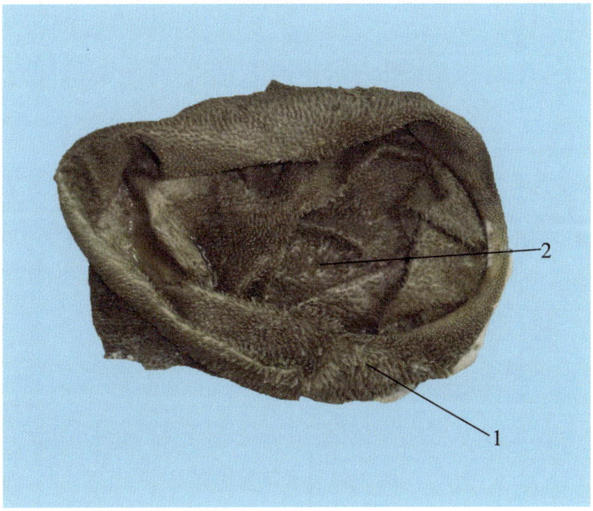

图 3-11 羊瘤胃黏膜

1. 瘤胃黏膜乳头 2. 棕黑色瘤胃黏膜

羊瘤胃胃壁的黏膜上无消化腺体存在，不分泌胃液，主要起储存食物，发酵分解纤维素的作用，称为前胃或假胃。瘤胃的黏膜呈棕黑色或棕黄色，无腺体，表面有无数密集的乳头，即瘤胃黏膜层乳头，内含丰富的毛细血管。但肉柱上无乳头，颜色较淡。

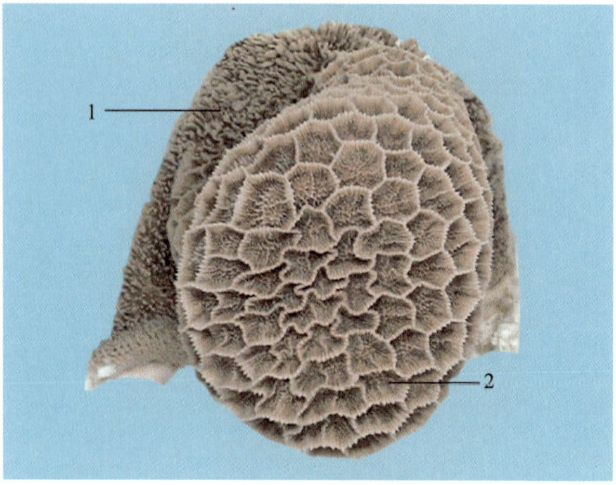

图 3-12　羊网胃黏膜

1. 瘤胃黏膜　2. 网胃黏膜

网胃的黏膜形成许多网格状（蜂窝状）的皱褶，皱褶上密布角质乳头。网胃右侧壁上有食管沟通过。

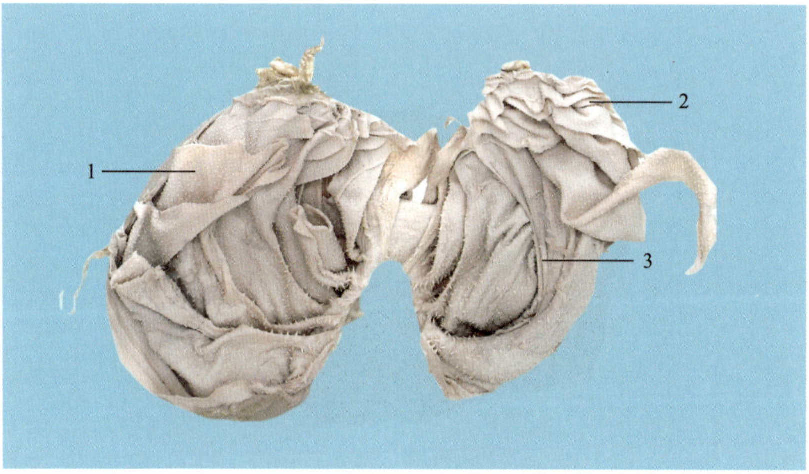

图 3-13　羊瓣胃黏膜

1. 瓣胃中叶　2. 瓣胃小叶　3. 瓣胃大叶

瓣胃的黏膜表面有角质化的复层扁平上皮覆盖，并形成百余片大小、宽窄不同的叶片，叶片分大、中、小和最小 4 级，呈有规律的相间排列，故又称为“百叶”。

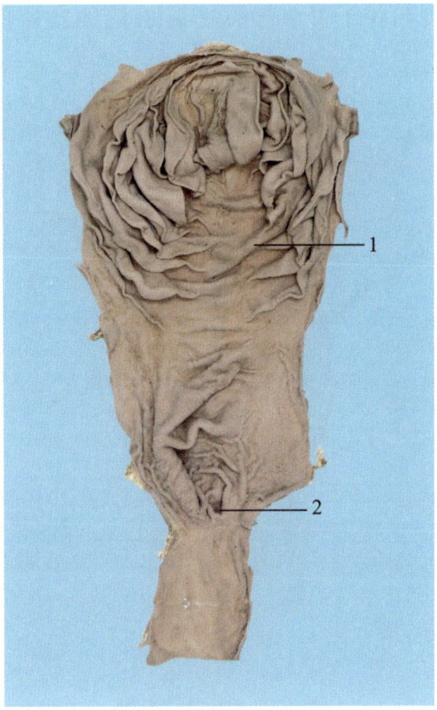

图 3-14　羊皱胃黏膜

1. 皱胃黏膜褶　2. 幽门

皱胃是唯一的腺体胃，黏膜表面光滑柔软，有 12～14 条螺旋形皱褶。黏膜表面被覆单层柱状上皮，胃黏膜有腺体，按其分泌物的性质可分为贲门腺区，胃底腺区和幽门腺区，可分泌消化液，对食物进行消化。

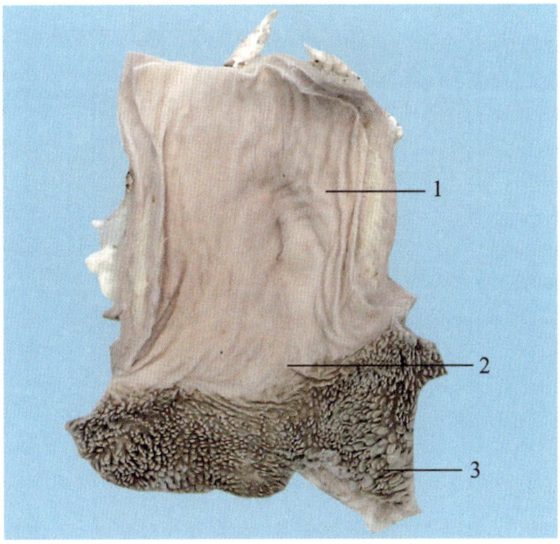

图 3-15　羊胃贲门

1. 食管　2. 贲门　3. 瘤胃

食管与瘤胃相接形成贲门,位于胃小弯的左端、在膈的食管裂孔附近。

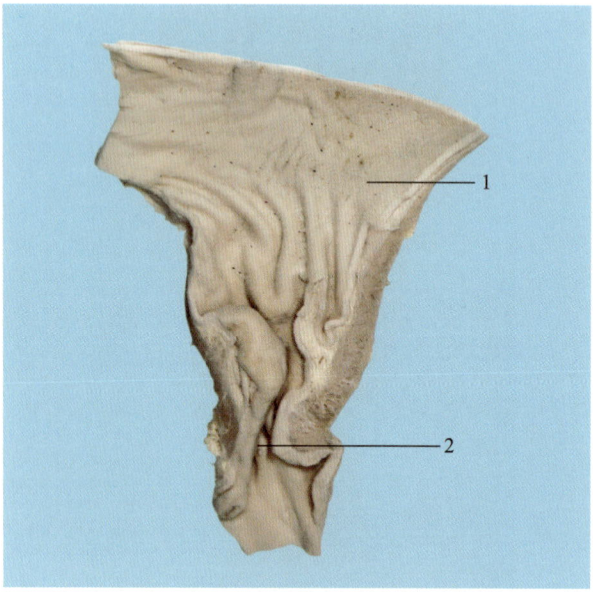

图 3-16　猪幽门剖面

1. 胃黏膜　2. 幽门

猪胃幽门处的小弯一侧形成圆枕状隆起,称幽门枕,松弛时堵塞幽门,收缩时开放幽门。

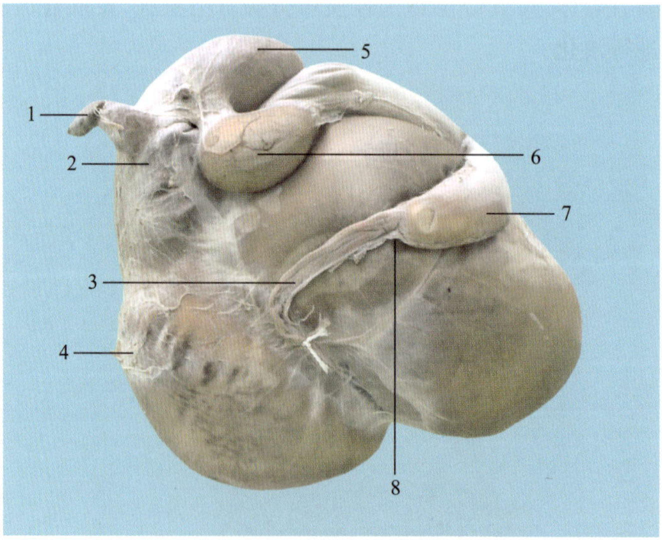

图 3-17　羊胃相对位置

1. 食管　2. 贲门　3. 十二指肠　4. 瘤胃　5. 网胃　6. 瓣胃　7. 皱胃　8. 幽门

瘤胃容积最大,呈前后稍长,左右略扁的椭圆形,占据了左侧腹腔的全部,其下部还伸向右侧腹腔。网胃是位置最前的一个胃,外形呈梨状,前后稍扁,位于季肋部的正中矢状面上。

瓣胃是4个胃中最小的,呈两侧稍扁的球形,位于右季肋部。皱胃是唯一的腺体胃,黏膜表面光滑柔软,有12～14条螺旋形皱褶。

图 3-18 羊食管沟

1.瘤胃 2.食管沟 3.瓣胃 4.皱胃

食管沟沿贲门口起,沿瘤胃右壁、网胃右侧壁到网瓣口。吸吮动作可使食管沟的两唇闭合成管状,供乳汁直接通过。

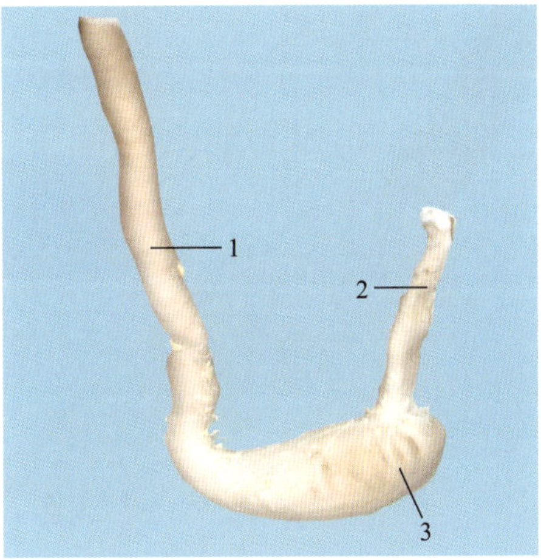

图 3-19 猫胃、十二指肠

1.十二指肠 2.食管 3.胃

猫胃呈梨形，位于腹腔前部，体中线左侧，幽门端宽大，故猫易呕吐。十二指肠背侧壁离幽门 3 cm 的黏膜上，有一突起的乳头，胆管和胰管开口于此。

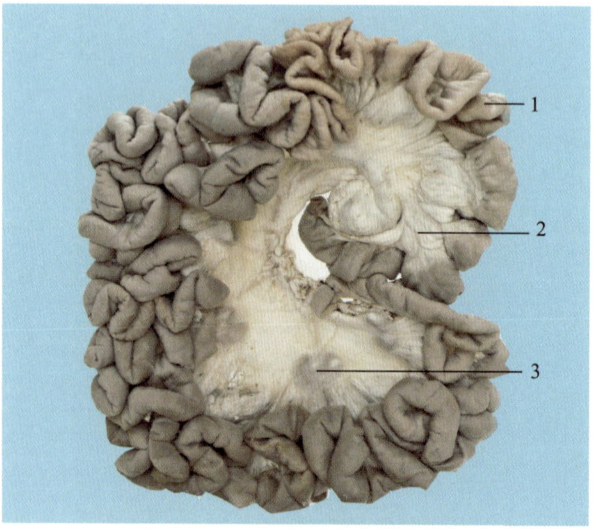

图 3-20 猪空肠

1.空肠 2.肠系膜 3.肠系膜淋巴结

猪空肠卷成无数空肠袢，以较宽的空肠系膜与总系膜相连，肠系膜上有许多肠系膜淋巴结，空肠大部分位于腹腔右半部，在结肠圆锥的右侧和背侧，小部分位于腹腔左侧后部。

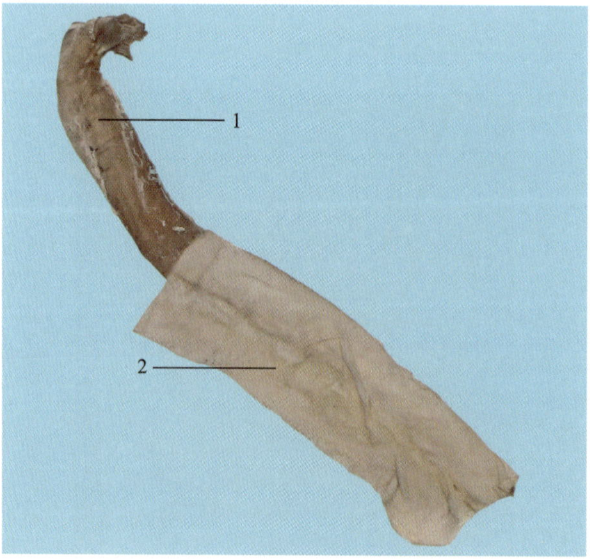

图 3-21 羊空肠黏膜与浆膜

1.浆膜 2.肠黏膜

羊的空肠浆膜由薄层结缔组织和间皮组成，空肠的黏膜形成许多环形的皱褶，上面有许多指状突起，称为肠绒毛，绒毛由上皮和固有层组成。

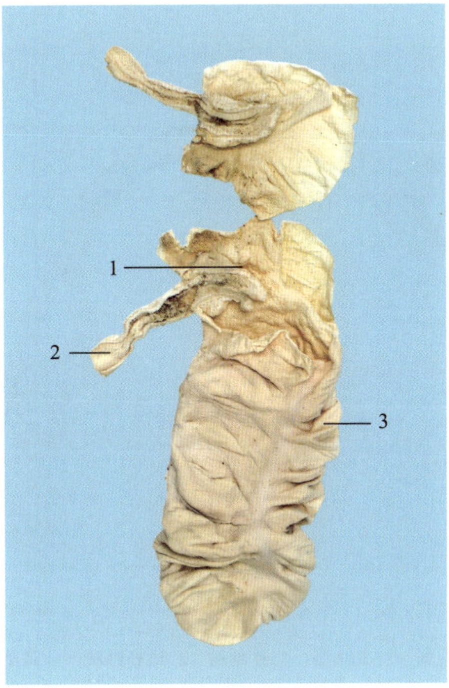

图 3-22　猪回盲口

1. 回盲口　2. 回肠　3. 盲肠

回盲口为结肠和盲肠的分界线，回肠短而直，末端开口于盲肠和结肠交界处，开口处黏膜稍突入盲结肠内。盲肠短而粗，呈圆锥状，位于左髂部，盲端朝向后下方，伸达骨盆前口附近。

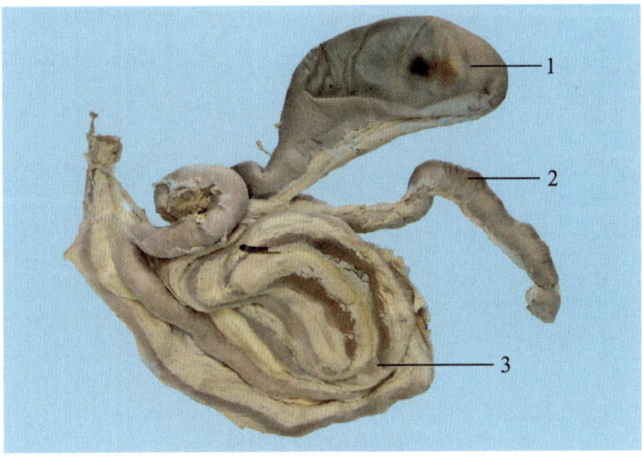

图 3-23　羊盲肠与结肠

1. 盲肠　2. 回肠　3. 结肠

羊盲肠呈圆筒状，位于后腹部。以回盲口为界，盲端向后伸达骨盆前口，并呈游离状态，可以移动。回肠较短，约 50 cm，不形成肠圈，自空肠的最后肠圈起，几乎呈直线地向前上方伸延至盲肠腹侧，止于回盲口。结肠分为初袢、旋袢、终袢 3 段。

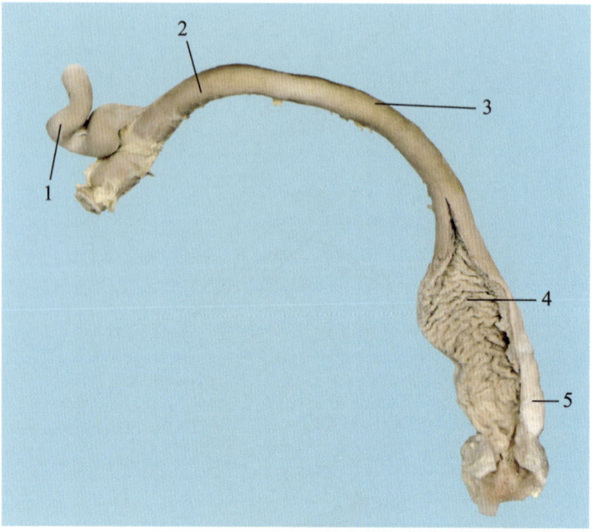

图 3-24 犬盲肠、结肠

1. 盲肠 2. 升结肠 3. 横结肠 4. 结肠黏膜 5. 降结肠

犬的盲肠短而弯曲，长 10～15 cm，盲肠尖向后，前段经盲结口与升结肠相连接，结肠无纵带，被肠系膜悬挂在腰下部。结肠依次分为以下几段：升结肠（短）、横结肠、结肠右曲、结肠左曲，向后延接到降结肠。

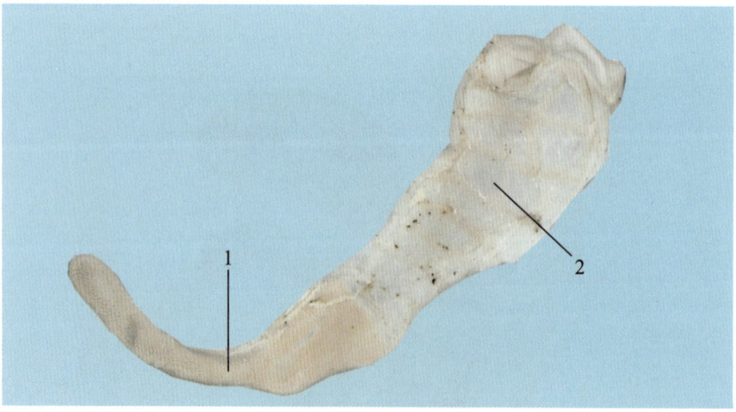

图 3-25 兔蚓突

1. 蚓突 2. 蚓突内面

蚓突是兔盲肠的一部分，为一条细长盲管，为兔盲肠所特有。

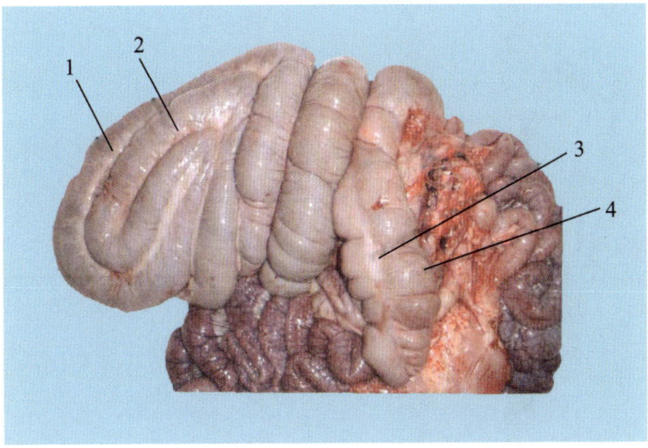

图 3-26 猪盲肠与结肠

1. 结肠圆锥向心回 2. 结肠圆锥离心回 3. 盲肠纵肌带 4. 盲肠肠袋

猪盲肠呈圆锥状，有 3 条纵肌带和 3 列肠袋。猪结肠圆锥向心曲口径粗大，由背侧向腹侧旋转 3 周。结肠圆锥离心回由腹侧向背侧旋转，口径较细小，最后接结肠。

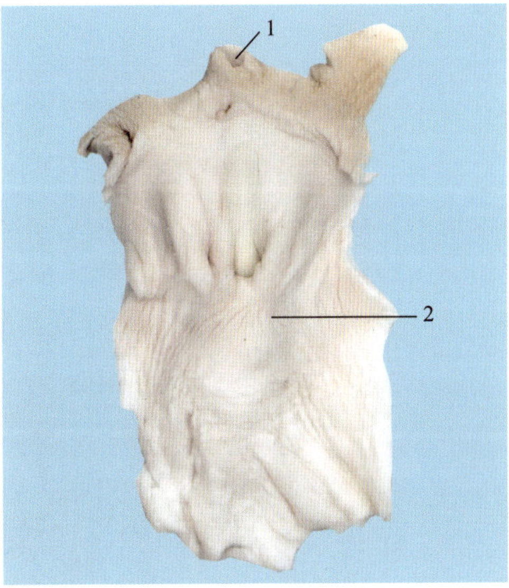

图 3-27 兔直肠黏膜

1. 肛门 2. 直肠黏膜层

肛管起于齿状线，下止肛门缘，由肛门内、外括约肌和肛提肌围绕。肛管上续直肠，向后下绕尾骨尖与直肠呈 80°～90°角，前壁比后壁长。肛管为皮肤所覆盖，其下缘有一条呈灰白色的环状线，称为白线，位置相当于肛门内括约肌的下端，触诊有一浅沟。直肠黏膜同样分为黏膜层、黏膜下层、肌层和外膜。

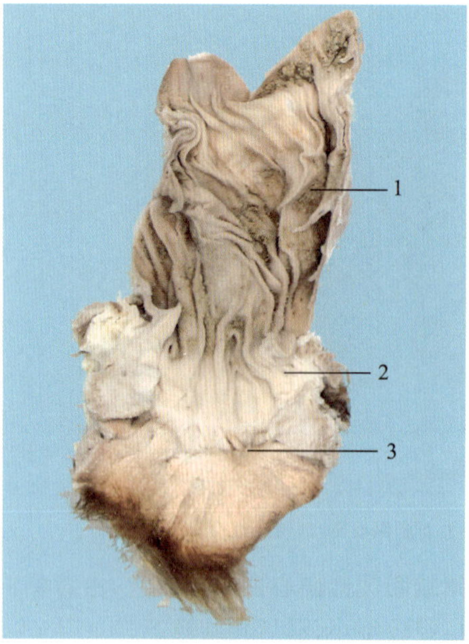

图 3-28 犬直肠黏膜

1. 直肠黏膜 2. 直肠壶腹 3. 肛门

直肠是大肠中较直的一段，位于盆腔内，直肠的前部为腹膜部，表面被覆浆膜，后部为腹膜外部，表面没有浆膜，由疏松结缔组织与周围器官相连。

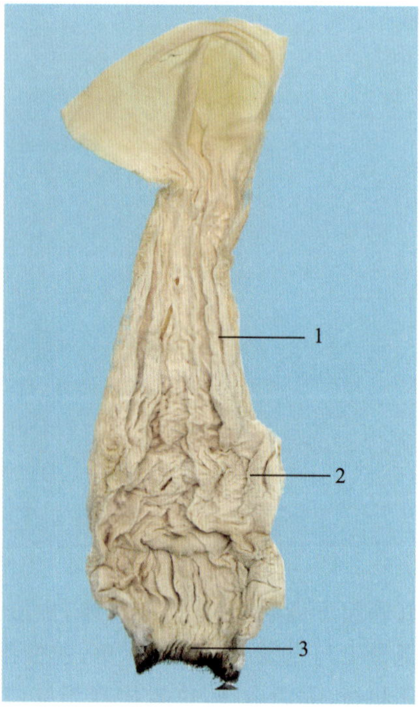

图 3-29 猪直肠黏膜

1. 直肠黏膜层 2. 直肠壶腹 3. 肛门

猪直肠黏膜表面平滑，无绒毛，上皮细胞呈高柱状，黏膜内有排列整齐的大肠腺，大肠腺的分泌物中不含消化酶，直肠位于骨盆腔内，中部膨大可形成直肠壶腹。

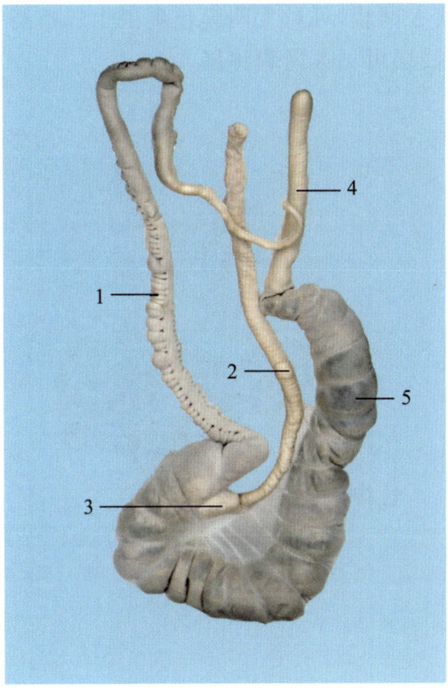

图 3-30　兔肠

1.结肠　2.回肠　3.圆小囊　4.蚓突　5.盲肠

兔肠管在回盲口处有一圆形凸起，称为圆小囊，是兔特有部位。蚓突是兔盲肠内侧的一条细长盲管，也是兔盲肠的特有部位。

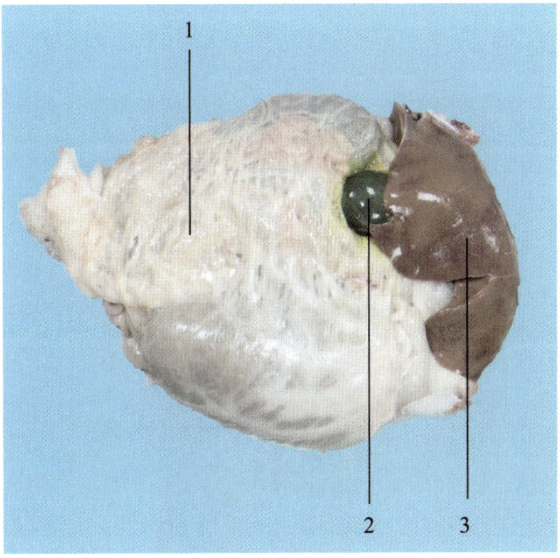

图 3-31　羊大网膜

1.大网膜　2.胆囊　3.肝脏

打开羊右侧腹壁后观察大网膜，可见大网膜包裹了十二指肠外的绝大部分肠管，位于表面的是大网膜的浅层，剪开浅层可见大网膜深层。

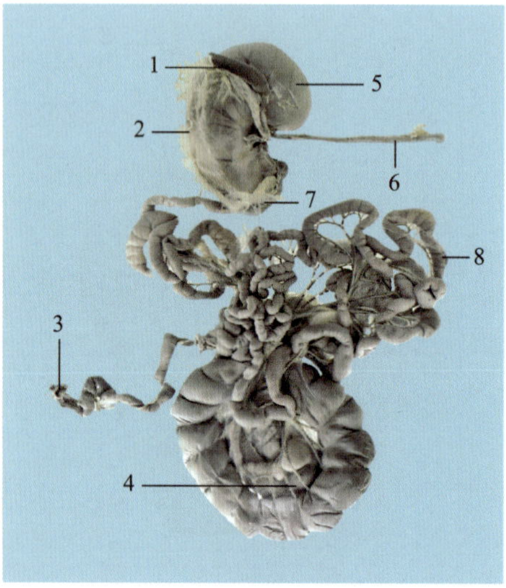

图 3-32 藏獒消化系统

1.脾 2.大网膜 3.直肠 4.回肠 5.胃 6.食管 7.十二指肠 8.空肠

藏獒的消化系统包括消化管和消化腺。消化管包括口腔、咽(位于口腔、鼻腔的后方，喉和食管的前上方，是消化和呼吸的共同通道)、食管、胃(胃大弯处有大网膜)、十二指肠、空肠、回肠、盲肠、结肠、直肠。藏獒的肝脏特别发达，约占其体重的3%。

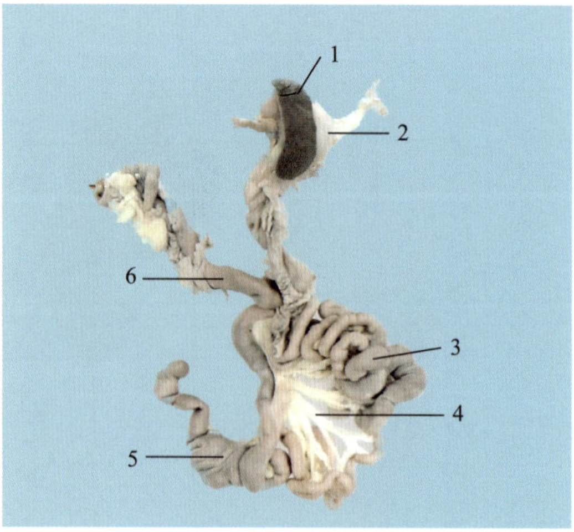

图 3-33 小鼠消化系统

1.脾 2.胃 3.空肠 4.肠系膜 5.盲肠 6.直肠

小鼠的消化系统包括消化管和消化腺，消化管包括口腔、咽、食管、胃、十二指肠、空肠、回肠、盲肠、结肠、直肠。

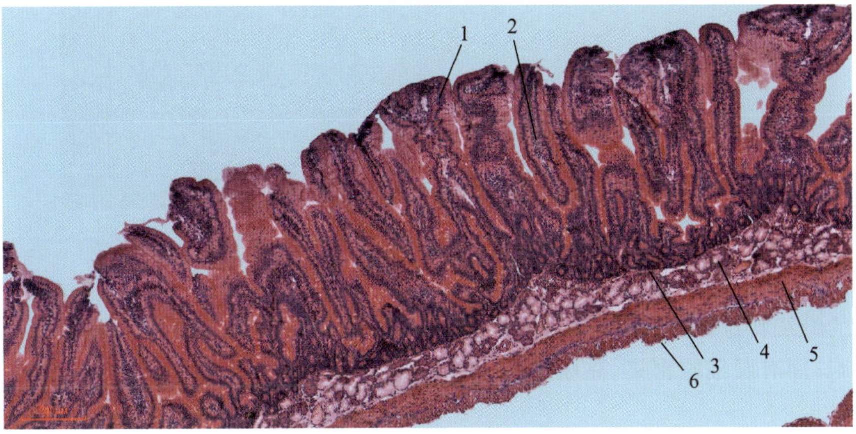

图 3-34 十二指肠组织图

1.上皮细胞 2.固有层 3.黏膜肌层 4.十二指肠腺 5.肌层 6.浆膜

十二指肠的组织结构分为黏膜层，黏膜下层，肌层和外膜 4 部分，其肠绒毛呈叶片状，由上皮和其固有层突向肠腔形成。除黏膜层有小肠腺外，黏膜下层还有十二指肠腺。

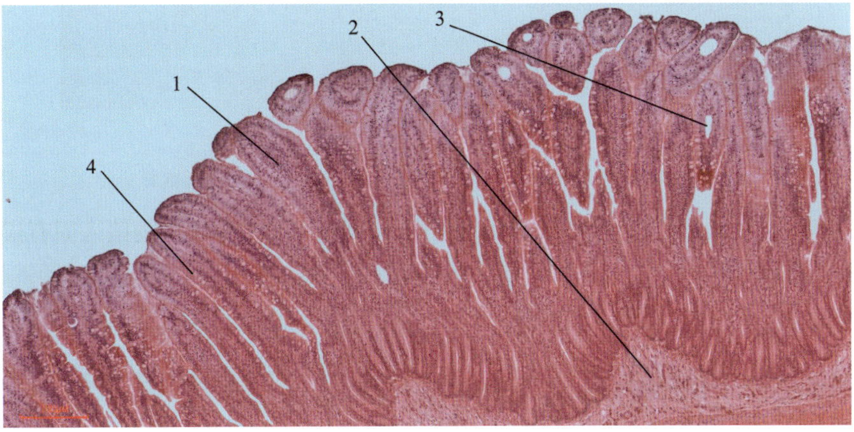

图 3-35 空肠组织图

1.固有层 2.黏膜下层 3.乳糜管 4.杯状细胞

空肠处的绒毛呈指状，在黏膜下层无腺体，这可以和十二指肠相区别，也无回肠黏膜层的淋巴小结。

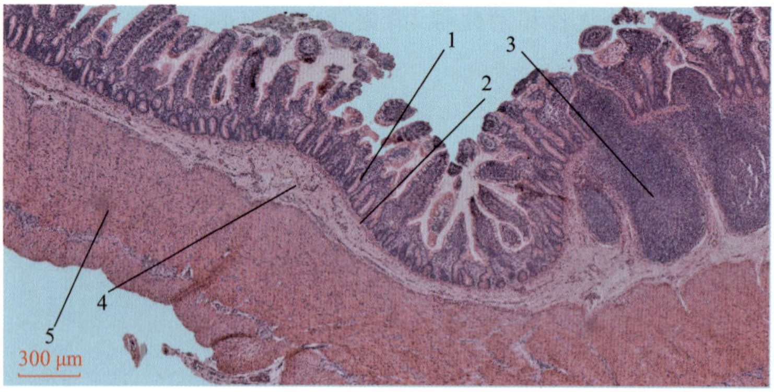

图 3-36　回肠组织图

1. 小肠腺　2. 黏膜肌层　3. 淋巴小结　4. 黏膜下层　5. 肌层

回肠的组织特点，肠绒毛短而宽，上皮为单层柱状，柱状上皮顶部有刷状缘，之间有大量的杯状细胞，固有层细胞密集，黏膜层有大量的淋巴小结，有时延伸入黏膜下层。

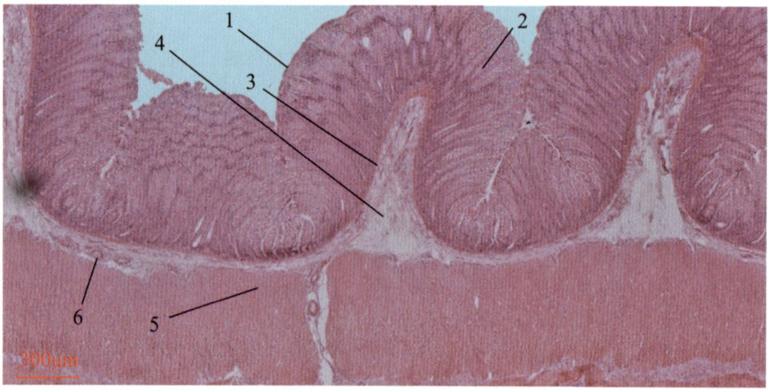

图 3-37　结肠组织图

1. 上皮　2. 大肠腺　3. 黏膜肌层　4. 黏膜下层　5. 肌层　6. 血管

结肠组织特点为无肠绒毛，上皮细胞间有大量的杯状细胞，上皮细胞内陷入固有层形成密集的大肠腺，固有层内有大量的淋巴细胞和浆细胞。某些动物的肌层不完整，可形成肠带和肠袋。

第二节　消化腺

一、肝

肝是体内最大的腺体，脏面中央有肝门，肝的营养性血管肝动脉和功能性血管门静脉由此进入，肝管与胆囊管汇合成胆管，开口于十二指肠“乙”状弯曲第二曲黏膜乳头上(牛)。羊的胆管与胰管合成一胆总管，开口于十二指肠“乙”状曲第二曲处。

(1)牛(羊)肝：分叶不明显，大部分位于右季肋部，被胆囊和肝圆韧带分为左、中、右3叶。

(2)马肝：分叶不明显，没有胆囊。肝管与胰管一起开口于十二指肠憩室。

(3)猪肝：分叶明显，叶间切迹将肝分为左外叶、左内叶、中叶、右内叶、右外叶，中叶被肝门分为上方的尾叶与尾状突，下方为方叶，胆囊管与肝管汇合成胆管，开口于距幽门2～5 cm处的十二指肠憩室。

(4)犬肝：分叶明显，和猪肝一样被叶间切迹分为6叶。

(5)肝的组织结构：表面的结缔组织膜在肝门进入肝将其实质分隔成许多肝小叶。

二、胰

胰位于腹腔背侧，靠近十二指肠，分为左、中、右3叶，中叶又称胰头。胰的输出管有的动物(牛、猪)有1条；有的动物(马、犬、猫)有2条，其中1条称胰管，另1条称副胰管。

(1)牛(羊)的胰：呈不规则的四边形，黄褐色。

(2)猪的胰：呈不规则三角形，灰黄色。

(3)马的胰：呈不规则的三角形，淡红黄色。

(4)犬的胰：呈“V”形，粉红色。

(5)胰的组织结构：胰的实质分外分泌部和内分泌部，外分泌部分泌胰液，含多种酶，进入十二指肠参与消化；内分泌部称胰岛，胰岛细胞主要分泌胰岛素和胰高血糖素，有调节血糖代谢的作用。

执业兽医资格考试真题

21. (2011年)犬的胰脏呈(　　)。

A. 不正三角形　　B. 不正四边形　　C. 不规则三角形

D. “V”形　　E. “U”形

22. (2012年)肝脏的基本结构和功能单位是(　　)。

A. 肝板　　B. 肝细胞　　C. 肝血窦

D. 肝小管　　E. 肝小叶

23. (2012年)家畜胰脏分泌胰液，由胰管排入(　　)。

A. 十二指肠　　B. 空肠　　C. 回肠

D. 大肠　　E. 结肠

24. (2021年)没有胆囊的家畜是(　　)。

A. 牛　　B. 羊　　C. 猪

D. 马　　E. 犬

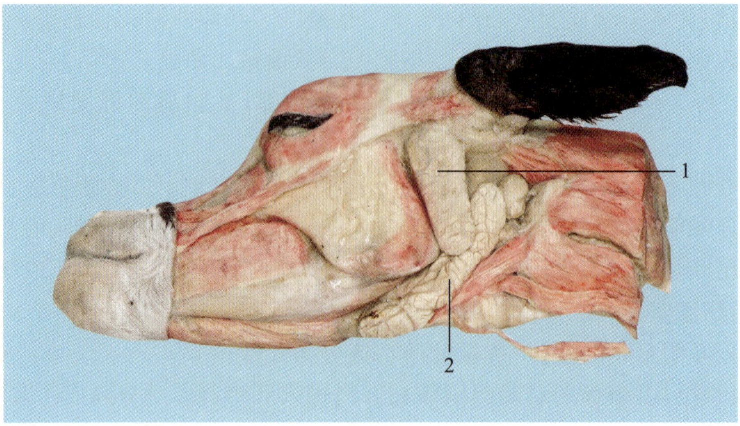

图 3-38　腮腺与下颌腺

1. 腮腺　2. 下颌腺

腮腺位于耳根下方，下颌骨后缘的皮下，又称为耳下腺，其排泄管称为腮腺管，沿下颌骨后缘延伸至血管切迹处，折转上行，开口于颊膜上。下颌腺位于腮腺的深层，腺管开口于舌下肉阜或舌系带两侧的口腔底面。

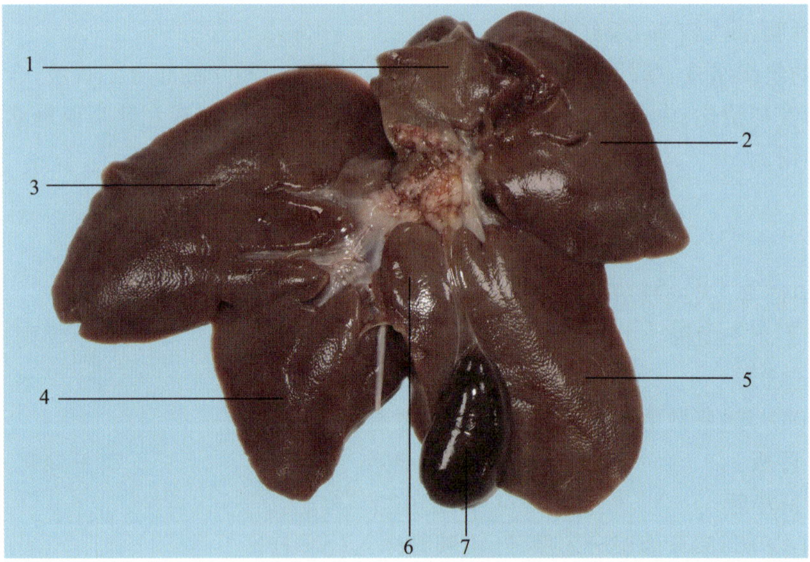

图 3-39　猪肝脏(脏面)

1. 尾叶　2. 右外叶　3. 左外叶　4. 左内叶　5. 右内叶　6. 方叶　7. 胆囊

猪肝脏位于季肋部和剑状软骨部，略偏右侧，中央厚而边缘薄锐，分叶明显，有胆囊。可分为 6 叶：右外叶、右内叶、左外叶、左内叶、方叶和尾叶。

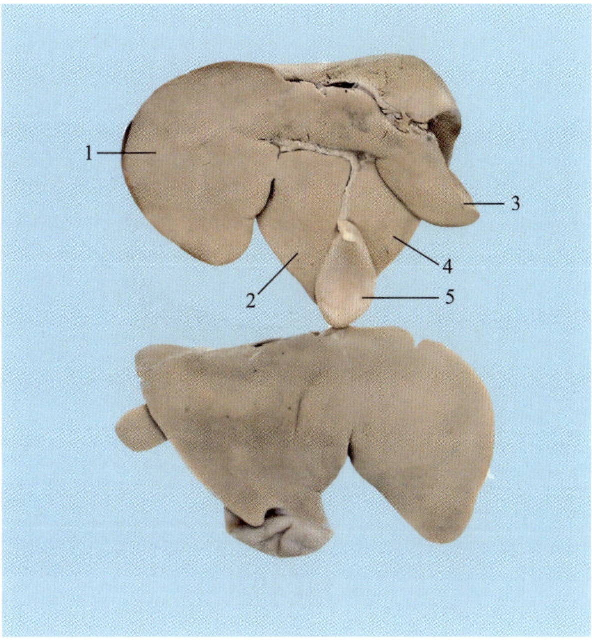

图 3-40 羊肝脏脏面(上)与膈面(下)

1.左叶 2.方叶 3.尾状突 4.右叶 5.胆囊

羊肝脏是羊体内最大的腺体，棕红色，质脆，呈不规则的扁圆形，位于膈后。前面隆凸称为膈面，有后腔静脉通过，后面凹陷，称为脏面，中央有肝门，有胆囊。可分为4叶：左叶、方叶、尾叶、右叶。

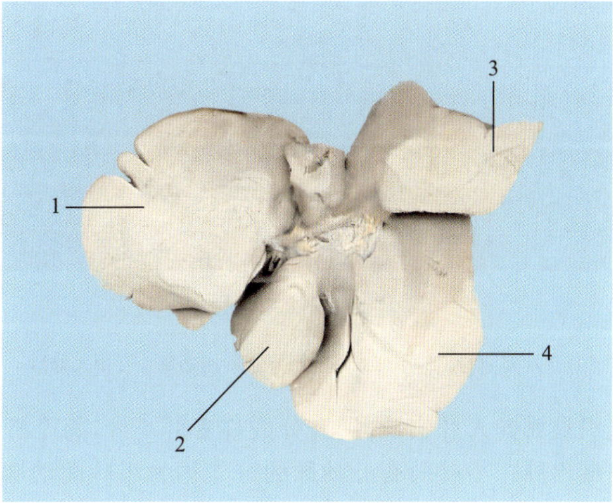

图 3-41 猫肝脏

1.左外叶 2.方叶 3.尾状突 4.右内叶

猫肝脏分为左外叶、左内叶、右内叶、右外叶、方叶、尾叶。

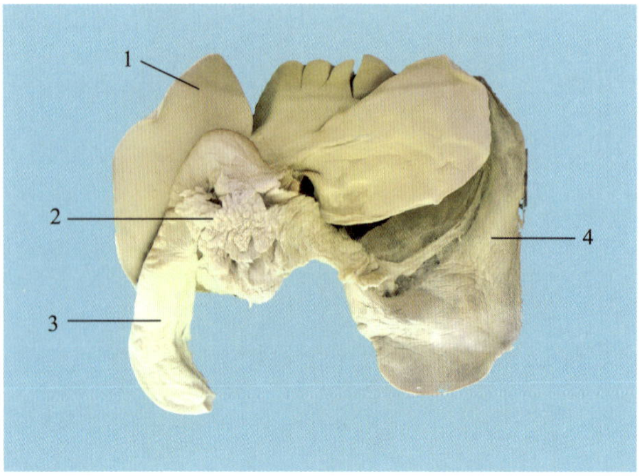

图 3-42 马肝

1.肝脏 2.胰脏 3.十二指肠 4.脾脏

马肝大部分位于右季肋部，小部分位于左季肋部，无胆囊，肝汁沿肝管出肝门后，由肝管直接注入十二指肠。

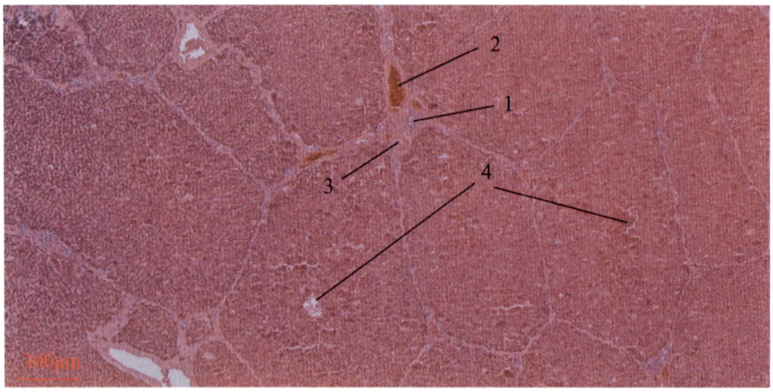

图 3-43 肝组织结构图

1.小叶间胆管 2.小叶间静脉 3.小叶间动脉 4.中央静脉

肝表面的结缔组织被膜伸入肝实质，把肝分成许多肝小叶，每个肝小叶中央有条静脉，负责引流肝窦里的血液出肝。小叶间有肝动脉的分支称为小叶间动脉，有门静脉的分支称为小叶间静脉，有引流胆汁的小叶间胆管。

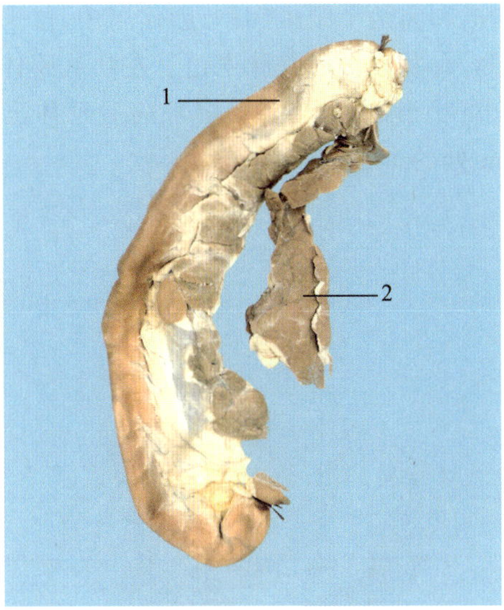

图 3-44 犬十二指肠、胰脏

1. 十二指肠 2. 胰脏

犬胰脏位于十二指肠的弯曲中，质地柔软，有一条胰管直通十二指肠，胰的外面包有一薄层结缔组织被膜，结缔组织伸入腺体实质，将实质分为许多小叶。胰的实质可分为外分泌部和内分泌部。

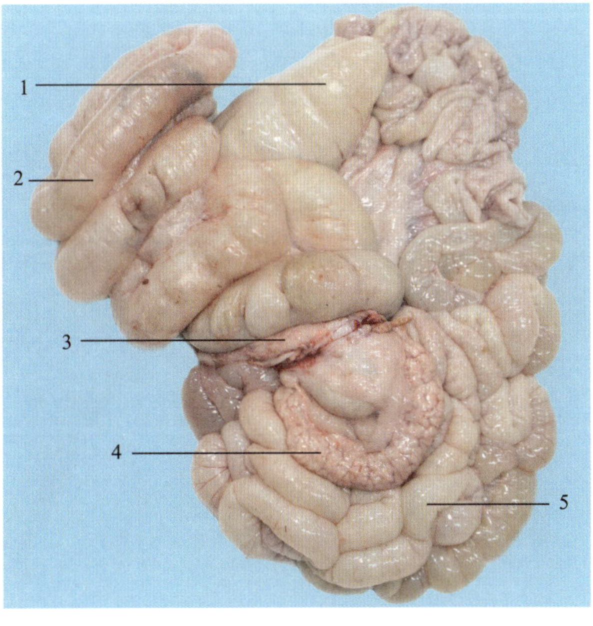

图 3-45 猪胰脏

1. 盲肠 2. 结肠 3. 十二指肠 4. 胰脏 5. 空肠

猪胰脏位于最后两个胸椎和前两个腰椎腹侧，胰体居中，位于胃小弯和十二指肠前部附近，在门静脉和后腔静脉腹侧，有胰环供门静脉通过。左叶从胰体向左延伸，与左肾前端、脾上端和胃左端接触。右叶较左叶小，沿十二指肠降部向后延伸至右肾前端。胰管由右叶走出，开口于距幽门 10～12 cm 处的十二指肠小乳头。

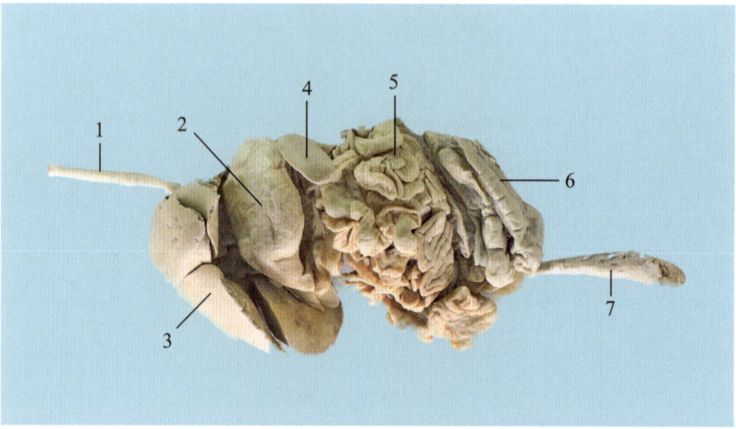

图 3-46　猪消化系统全貌

1. 食管　2. 胃　3. 肝脏　4. 脾脏　5. 空肠　6. 结肠　7. 直肠

猪胃左侧有盲突，称为胃憩室，胃黏膜贲门腺区大，幽门处有幽门枕，回肠突入盲肠内，形成发达的回肠乳头，盲肠有 3 条纵肌带和 3 列肠袋，结肠排列成圆锥状，有直肠壶腹。

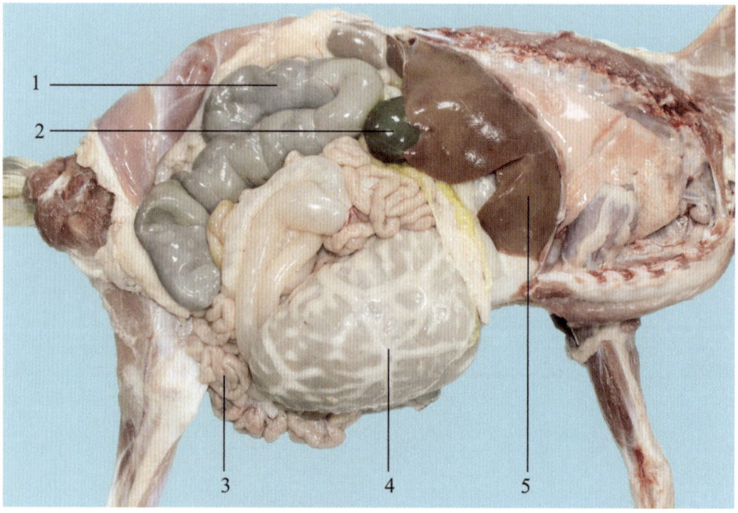

图 3-47　羊右侧胸腔、腹腔器官（左侧卧）

1. 盲肠　2. 胆囊　3. 空肠　4. 大网膜　5. 肝脏

羊的肝脏位于右季肋部，膈的后方。肝的后面凹，为脏面，与网胃、瓣胃、皱胃、十二指肠和胰腺接触，并形成相应器官的压迹。胆囊较细长，贴附于肝的脏面。羊的空肠长，大部分位于右季肋部、右髂部和右腹股沟部，形成许多肠袢，由短的空肠系膜连接于结肠周缘，形似花环状，位置较固定。空肠的右侧和腹侧隔着大网膜与腹壁相邻，左侧隔着大网膜与瘤胃腹囊相贴，背侧为大肠，前方与肝、胰、瓣胃和皱胃相接触，后达盆腔前口。空肠后部的肠袢因系膜较长，而游离性较大，往往绕过瘤胃后方至左侧。

羊的盲肠呈圆筒状，位于右髂部，盲肠从右侧最后肋下端稍后方起于回肠口，隔着大网膜沿右腹壁向后上方延伸至盆腔前口的右侧，盲端钝圆而游离，充盈时可突入盆腔内。背侧以短的盲结褶与结肠近袢相连；腹侧以回盲褶与回肠相连。盲肠自回肠口向前，直接转为结肠。

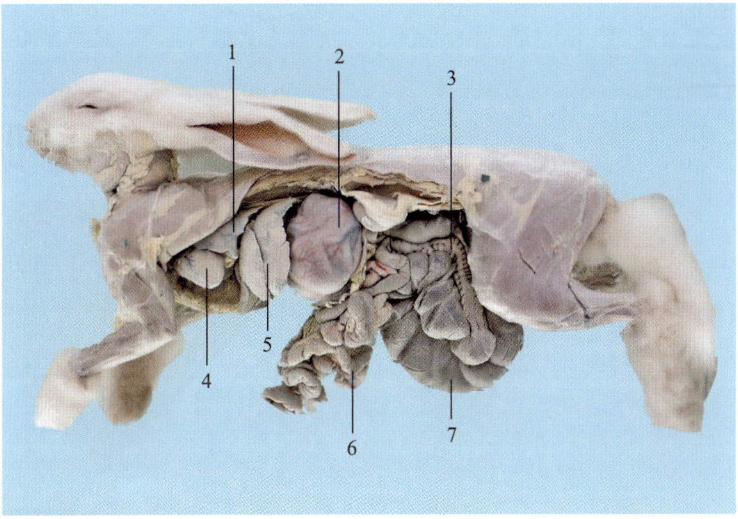

图 3-48　兔消化系统

1. 肺脏　2. 胃　3. 结肠　4. 心脏　5. 肝脏　6. 空肠　7. 盲肠

兔唾液腺有 4 对，包括眼窝底的眶下腺，十二指肠较长，胰腺形似脂肪组织，盲肠发达，大结肠有 3 条纵肌带和 3 列肠袋。

执业兽医资格考试真题答案

1. D　2. E　3. E　4. A　5. B　6. E　7. B　8. E　9. A　10. E
11. D　12. E　13. C　14. B　15. C　16. A　17. D　18. D　19. C　20. D
21. D　22. E　23. A　24. D

第四章　呼吸系统

呼吸系统包括鼻、咽、喉、气管、支气管和肺。

第一节 呼吸道

一、鼻

1. 外鼻

外鼻包括鼻孔、鼻唇镜。

2. 鼻腔

鼻腔由鼻中隔将其分为左、右两个腔，每侧鼻腔均包括鼻前庭和固有鼻腔。

(1)鼻前庭：由鼻翼围成的空间，家畜内眼角和鼻前庭之间有一管状结构，称为鼻泪管，开口于鼻前庭背侧壁上，鼻泪管主要功能是维持眼眶内泪液的动态平衡。马鼻前庭背侧的皮下有鼻憩室或鼻盲囊。

(2)固有鼻腔：被上、下两个纵行的鼻甲分为上鼻道、中鼻道和下鼻道以及总鼻道(鼻甲与鼻中隔之间的间隙)。上鼻道后部为嗅区，中鼻道通副鼻窦，下鼻道经鼻后孔与咽相通。

(3)鼻黏膜：被覆于固有鼻腔的内面，可分呼吸区和嗅区两部分。呼吸区位于鼻前庭和嗅区之间，占鼻黏膜的大部分，呈粉红色，由假复层柱状纤毛上皮和固有膜组成。嗅区位于呼吸区之后，由嗅上皮组成。

3. 鼻旁窦

鼻旁窦为鼻腔周围头骨内的含气空腔，共有 4 对：上颌窦、额窦、蝶腭窦和筛窦，它们均直接或间接与鼻腔相通。

联系临床实践

鼻旁窦内面衬有黏膜，与鼻腔黏膜相连，鼻黏膜发炎时可波及鼻旁窦，引起副鼻窦炎。牛的额窦最发达，马的上颌窦最发达，猪的额窦较小，犬的窦不很明显。

执业兽医资格考试真题

1. (2013 年、2020 年)固有鼻腔呼吸区黏膜上皮类型是(　　)。

A. 复层扁平上皮　　B. 单层扁平上皮　　C. 单层柱状上皮

D. 假复层柱状纤毛上皮　　E. 变移上皮

2.(2018年)马鼻泪管开口于(　　)。

A.鼻盲囊　B.上鼻道　C.鼻前庭

D.下鼻道　E.中鼻道

二、喉

位于下颌间隙的后方,在头颈交界处的腹侧,喉壁主要由喉软骨和喉肌构成。喉软骨包括4种,5块。

(1)会厌软骨:叶片状,吞咽时可向后翻转盖住喉口。

(2)甲状软骨:呈"U"形,腹侧有一突起,称为喉结。

(3)环状软骨:呈指环状,位于第一气管软骨前方。

(4)杓状软骨(成对):向腹侧伸出声带突,供声韧带附着。

(5)声带:在喉腔中部的侧壁上有一对明显的黏膜褶,称为声带。声带由声韧带覆以黏膜构成,连于杓状软骨声带突和甲状软骨体之间,是喉的发声器官。

(6)声门裂:在两侧声带之间的狭窄缝隙,称为声门裂。

执业兽医资格考试真题

3.(2012年、2013年)家畜喉软骨中,成对存在的软骨是(　　)。

A.甲状软骨　B.会厌软骨　C.杓状软骨

D.环状软骨　E.气管软骨

4.(2017年)家畜喉软骨中,最大的是(　　)。

A.甲状软骨　B.会厌软骨　C.环状软骨

D.杓状软骨　E.剑状软骨

5.(2019年)能关闭喉口的软骨是(　　)。

A.会厌软骨　B.甲状软骨　C.环状软骨

D.杓状软骨　E.剑状软骨

6.(2022年)有声襞,能发声的是(　　)。

A.鼻　B.喉　C.咽

D.气管　E.肺

7.(2022年)将口咽部与鼻咽部分开的结构是(　　)。

A.硬腭　B.软腭　C.会厌

D.舌　E.齿弓

三、气管和支气管

气管是以气管软骨环作为支架构成的圆筒状长管。反刍动物和猪的气管在分为主支气管之前，还分出一支较小的右尖叶支气管，进入右肺尖叶。

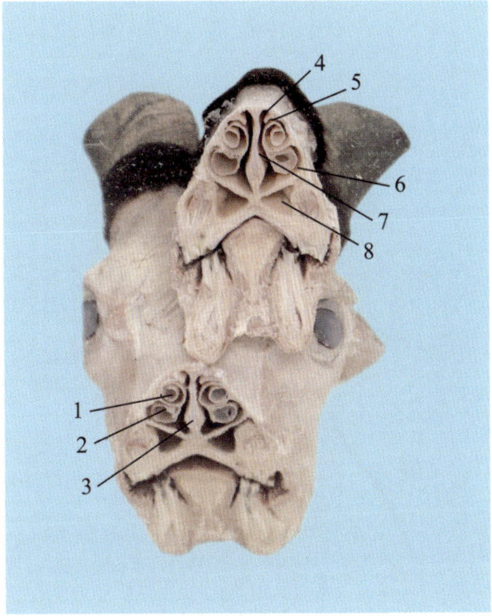

图 4-1 羊鼻甲骨

1. 下鼻甲上卷曲 2. 下鼻甲下卷曲 3. 鼻中隔 4. 上鼻道 5. 中鼻道 6. 下鼻道 7. 总鼻道 8. 上颌窦

鼻腔由鼻中隔分为左、右两腔。鼻腔侧壁有上、下鼻甲骨，将每侧鼻腔分隔为上、中、下 3 个鼻道。各鼻甲内侧和鼻中隔之间的空隙称为总鼻道。上鼻道通鼻黏膜的嗅区，中鼻道通副鼻窦，下鼻道最宽大，是鼻孔到咽的主要气流通道。上颌窦为家畜主要的鼻旁窦。

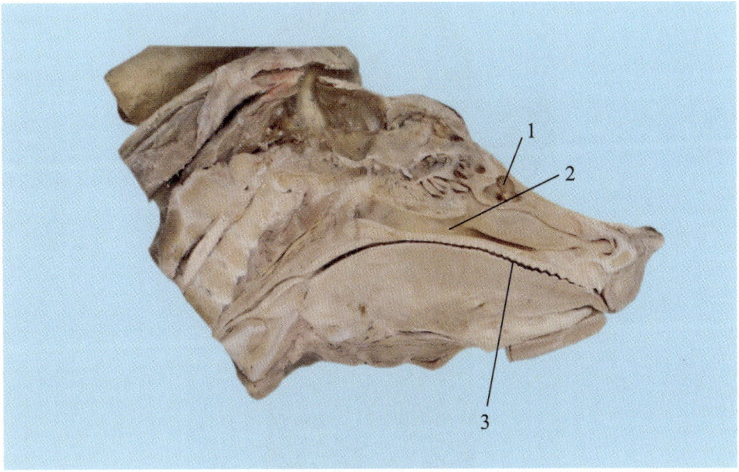

图 4-2 羊上颌窦(头颈矢状切面)

1. 上颌窦 2. 鼻腔 3. 口腔

鼻旁窦为鼻腔周围含空气的骨质空腔，窦口与鼻腔相通，在鼻黏膜发炎时，常可波及鼻旁窦，引起鼻旁窦炎。鼻旁窦有减轻头骨重量、温暖和湿润吸入空气以及发声时引起共鸣等作用。上颌窦为上颌骨体内的锥形空腔，窦壁为骨质，大部分为薄的密质骨，内稍有松质骨，最薄的地方只有密质骨。

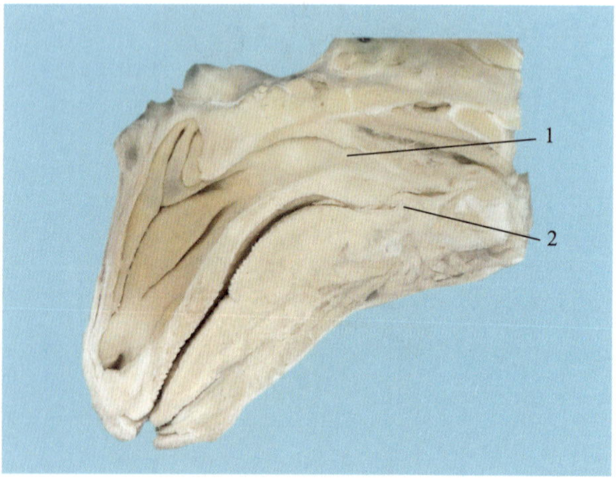

图 4-3　羊鼻咽(头颈正中矢状切面)

1.鼻咽部　2.口咽部

在鼻腔的后方，颅底至软腭游离缘水平面以上的咽称鼻咽，顶部略向后下呈斜面。口咽部为软腭游离缘平面至会厌上缘部分，后壁相当于第 3 颈椎的前面。

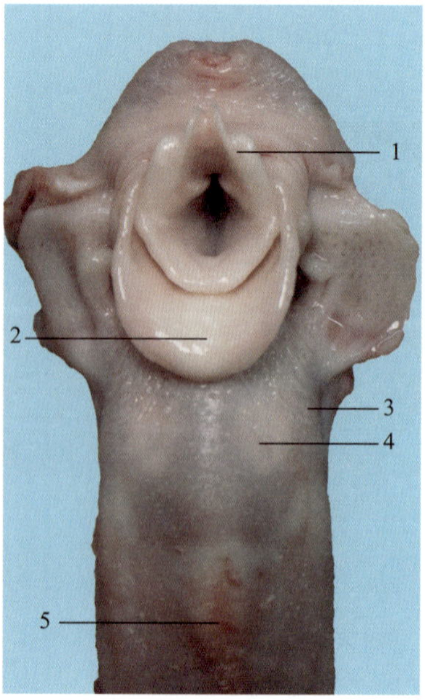

图 4-4　猪喉部

1.杓状软骨　2.会厌软骨　3.叶状乳头　4.轮廓乳头　5.舌体

喉软骨由会厌软骨、杓状软骨、甲状软骨及环状软骨组成，它们借关节和韧带连接起来，构成喉的软骨基础。喉肌附于喉软骨内外侧，可紧张或松弛声带。

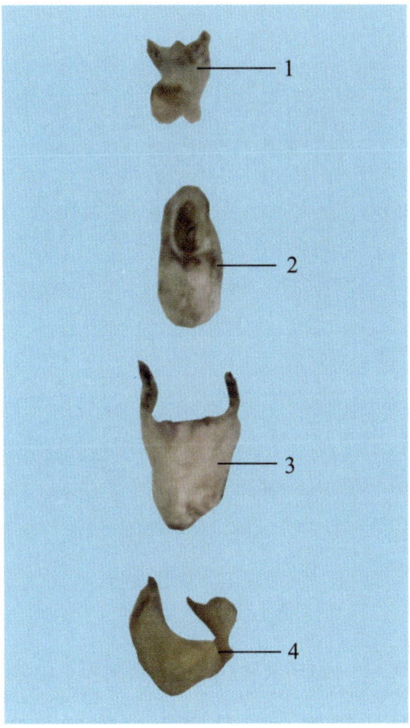

图 4-5 喉软骨

1. 杓状软骨 2. 环状软骨 3. 甲状软骨 4. 会厌软骨

喉软骨有 1 个会厌软骨、1 对杓状软骨、1 个甲状软骨及 1 个环状软骨。会厌软骨和杓状软骨位于喉前部，共同围成喉口并与咽相通。环状软骨与甲状软骨分别构成喉的后部和底侧壁。各喉软骨间借关节、韧带彼此相连。

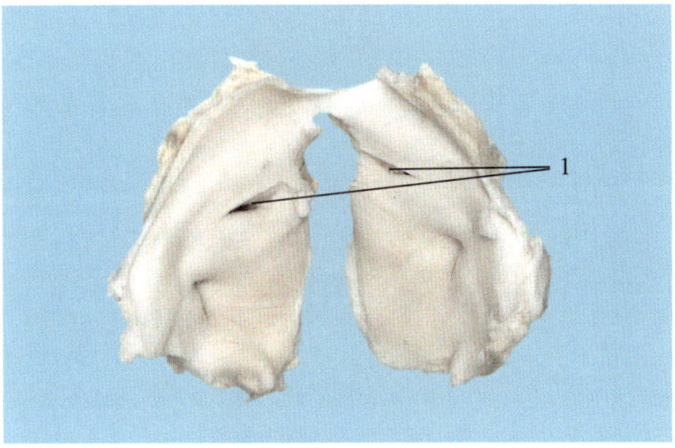

图 4-6 声带

1. 声带

声带又称声襞，是发声器官的重要组成部分，位于喉腔中部，由声韧带覆以黏膜构成，左右对称。声带的固有膜是致密结缔组织，在皱襞的边缘有强韧的弹性纤维和横纹肌，弹性大。两声带间的矢状裂隙为声门裂。

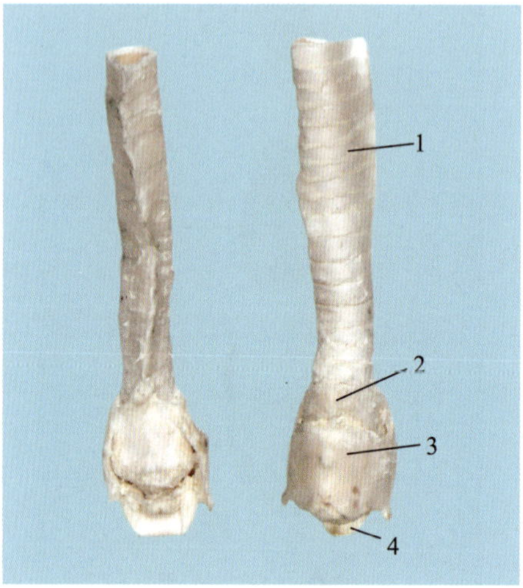

图 4-7 羊气管

1. 气管(环) 2. 环状软骨 3. 甲状软骨 4. 会厌软骨

气管由黏膜、黏膜下组织和外膜构成。外膜由气管软骨和结缔组织组成，气管软骨不闭合，缺口在背侧，黏膜下组织有气管腺，黏膜层有杯状细胞。

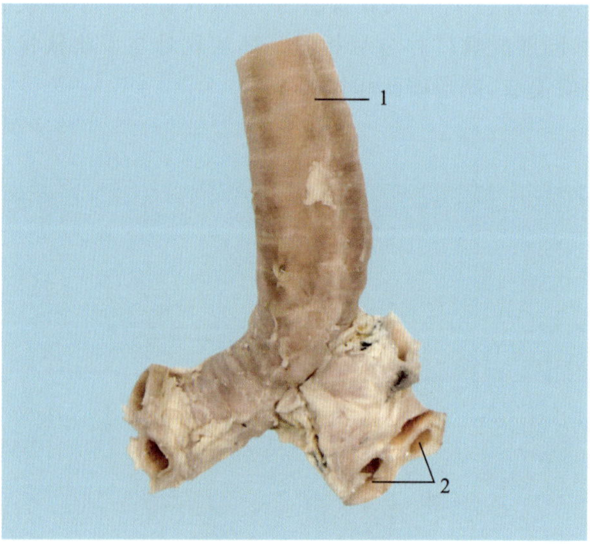

图 4-8 犬气管、支气管

1. 气管(环) 2. 支气管

支气管是指由气管分出的各级分支，由气管分出的一级支气管，即左、右主支气管。左支气管与右支气管相比较，前者较细长，走向倾斜；后者较粗短，走向较前者略直，所以经气管坠入的异物多进入右支气管。反刍动物和猪在发出左、右支气管之前，还发出一条右尖叶支气管。

图 4-9 犬支气管树塑化标本

1. 气管 2. 支气管 3. 肺段支气管

主支气管进入肺后，发出肺叶支气管，肺叶支气管发出肺段支气管，再继续分支，成为直径 0.5～1 mm 的细支气管，细支气管分支为呼吸性细支气管、肺泡管、肺泡囊和肺泡。

第二节 肺

一、肺的位置、形态

肺位于胸腔内，在纵隔两侧，左、右各一，右肺通常较大。健康家畜的肺为粉红色，呈海绵状，质软而轻，富有弹性。

肺略呈锥形，具有 3 个面和 3 个缘：肋面（外侧面）、膈面（底面）、纵隔面（内侧面）；背侧缘、腹侧缘（有心切迹）和底缘（第 6 肋骨和肋软骨交界处至第 11 肋骨上端的弧线）；肺的内侧面上有肺门、肺根。

牛、羊的肺分叶很明显，左肺分 3 叶，由前向后顺次为尖叶、心叶和膈叶；右肺分 4 叶，尖叶(又分前、后两部分)、心叶、膈叶和内侧的副叶。

马的肺分叶不明显,左肺分2叶,尖叶、心膈叶。右肺分3叶,尖叶、心膈叶和副叶。

猪肺的分叶情况与牛、羊相似。

犬的肺叶间隙深,分叶明显,左肺分前叶和后叶,前叶又分前、后两部分;右肺分前叶、中叶、后叶和副叶。

二、肺的组织结构

肺的实质由肺内各级支气管和无数肺泡组成。支气管由肺门进入每个肺叶,反复分支,形成树枝状,称为支气管树。

1. 肺的导气部

肺的导气部包括各级小支气管、细支气管和终末细支气管。其管壁的组织结构均由黏膜、黏膜下层和外膜构成,黏膜上皮为假复层柱状纤毛上皮,终末细支气管上皮为单层柱状纤毛上皮。

2. 肺的呼吸部

(1)呼吸性细支气管:管壁上有零散肺泡直接开口,黏膜上皮为单层柱状或单层立方上皮。

(2)肺泡管:管壁上出现大量肺泡连续开口。

(3)肺泡囊:数个肺泡共同开口处。

(4)肺泡:是气体交换的场所,呈半球状,相邻肺泡之间有肺泡孔。构成肺泡壁的上皮有Ⅰ型肺泡细胞(执行气体交换)和Ⅱ型肺泡细胞(分泌表面活性物质,降低肺泡表面张力,稳定肺泡直径)。

(5)肺泡隔:位于相邻肺泡壁之间的薄层结缔组织,属于肺间质,其中含有的巨噬细胞吞噬尘埃颗粒后称尘细胞。

(6)血气屏障:又称呼吸膜,是肺泡与肺泡隔内的毛细血管之间进行气体交换所通过的结构。包括肺泡表面液体层、Ⅰ型肺泡细胞、基膜、薄层结缔组织、毛细血管基膜和内皮。

联系临床实践

(1)当机体发生创伤、休克、中毒时,表面活性物质的合成与分泌受到抑制或破坏,可导致肺泡萎缩。

(2)肺泡隔内大量弹性纤维与肺泡扩张后的回缩有关,若弹性纤维发生变性或断裂,则会影响肺泡回缩而持续处于扩张状态,导致肺气肿。

(3)当动物患心力衰竭而出现肺淤血时,大量的红细胞从毛细血管溢出,被巨噬细胞吞噬后,在其胞质内出现许多血红蛋白的分解产物——含铁血黄素颗粒,此种细胞又称心力衰竭细胞。

(4)血气屏障很薄,厚0.2～0.5 μm,若结构中任何一层发生病变,均会影响气体交换,如间质性肺炎、肺气肿等可致血气屏障增厚,而降低气体交换速率。

执业兽医资格考试真题

8.(2009年、2014年)肺进行气体交换的最主要场所是(　　)。
A.肺泡　　B.肺泡囊　　C.肺泡管
D.细支气管　　E.呼吸性细支气管

9.(2012年)肺的呼吸部主要包括(　　)。
A.肺泡、肺泡囊、肺泡管、细支气管
B.肺泡、肺泡囊、肺泡管、呼吸性细支气管
C.肺泡、肺泡囊、呼吸性细支气管、终末细支气管
D.肺泡、肺泡囊、呼吸性细支气管、细支气管
E.肺泡、肺泡囊、肺泡管、终末细支气管

10.(2012年)血气屏障的结构组成主要包括(　　)。
A.毛细血管内皮,内皮基膜,肺泡上皮
B.毛细血管内皮,内皮基膜,上皮基膜和Ⅰ型肺泡细胞
C.Ⅰ型肺泡细胞,基膜,薄层结缔组织,毛细血管基膜和内皮
D.肺泡上皮,上皮基膜和内皮
E.肺泡隔,肺泡上皮,基膜和尘细胞

11.(2015年)家畜的肺分为左肺和右肺,而右肺(　　)。
A.较小　　B.较大　　C.较圆
D.较钝　　E.较尖

12.(2016年)肺是气体(　　)。
A.进入的器官　　B.排出的器官　　C.存储的器官
D.冷却的器官　　E.交换的器官

13.(2016年)肺泡与血液间气体扩散的方向主要取决于(　　)。
A.气体的分压差　　B.气体的分子量　　C.呼吸运动
D.气体与血红蛋白亲和力　　E.呼吸膜通透性

14.(2017年)二氧化碳在血浆中运输的主要化学结合形式是(　　)。
A.碳酸氢铵　　B.碳酸氢钠　　C.碳酸氢钾
D.磷酸氢钾　　E.磷酸氢钠

15.(2019年)对于肺扩张反射不正确的表述是(　　)。
A.感受器位于细支气管和肺泡内　　B.传入神经是迷走神经
C.中枢位于延髓　　D.传出神经为运动神经
E.效应器为呼吸肌

16.(2020年)肺的呼吸部不包括(　　)。
A.终末细支气管　　B.肺泡管　　C.肺泡
D.呼吸性细支气管　　E.肺泡囊

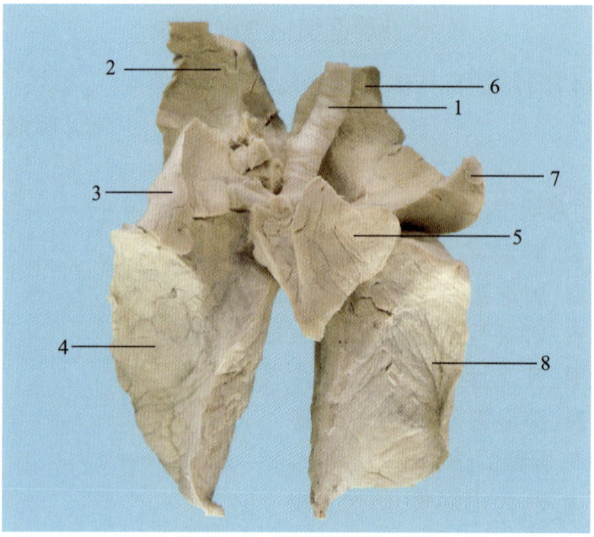

图 4-10 猪肺外形

1. 气管 2. 右尖叶 3. 右心叶 4. 右膈叶 5. 副叶 6. 左尖叶 7. 左心叶 8. 左膈叶

猪肺可分为 7 叶,左肺包括左尖叶(左前叶)、左心叶(左中叶)、左膈叶(左后叶),右肺包括右尖叶(右前叶)、右心叶(右中叶)、右膈叶(右后叶)和副叶。腹缘位于心包外侧,具有心压迹和其他叶间切迹,使肺出现分叶。

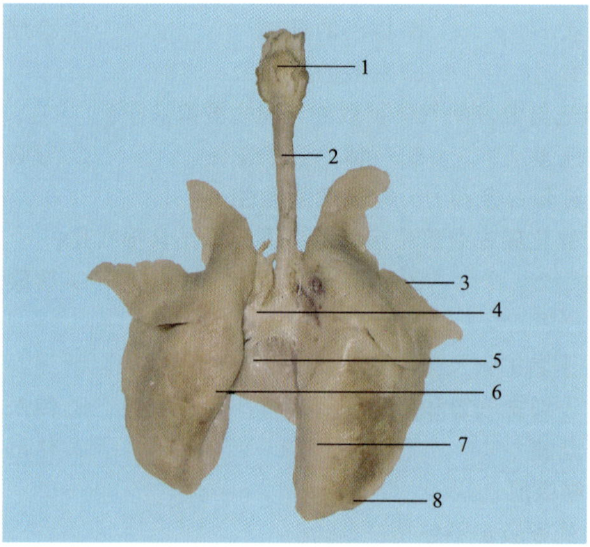

图 4-11 猪肺脏

1. 喉头 2. 气管 3. 腹侧缘 4. 支气管 5. 副叶 6. 内侧面 7. 背缘 8. 后缘

肺底略呈椭圆形,与膈相对,形成膈面。与胸侧壁相对的隆突而平,为肋面,内侧面为纵隔面,形成一些器官的压迹,最大的是心压迹。

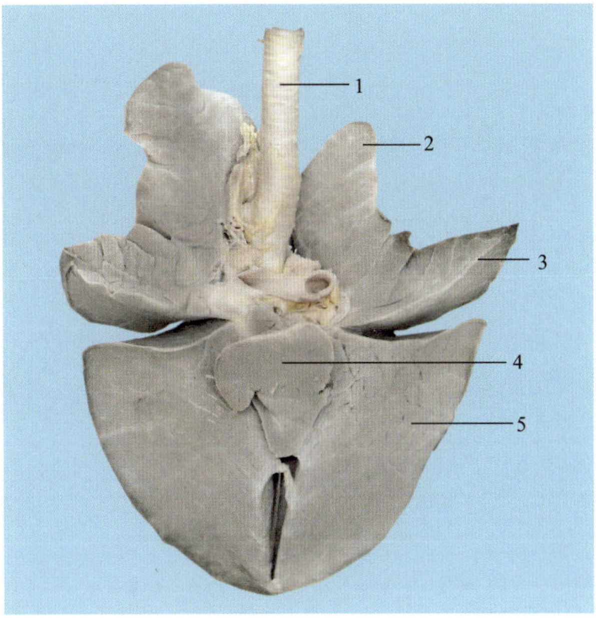

图 4-12　羊肺

1.气管　2.尖叶　3.心叶　4.副叶　5.膈叶

肺表面覆盖的光滑湿润的浆膜称为肺胸膜，膜下的结缔组织伸入肺内，将肺实质分隔成众多肉眼可见的肺小叶。在肺实质结构中，从肺内支气管到终末细支气管的各级管道，主要作用是保障和控制肺通气。

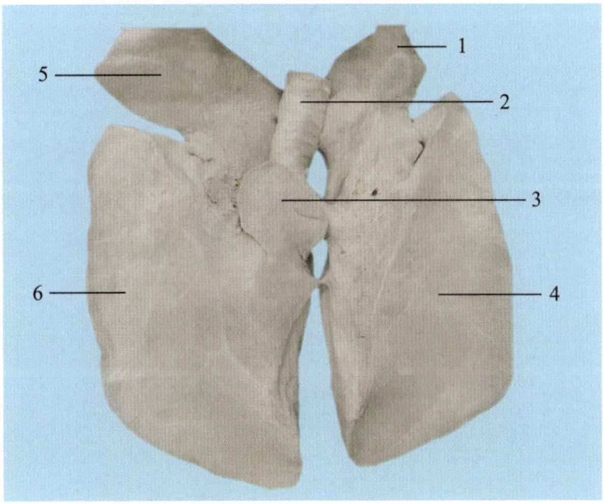

图 4-13　马肺外形

1.左尖叶　2.气管　3.副叶　4.左心膈叶　5.右尖叶　6.右心膈叶

马肺分叶不明显，左肺分两叶，尖叶（前叶）小，在心切迹前；心膈叶（后叶）大，在心切迹后。右肺分三叶，尖叶（前叶）、心膈叶（后叶）、副叶。副叶位于心膈叶的内侧，胸纵膈和后腔静脉之间。

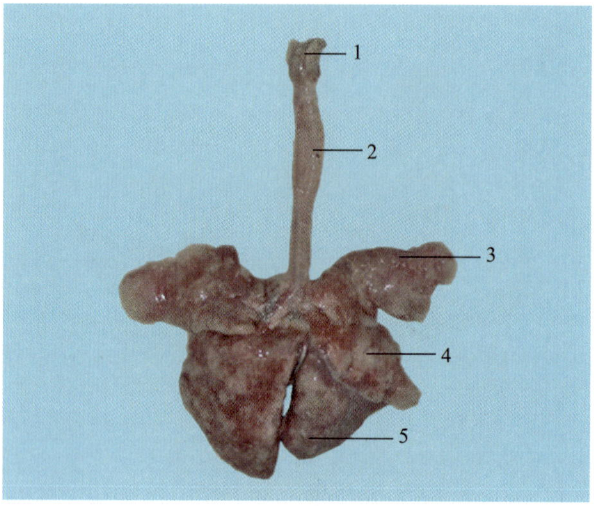

图 4-14　猫肺脏背侧观

1.喉头　2.气管　3.尖叶　4.心叶　5.膈叶

肺是进行气体交换的部位，全身的静脉血在肺泡毛细血管处动脉化，将氧气带到全身各个器官。猫肺可分为7叶，即左尖叶、左心叶、左膈叶、右尖叶、右心叶、右膈叶和副叶。肺腹缘位于心包外侧，具有心压迹和其他叶间切迹。

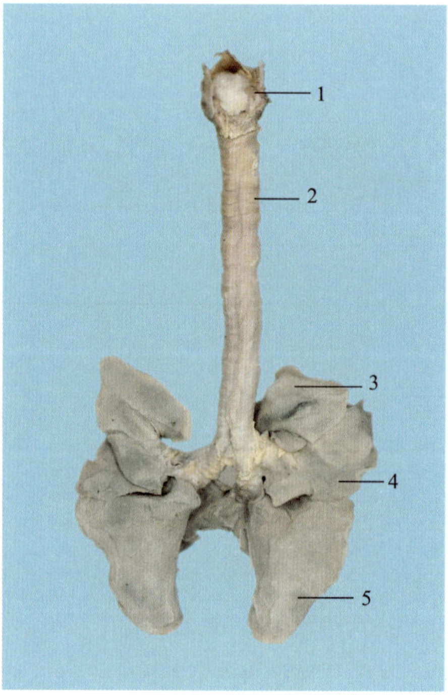

图 4-15　犬肺脏

1.喉软管　2.气管　3.尖叶　4.心叶　5.膈叶

犬肺右心切迹大，呈三角形，与第 4～5 肋软骨间隙相对，左心切迹小，与第 5～6 肋软骨间隙腹侧的一个狭窄区相对。

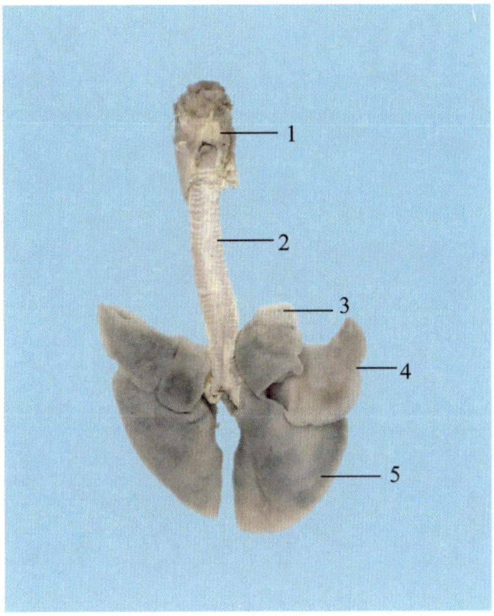

图 4-16　兔呼吸系统

1.喉软骨　2.气管　3.副叶　4.前叶　5.后叶

兔肺不发达，位于胸腔内纵隔两侧。左肺分 2 叶，分别为前叶和后叶；右肺分 3 叶，分别为前叶、后叶和副叶。

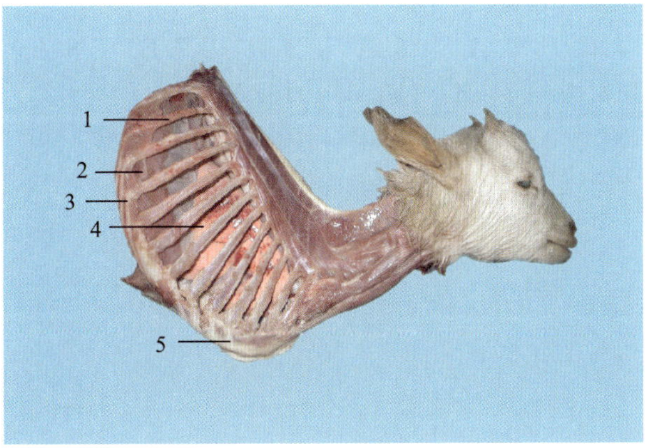

图 4-17　羊肺体表投影

1.肋骨　2.膈肌　3.肋软骨　4.肺　5.胸骨

羊肺的背缘位于胸椎与肋骨之间的沟内，底缘相当于从第 6 肋的肋骨和肋软骨关节处到第 11 肋椎骨端的连线，弯曲成弓状。腹侧缘形成心切迹，右肺约与第 4 肋骨的腹侧部和相邻肋间隙相对，左肺的心切迹大，约与第 5 肋骨和第 5 肋间隙相对。

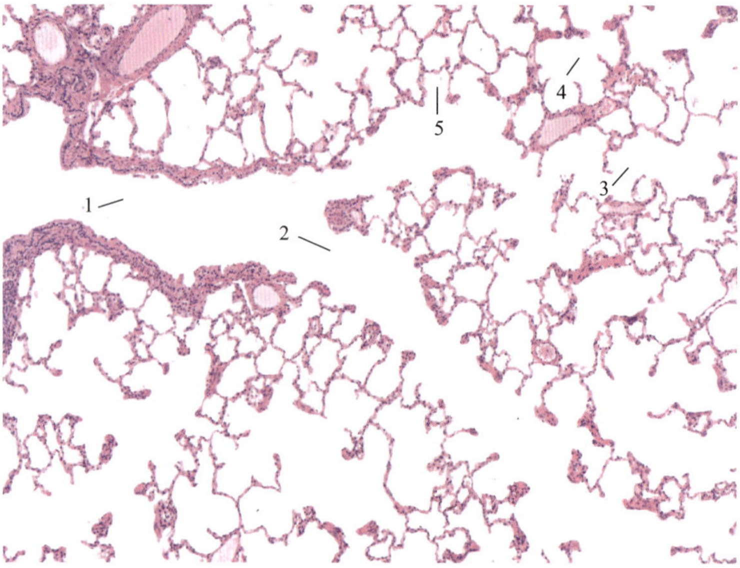

图 4-18　肺组织结构

1. 终末支气管　2. 呼吸性支气管　3. 肺泡管　4. 肺泡囊　5. 肺泡

根据肺结构上有无肺泡可把肺分为导气部和呼吸部两大部分。终末支气管为导气部的最终分支。终末支气管再进行分支，就成为呼吸性支气管，管壁上开始出现肺泡，可以进行气体交换。呼吸性细支气管继续分支为肺泡管、肺泡囊和肺泡。

执业兽医资格考试真题答案

1. D　2. A　3. C　4. A　5. A　6. B　7. B　8. A　9. B　10. C
11. B　12. E　13. A　14. B　15. A　16. A

第五章　泌尿系统

泌尿系统包括肾、输尿管、膀胱和尿道。

第一节　肾

一、肾形态、位置

肾呈豆形，位于最后几个胸椎和前 3 个腰椎的腹侧，腹主动脉和后腔静脉的两侧。营养良好的家畜（如猪）肾周围包有脂肪，称为肾脂肪囊。肾的表面包有由致密结缔组织构成的纤维膜（纤维囊），称为被膜。被膜在正常情况下容易被剥离。肾的内侧缘中部凹陷为肾门，内陷形成肾窦。

执业兽医资格考试真题

1.（2010 年）肾外表面坚韧的结缔组织膜构成（　　）。

A. 滑膜　　B. 浆膜　　C. 上皮　　D. 纤维囊　　E. 脂肪囊

二、肾的组织结构

各种家畜的肾均由被膜和实质两部分构成。

1. 肾实质

肾实质分为外周的皮质（切面上可见肾小体）和内部的髓质（切面上可见肾锥体，其尖端钝圆称为肾乳头），肾实质由许多泌尿小管构成。泌尿小管包括肾单位和集合小管两部分。肾单位由肾小体和肾小管组成。

肾小体由血管球和肾小囊两部分组成。肾小囊腔脏层细胞称足细胞，参与滤过屏障（毛细血管的有孔内皮细胞、基膜和足细胞的裂孔膜）。

肾小管是由单层上皮围成的细长而弯曲的小管，包括近端小管（管壁由单层锥体形细胞组成，有钠泵，具有重吸收水分、葡萄糖、氨基酸及无机盐离子的功能）、细段（具有重吸收水分，浓缩尿液的功能）和远端小管（单层立方上皮，有钠泵，具有重吸收钠和排钾的功能）。

集合小管，其上皮为单层立方上皮，靠近肾乳头管开口处转变为变异上皮。集合小管有进一步浓缩尿液的作用，形成终尿。

2. 球旁复合体

球旁复合体由球旁细胞（内含肾素）、致密斑（感受尿液中钠离子浓度的变化，对球旁细胞的肾素分泌起调节作用）和球外系膜细胞组成，具有内分泌和调节功能。

联系临床实践

当机体内缺氧或中毒时，肾小球毛细血管壁通透性增加，使原尿生成量增加，会引起血细胞和血浆蛋白滤过，出现血尿或蛋白尿。

三、肾的类型和结构特点

根据肾叶的合并程度，可将哺乳动物的肾分为复肾（鲸、熊和水獭）、有沟多乳头肾（牛）、平滑多乳头肾（猪、人）、平滑单乳头肾（马、羊、犬、猫和兔）。

（1）牛肾：表面有沟，分叶明显，肾锥体明显、肾乳头单个存在，输尿管在肾内分为两个肾大盏，肾大盏再分支形成肾小盏，包围每个肾乳头。

（2）猪肾：肾叶的皮质部完全合并，但肾乳头单独存在。输尿管在肾内膨大为肾盂，肾盂分为两个肾大盏，肾大盏再分支形成肾小盏，包围每个肾乳头。

（3）马肾：肾乳头融合成嵴状的肾总乳头，突入肾盂中。输尿管在肾窦内膨大形成肾盂，肾盂向肾的两端伸延形成裂隙状的终隐窝。

（4）犬肾：结构与马肾类似。

执业兽医资格考试真题

2.（2009 年、2014 年、2016 年）牛肾类型属于（　　）。

A. 复肾　　B. 有沟多乳头肾

C. 有沟单乳头肾　　D. 光滑多乳头肾

E. 光滑单乳头肾

3.（2013 年）具有肾大盏和肾小盏，但无肾盂的家畜是（　　）。

A. 羊　　B. 牛

C. 猪　　D. 马

E. 犬

4.（2015 年）形成蛋白尿时，蛋白质首先通过的肾结构是（　　）。

A. 近端小管　　B. 肾小管细段

C. 远端小管　　D. 肾结合小管

E. 滤过膜

5.（2016 年）影响肾小球滤过膜通透性的因素不包括（　　）。

A. 肾小球毛细血管内皮细胞肿胀　　B. 肾小球毛细血管内皮下的基膜增厚

C. 肾小球毛细血管管腔狭窄　　D. 囊内皮孔隙加大

E. 肾小球旁细胞分泌增加

6.（2017 年）肾组织结构中有肾大盏、收集管而无肾盂的家畜是（　　）。

A. 牛　　B. 马

C. 羊　　D. 猪

E. 犬

7. (2019 年)属于有沟多乳头肾的动物是(　　)。
A. 猪　B. 马　C. 牛
D. 羊　E. 犬

8. (2020 年)正常情况下,原尿中不含有(　　)。
A. 高分子量蛋白质　B. Na^+　C. Ca^{2+}
D. 葡萄糖　E. K^+

9. (2020 年)分布于肾组织内的内分泌细胞群是(　　)。
A. 肾小球　B. 肾小囊　C. 肾小体
D. 球旁复合体　E. 肾小管

10. (2021 年)根据肾叶愈合的程度,牛的肾为(　　)。
A. 复肾　B. 有沟多乳头肾　C. 光滑多乳头肾
D. 光滑单乳头肾　E. 有沟单乳头肾

11. (2022 年)光滑多乳头肾见于哪种动物?(　　)
A. 牛　B. 马　C. 犬
D. 猪　E. 羊

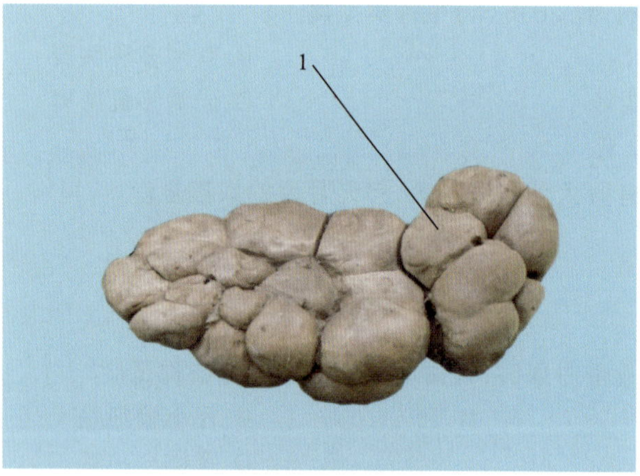

图 5-1　牛左肾

1. 肾小叶

牛肾脏属于有沟多乳头肾,牛肾脏表面有沟,分叶明显,左肾位置随瘤胃充满程度有变化,通常位于第 3～5 腰椎椎体腹侧;右肾为上下压扁的椭圆形,位于右侧最后肋间隙上部至第 2 腰或第 3 腰椎横突腹侧。肾锥体明显,肾乳头单个存在,输尿管在肾内分为两条集收管,集收管再分支形成肾小盏,包围每个肾乳头。

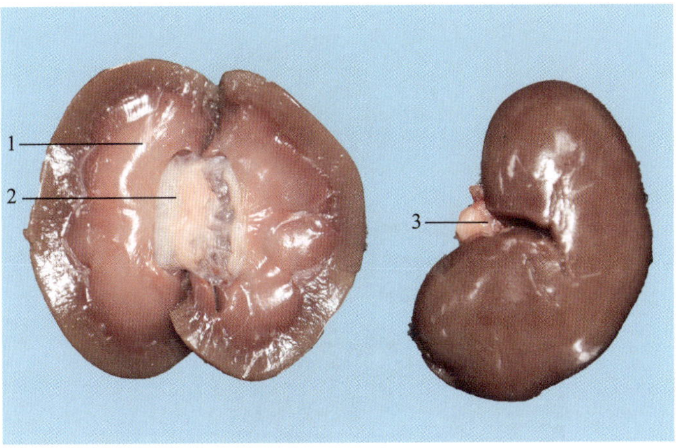

图 5-2 羊肾脏

1. 肾总乳头 2. 肾盂 3. 肾门

羊肾呈豆形，表面光滑，肾乳头合并成一个肾总乳头，与肾盂相接。输尿管是一条输送尿液到膀胱的细长管道，它起于肾盂，经肾门出肾，沿腹腔顶壁向后伸延，开口于膀胱颈的背侧壁。

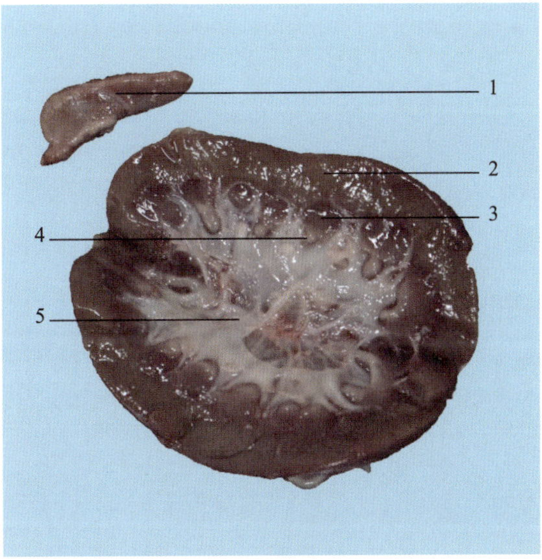

图 5-3 猪肾脏

1. 肾上腺 2. 皮质 3. 肾椎体 4. 肾乳头 5. 肾盂

猪的肾为平滑多乳头肾，表面平滑，皮质较厚。在切面上可见明显的肾椎体和若干肾乳头。两肾对称地位于第 1～4 腰椎横突腹侧，输尿管在肾内膨大为肾盂，肾盂分为两个肾大盏，肾大盏再分支形成肾小盏，包围肾乳头。

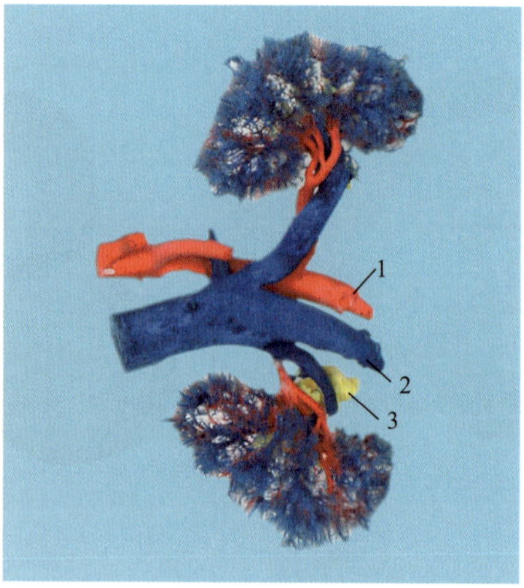

图 5-4　犬肾脏

1. 肾动脉　2. 肾静脉　3. 输尿管

犬肾脏属于平滑单乳头肾，肾乳头融合成嵴状的肾总乳头，突入肾盂中。输尿管在肾窦内膨大形成肾盂，肾盂向肾的两端伸延形成裂隙状的终隐窝。

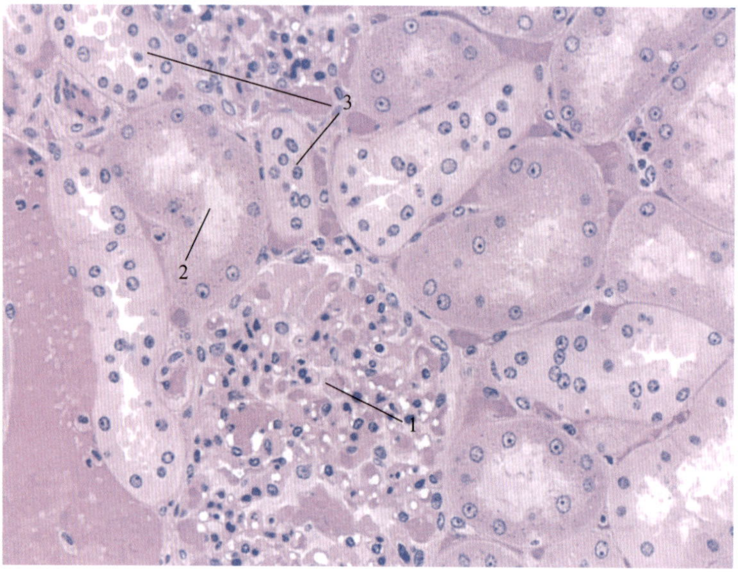

图 5-5　肾组织图

1. 肾小球　2. 近曲小管　3. 远曲小管

肾脏的主要结构包括肾小球、近端小管、远端小管、髓袢和集合管，肾小球主要是滤过尿液的器官，滤出物称为原尿，原尿的大部分在近端小管被吸收。远端小管具有吸收水和钠离子以及排出钾离子、氢离子和氨离子的功能。集合管可进一步重吸收水分，使尿液浓缩。

第二节 输尿管、膀胱和尿道

一、输尿管

输尿管沿腹腔顶壁向后伸延入骨盆腔，在膀胱颈的背侧，斜向穿入膀胱壁进入膀胱。

二、膀胱

膀胱可分为膀胱顶、膀胱体和膀胱颈，由黏膜、肌层和外膜构成，黏膜上皮为变移上皮。

输尿管在膀胱黏膜下层走行形成的黏膜隆起称输尿管柱，终于输尿管开口。两输尿管间襞所夹的三角形区域为膀胱三角。膀胱两侧与腹侧有膀胱侧韧带和膀胱中韧带。在膀胱侧韧带的游离缘有一圆索状物，称为膀胱圆韧带（胎儿脐动脉的遗迹）。

胎儿膀胱的位置特点是小部分位于盆腔，大部分位于腹腔。

执业兽医资格考试真题

12.（2020 年）暂时贮存尿液的器官是（　　）。

A. 雌性尿道　　B. 雄性尿道　　C. 膀胱

D. 输尿管　　E. 肾

三、尿道

1. 雌性尿道

母牛、母猪尿道外口腹侧有尿道下憩室（导尿时应注意不要把导尿管插入憩室内）。

2. 雄性尿道

雄性动物的尿道以坐骨弓为界，分为骨盆部和阴茎部。

在骨盆部起始部背侧壁的中央有一圆形的隆起，称为精阜，内有一对小孔，为输精管及精囊腺排泄管的共同开口。

阴茎部由黏膜层、海绵体层、肌层和外膜组成。公牛和公猪的黏膜形成半月形的黏膜襞（会给导尿带来困难）。

执业兽医资格考试真题

13.（2013 年）给公牛导尿带来困难的结构是（　　）。

A. 尿道峡前方的半月形黏膜襞　　B. 精阜　　C. 尿道突

D. 尿道内口　　E. 尿道嵴

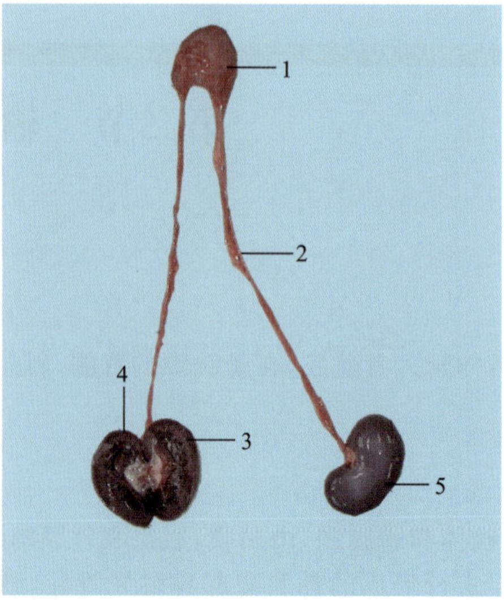

图 5-6　犬泌尿器官

1. 膀胱　2. 输尿管　3. 肾脏皮质部　4. 肾脏髓质部　5. 肾脏

犬的肾脏类型属于平滑单乳头肾。肾乳头融合成嵴状的肾总乳头，突入肾盂中。输尿管在肾窦内膨大形成肾盂，肾盂向肾的两端伸延形成裂隙状的终隐窝。

图 5-7　犬膀胱

1. 膀胱黏膜　2. 膀胱顶　3. 膀胱体　4. 膀胱颈

膀胱可分为膀胱顶、膀胱体和膀胱颈。由黏膜、肌层和外膜构成。黏膜上皮为变移上皮。输尿管在膀胱黏膜下层走行形成的黏膜隆起称输尿管柱，终于输尿管开口。两输尿管间襞所夹的三角形区域为膀胱三角。膀胱两侧与腹侧有膀胱侧韧带和膀胱中韧带。在膀胱侧韧带的游离缘有一圆索状物，称为膀胱圆韧带(胎儿脐动脉的遗迹)。

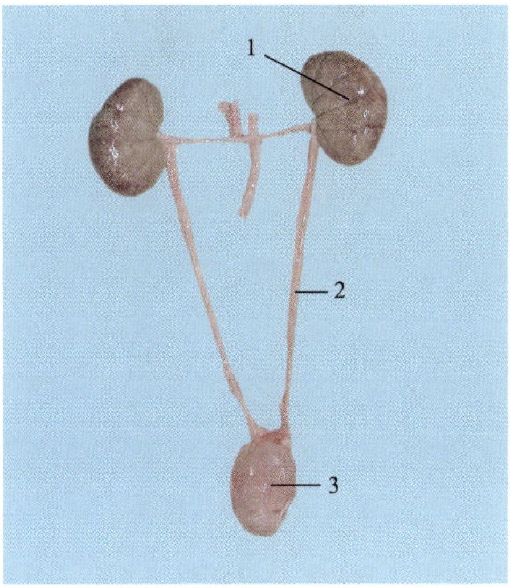

图 5-8 猫泌尿器官

1. 肾脏 2. 输尿管 3. 膀胱

猫肾属于平滑单乳头肾，肾乳头融合成嵴，肾盂向肾的两端伸延形成裂隙状的终隐窝。猫右肾在第 2、第 3 腰椎之间，左肾在第 3、第 4 腰椎之间，膀胱位于腹腔后部。

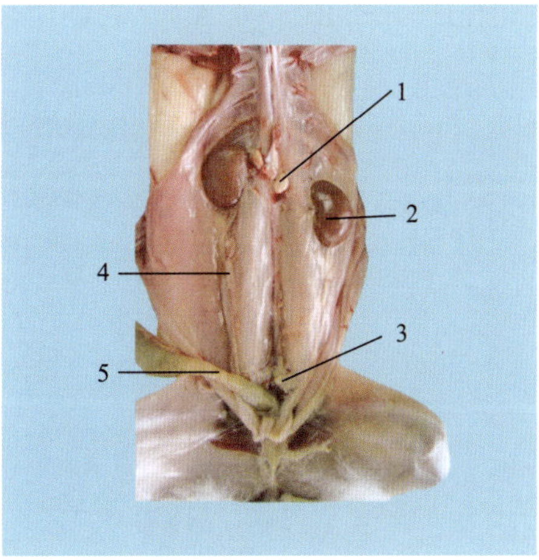

图 5-9 兔泌尿器官

1. 肾上腺 2. 肾脏 3. 膀胱 4. 输尿管 5. 直肠

兔肾脏属于平滑单乳头肾。肾脏形成尿液，输尿管输送尿液，膀胱储存尿液。

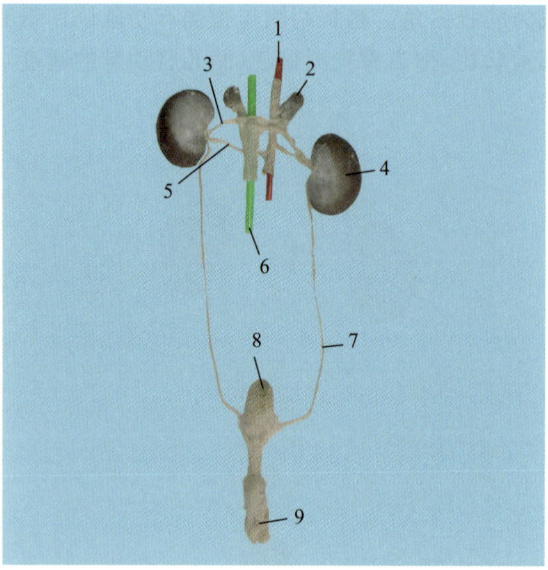

图 5-10　羊泌尿器官

1.腹主动脉　2.肾上腺　3.肾静脉　4.肾脏　5.肾动脉
6.后腔静脉　7.输尿管　8.膀胱　9.尿道

羊泌尿系统包括肾、输尿管、膀胱和尿道。羊肾呈豆形，表面光滑，肾乳头合并成一个肾总乳头，与肾盂相接。输尿管是一条输送尿液到膀胱的细长管道。它起于肾盂，经肾门出肾，沿腹腔顶壁向后伸延，开口于膀胱颈部。

执业兽医资格考试真题答案

1.D　2.B　3.B　4.E　5.E　6.A　7.C　8.A　9.D　10.B
11.D　12.C　13.A

第六章　生殖系统

生殖系统的功能是产生生殖细胞（精子或卵细胞），分泌性激素，繁殖新个体，延续后代。动物生殖系统可分为雄性生殖系统和雌性生殖系统。

第一节　公畜生殖器官

公畜的生殖器官由睾丸、附睾、输精管、尿生殖道、副性腺、阴茎、阴囊和包皮组成。

一、睾丸

(一)睾丸的位置、形态

睾丸位于阴囊内,呈椭圆形或卵圆形。分两面(外侧面、内侧面)、两缘(附睾缘、游离缘)和两端(睾丸头、睾丸尾)。

(1)牛、羊睾丸:呈长椭圆形,长轴与地面垂直,睾丸头位于上方。

(2)马睾丸:呈椭圆形,长轴与地面平行,睾丸头位于前方。

(3)猪睾丸:呈椭圆形,长轴斜向后上方,睾丸头位于前下方。

(4)犬睾丸:呈卵圆形,长轴略向后上方倾斜。

(二)睾丸的组织结构

睾丸具有产生精子和产生性激素的功能,其结构包括被膜和实质两部分。

睾丸的表面覆盖着一层浆膜,即睾丸固有鞘膜。浆膜深面为白膜,白膜厚而坚韧,由致密结缔组织构成。在睾丸头处,白膜伸入睾丸实质内,形成睾丸纵隔。自睾丸纵隔上分出许多呈放射状排列的结缔组织隔,称为睾丸小隔。睾丸小隔伸入睾丸实质内,将睾丸实质分成许多锥形的睾丸小叶。

睾丸的实质由精小管、睾丸网和间质组织组成。每个睾丸小叶内有 2～3 条精小管,精小管之间为间质组织。精小管在睾丸纵隔内汇成睾丸网。睾丸网在睾丸头处接睾丸输出小管。

精小管包括曲精小管和直精小管。曲精小管为精子发生的场所。管壁有两种类型的细胞:一种是产生精子的生精细胞(包括精原细胞、初级精母细胞、次级精母细胞、精子细胞和精子);另一种是支持细胞(又称塞托利氏细胞,对生精细胞有营养和支持作用,并能吞噬退化的精子,参与血-睾屏障)。直精小管是曲精小管末端变直的一段,末端接睾丸网。管壁由单层立方或扁平上皮组成。

睾丸间质组织含有睾丸间质细胞,分泌雄激素,主要是睾酮。

执业兽医资格考试真题

1. (2009 年、2014 年)动物分泌雄激素的主要器官是(　　)。

A. 睾丸　　B. 附睾　　C. 输精管

D. 精囊腺　　E. 前列腺

2.(2013年)睾丸中有神经、血管进入的一端是(　　)。

A.头端　　B.尾端　　C.附睾缘

D.游离缘　　E.睾丸固有韧带

3.(2017年)牛、羊睾丸的长轴呈(　　)。

A.上下垂直位　　B.前后水平位　　C.前上后下斜位

D.前下后上斜位　　E.横向水平位

4.(2017年)睾丸内能够合成睾酮的细胞是(　　)。

A.精原细胞　　B.精母细胞　　C.精细胞

D.支持细胞　　E.间质细胞

5.(2020年)形似蝌蚪,分头、颈和尾三部分的生精细胞是(　　)。

A.次级精母细胞　　B.初级精母细胞　　C.精子细胞

D.支持细胞　　E.精子

6.(2022年)产生精子和雄激素的部位是(　　)。

A.睾丸　　B.副性腺　　C.输精管

D.阴茎　　E.附睾

二、附睾

附睾是贮存精子和精子进一步成熟的场所。附睾可分为附睾头(膨大,由十多条睾丸输出小管组成)、附睾体与附睾尾(连接输精管)。

睾丸固有韧带连接睾丸尾和附睾尾。附睾尾借阴囊韧带(为睾丸系膜下端增厚形成)与阴囊相连。

在胚胎时期,睾丸位于腹腔内,在肾脏附近。出生前后,睾丸和附睾一起经腹股沟管下降至阴囊中,这一过程,称为睾丸下降。

联系临床实践

(1)去势时切开阴囊后,必须切断阴囊韧带和睾丸系膜才能摘除睾丸和附睾。

(2)如果有一侧或两侧睾丸没有下降到阴囊,称单睾或隐睾,则公畜生殖功能弱或无生殖功能,不宜作为种畜用。

执业兽医资格考试真题

7.(2012年)(　　)是精子发育成熟和贮存的地方。

A.精囊　　B.输精管　　C.附睾

D.睾丸　　E.前列腺

三、输精管、精索和副性腺

(一)输精管

有些家畜输精管末端膨大形成输精管壶腹(猪除外,马最发达),末端变细,或单独开口于精阜(猪、犬),或与同侧的精囊腺导管合并形成射精管(牛、马),共同开口于精阜。

(二)精索

精索为扁平的圆锥形结构,精索内有输精管、血管、淋巴管、神经和平滑肌束等,外表包有固有鞘膜。

(三)副性腺

(1)精囊腺:1对,位于膀胱颈背侧,在输精管壶腹部的外侧,每侧精囊腺的导管与同侧输精管共同开口于精阜。牛的精囊腺发达,分叶状腺体。马的精囊腺呈梨形囊状。猪的精囊腺特别发达,为三棱柱状。

(2)前列腺:不成对,分为腺体部和扩散部。腺体部位于尿生殖道骨盆部起始段背侧,扩散部位于尿生殖道骨盆部管壁内。牛、猪的前列腺腺体部较小,扩散部发达。犬的副性腺只有前列腺。

(3)尿道球腺:1对,位于尿生殖道骨盆部末端背面两侧。牛、马为球形或卵圆形,猪的特别发达,呈圆柱形。

四、阴茎

阴茎为公畜的排尿、排精和交配器官,附着于两侧的坐骨结节,经左、右股部之间向前延伸至脐部的后方,分阴茎根、阴茎体和阴茎头3部分。

不同动物阴茎的特点如下。

(1)牛、羊的阴茎:呈圆柱状,细而长。成年公牛、公羊的阴茎体在阴囊的后方形成一"乙"状弯曲,勃起时伸直。公羊的阴茎头前端有一细长的尿道突。

(2)猪的阴茎:公猪阴茎的"乙"状弯曲部在阴囊前方,阴茎头呈螺旋状扭转,包皮腔前部背侧壁有一圆口,通入一卵圆形盲囊,为包皮盲囊(包皮憩室),囊腔内常聚积有余尿和腐败的脱落上皮,具有特殊腥臭味。

(3)马的阴茎:直而粗大,阴茎体无"乙"状弯曲。

(4)犬的阴茎:内含阴茎骨,体型较大的犬,骨的长度为10 cm以上。阴茎骨的近端有尿道海绵体扩大形成的阴茎头球(可延长阴茎在母犬阴道的停留时间)。

联系临床实践

患有猪瘟公猪的包皮盲囊积有恶臭气味的脓性分泌物。

执业兽医资格考试真题

8. (2015 年)副性腺只有前列腺的雄性家畜是(　　)。

A. 马　　B. 牛　　C. 羊　　D. 猪　　E. 犬

9. (2016 年)雄性动物家畜去势后，其副性腺(　　)。

A. 发育良好　　B. 发育不良　　C. 功能亢进　　D. 退化消失　　E. 更加发达

10. (2019 年)公猪精囊腺开口于(　　)。

A. 睾丸　　B. 尿道口　　C. 尿道球腺　　D. 前列腺　　E. 精阜

五、阴囊

阴囊由外向内依次为皮肤、肉膜(调节阴囊温度)、阴囊筋膜、睾外提肌(来自腹内斜肌，调节阴囊温度)、鞘膜。鞘膜包括总鞘膜和固有鞘膜。总鞘膜为阴囊最内面的鞘膜，由总鞘膜折转到睾丸和附睾表面的为固有鞘膜，折转处形成的浆膜褶，称为睾丸系膜。在总鞘膜和固有鞘膜之间形成鞘膜腔，其上端细窄，称为鞘膜管，通过腹股沟管以鞘膜管口与腹膜腔相通。在鞘膜管口未缩小的情况下，小肠或肠系膜可脱入鞘膜管内形成腹股沟疝，若是落入鞘膜腔内，则形成阴囊疝。

执业兽医资格考试真题

11. (2018 年)公犬去势时切断的精索包含有(　　)。

A. 输尿管　　B. 输精管　　C. 提睾肌　　D. 肉膜　　E. 总鞘膜

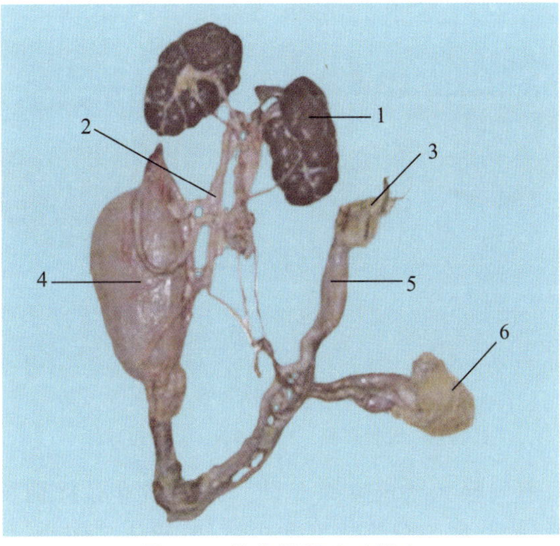

图 6-1　公牛泌尿生殖器官

1. 肾脏　2. 输尿管　3. 包皮　4. 膀胱　5. 阴茎　6. 阴囊

公牛的泌尿生殖器官由睾丸、附睾、输精管、尿生殖道、副性腺、阴茎、阴囊和包皮组成。牛睾丸呈上下垂直走向，阴茎平时形成“乙”状弯曲，位于阴囊后方。

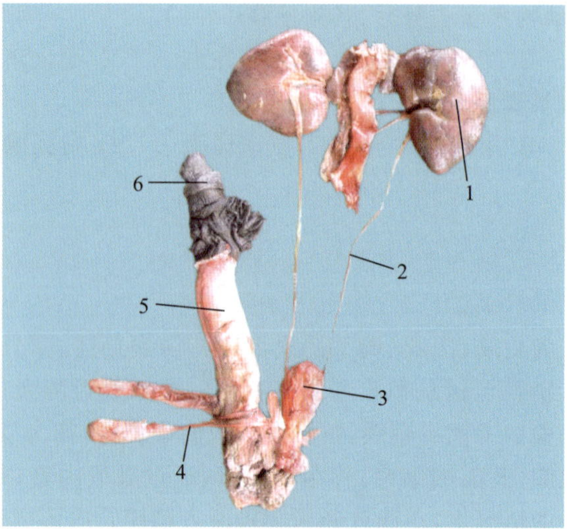

图 6-2　公马泌尿生殖器官

1. 肾脏　2. 输尿管　3. 膀胱　4. 输精管　5. 阴茎　6. 包皮

公马的睾丸呈椭圆形，纵轴呈水平位，睾丸头向前，附睾缘朝向背侧与附睾相邻，游离缘朝向腹侧。马的精囊腺内有腔，有雄性子宫，位于两输精管壶腹之间，呈扁管状，阴茎头呈冠状。

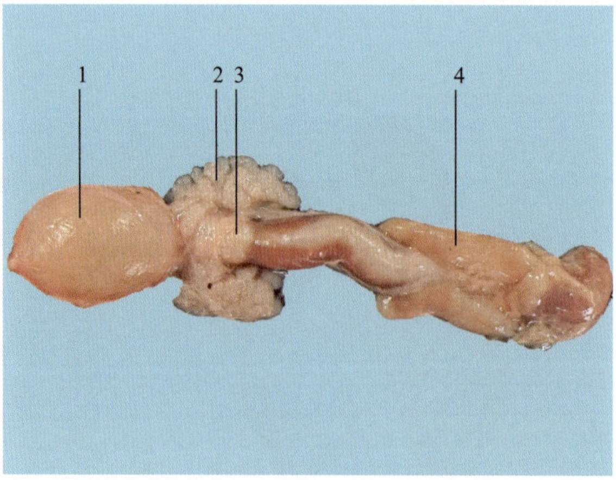

图 6-3　猪副性腺

1. 膀胱　2. 精囊腺　3. 前列腺　4. 尿道球腺

副性腺包括精囊腺、前列腺和尿道球腺 3 种。猪的精囊腺特别发达，呈三面体形，淡红色，由许多腺小叶组成；猪的前列腺分腺体部和扩散部，腺体部较小，位于尿生殖道起始部背侧，被精囊腺所遮盖，扩散部很发达，占据尿生殖道骨盆部黏膜与尿道肌之间的海绵层；猪的尿道球腺很发达，呈圆柱形，位于尿生殖道骨盆部后 2/3 部的两侧。

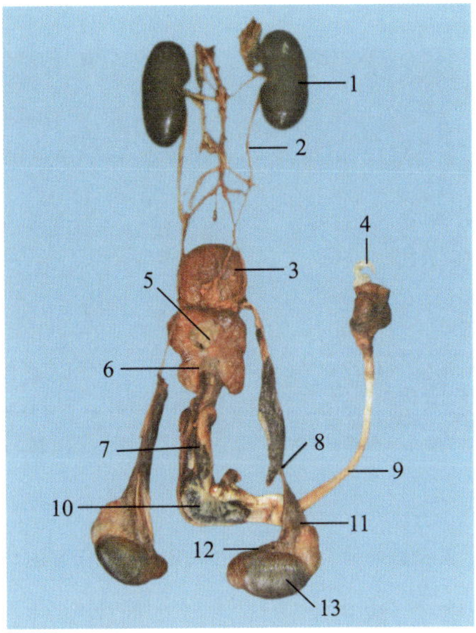

图 6-4　公猪泌尿生殖器官

1. 肾脏　2. 输尿管　3. 膀胱　4. 阴茎头　5. 精囊腺　6. 前列腺　7. 尿道球腺　8. 输精管　9. 阴茎　10. 球海绵体肌　11. 精索　12. 附睾　13. 睾丸

公猪睾丸呈椭圆形，长轴斜向后上方，睾丸头位于前下方。猪副性腺发达，阴茎有“S”状弯曲，位于阴囊前方，包皮内有包皮憩室，位于背侧。

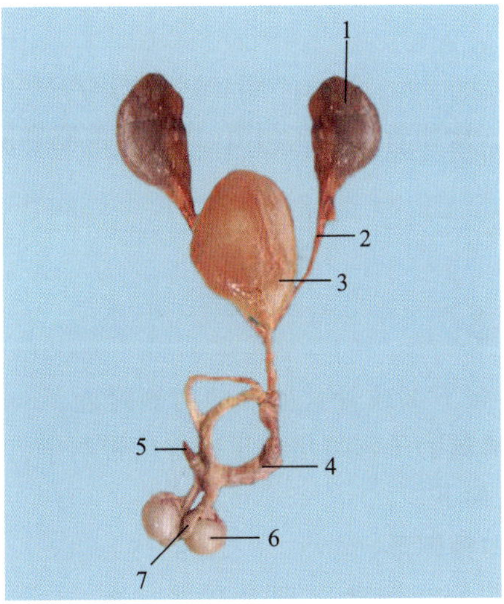

图 6-5　公猫泌尿生殖器官

1. 肾脏　2. 输尿管　3. 膀胱　4. 阴茎　5. 阴茎头　6. 睾丸　7. 附睾

公猫副性腺有前列腺和尿道球腺，无精囊腺，输精管有膨大部，称为输精管壶腹，内有腺体分泌，阴茎头朝向后方。

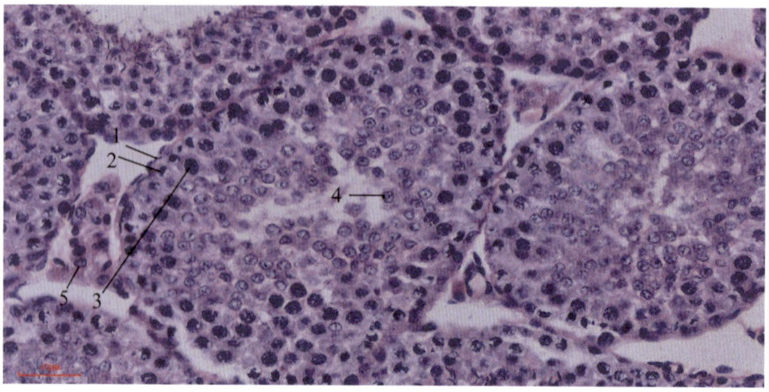

图 6-6　睾丸组织结构图

1. 肌样细胞　2. 精原细胞　3. 初级精母细胞　4. 精子细胞　5. 间质细胞

睾丸的主要功能是产生精子，精子生成的部位是曲细精管，曲细精管最外面是基膜，精原细胞紧贴基膜，初级精母细胞位于精原细胞内侧，体积较大，核大而圆。次级精母细胞染色较深，不易见到，精子细胞靠近管腔，最后生成精子。间质细胞成群分布在精小管之间，胞核大而圆，分泌雄激素，主要是睾酮。

第二节　母畜生殖器官

母畜的生殖器官由卵巢、输卵管、子宫、阴道、尿生殖前庭和阴门组成。

一、卵巢

(一)卵巢的位置、形态

卵巢由卵巢系膜悬挂于腰下部或骨盆前口的两侧附近。一般呈卵圆形，背侧缘有卵巢系膜附着，此处有卵巢门。卵巢的子宫端借卵巢固有韧带与子宫角的末端相连。

不同动物卵巢形态特点如下。

(1)牛、羊卵巢：呈稍扁的椭圆形。

(2)马的卵巢：呈豆形，腹侧缘游离，有凹陷的排卵窝，此处被覆生殖上皮，其余被覆浆膜，这是马属动物的特点。

(3)猪的卵巢：呈卵圆形，性成熟前小母猪的卵巢较小，约为 0.4 cm×0.5 cm，表面光滑，位于荐骨岬两侧稍靠后方；在接近性成熟时，小母猪的卵巢体积增大，约为 2 cm×1.5 cm，呈桑葚状，位于髋结节前缘横断面处的腰下部；性成熟后及经产母猪卵巢体积更大，长 3～5 cm，呈结节状，位于髋结节前缘约 4 cm 的横断面上，或在髋结节与膝关节连线的中点的水平面上。

执业兽医资格考试真题

12.(2009 年、2014 年)马卵巢的特殊结构是(　　)。

A.卵巢囊　　B.卵巢门　　C.排卵窝

D.卵巢系膜　　E.卵巢固有韧带

13.(2019 年、2021 年)卵巢上有排卵窝的动物是(　　)。

A.猪　　B.马　　C.牛

D.羊　　E.犬

(二)卵巢的组织结构

1.被膜

被膜由生殖上皮和白膜组成。卵巢表面除卵巢系膜附着部外，都覆盖着一层扁平或立方形的生殖上皮，而马的生殖上皮仅位于排卵窝处。

2.实质

实质由皮质和髓质构成。皮质由基质、处于不同发育阶段的卵泡、闭锁卵泡和黄体构成。髓质位于卵巢中部，为疏松结缔组织。

3.卵泡发育

(1)原始卵泡：数量多，体积小，呈球形的卵泡，位于卵巢皮质表层，处于静止状态。

(2)初级卵泡：卵泡细胞由单层变为多层，出现透明带。

(3)次级卵泡：出现卵泡腔，形成卵丘和放射冠。

(4)成熟卵泡：透明带达最厚，排卵前初级卵母细胞完成第一次成熟分裂，分裂成大的次级卵母细胞和小的第一极体。

(5)排卵：卵泡破裂，初级卵母细胞及其周围的透明带和放射冠，随同卵泡液一起排出的过程称为排卵。

(6)黄体的形成和发育：有粒性黄体细胞(分泌孕酮)和膜性黄体细胞(分泌雌激素)。母畜未妊娠黄体退化称发情黄体或假黄体。母畜妊娠的黄体称为妊娠黄体或真黄体。

执业兽医资格考试真题

14.(2010 年)家畜受精时，精子必须首先穿过(　　)。

A.卵泡　　B.卵泡腔　　C.透明带

D.放射冠　　E.卵细胞膜

15. (2013 年)在初级卵泡的卵母细胞与颗粒细胞之间出现一层嗜酸性、折光性强的膜状结构是(　　)。
A. 生殖上皮　　B. 放射冠　　C. 透明带
D. 膜性黄体细胞　　E. 粒性黄体细胞
16. (2015 年)成熟卵泡破裂，释放出其中的卵细胞、卵泡液和一部分卵泡细胞的过程为(　　)。
A. 受精　　B. 卵裂　　C. 囊胚形成
D. 排卵　　E. 桑葚胚形成
17. (2015 年)属于自发性排卵的动物是(　　)。
A. 猫　　B. 兔　　C. 骆驼
D. 猪　　E. 水貂

二、输卵管

输卵管是一对细长而弯曲的管道，位于卵巢和子宫角之间。其管壁由黏膜、肌膜和浆膜构成，分为漏斗部(输卵管的最前端，边缘不规则的输卵管伞，伞的中央有输卵管腹腔口)、壶腹部(精子和卵子受精的部位)、峡部(较短，细而直，管壁较厚)、子宫部(见于马和食肉类动物，输卵管末端以小的输卵管子宫口与子宫角相通)。

执业兽医资格考试真题

18. (2011 年)受精是指精子和卵子相融合形成受精卵的过程。受精部位在(　　)。
A. 输卵管前　　B. 输卵管后　　C. 输卵管前 1/3
D. 输卵管后 1/3　　E. 输卵管中 1/3
19. (2022 年)卵子受精的部位是(　　)。
A. 壶腹部　　B. 子宫　　C. 卵巢
D. 膨大部　　E. 漏斗部

三、子宫

1. 位置

子宫大部分位于腹腔内，小部分位于骨盆腔内。

2. 形态

家畜的子宫属双角子宫(牛、羊、马、猪和犬)，可分为子宫角、子宫体和子宫颈 3 部分。

3. 不同动物子宫的特点

(1)牛、羊的子宫：子宫角较长，前部呈绵羊角状，后部形成伪体。子宫体短。子宫颈管由于黏膜突起的互相嵌合而呈螺旋状，部分突入阴道内，形成子宫颈阴道部。子宫体和子宫角的内膜上有子宫阜。

(2)马的子宫：呈"Y"形，子宫角稍弯曲呈弓状，子宫体较长，约与子宫角相等。子宫角后部无伪体，子宫角与子宫体内无子宫阜。子宫颈阴道部明显。

(3)猪的子宫：子宫角特别长，细而弯曲似小肠，经产母猪可达1.2～1.5 m。子宫体短，长约5 cm。子宫颈较长，成年猪10～15 cm，子宫颈管呈狭窄的螺旋状，没有子宫颈阴道部，子宫角与子宫体内无子宫阜。

(4)犬的子宫：子宫角细长而直，子宫角的分歧角呈"V"形。

4. 子宫的组织结构

子宫壁由内膜、肌膜和外膜3层组成。

(1)内膜：包括黏膜上皮和固有膜。黏膜上皮在马及犬为单层柱状上皮，反刍动物和猪为假复层上皮或单层柱状上皮。固有膜含有子宫腺，腺上皮由分泌黏液的柱状细胞构成。反刍动物固有膜形成圆形隆起称子宫阜，参与胎盘的形成。

(2)肌膜：子宫的股膜是平滑肌，由强厚的内环行肌和较薄的外纵行肌构成。

(3)外膜：为浆膜，由疏松结缔组织和间皮组成。

四、阴道

1. 位置

骨盆腔内，直肠的腹侧。

2. 结构特点

(1)阴道穹隆：马的为环形，牛、羊的为半环形，猪无阴道穹隆。

(2)阴瓣：经产的不明显，其后下方有尿道外口，牛、羊的不明显。

五、尿生殖前庭

与阴道的分界以阴瓣为标志，阴瓣后方腹侧壁上有尿道外口，母牛、母猪在尿道外口的腹侧面有尿道下憩室。

执业兽医资格考试真题

20. (2009年、2014年)牛的胎盘类型属于(　　)。

A. 血绒毛膜胎盘(盘状胎盘)　　B. 内皮绒毛膜胎盘(环状胎盘)

C. 尿囊绒毛膜胎盘(柱状胎盘)　　D. 上皮绒毛膜胎盘(分散型胎盘)

E. 结缔绒毛膜胎盘(绒毛叶胎盘)

21. (2010年)具有子宫阜的家畜是(　　)。

A. 马　　B. 牛

C. 猪　　D. 犬

E. 兔

22.(2010 年)具有结缔绒毛膜胎盘(绒毛叶胎盘)的是(　　)。

A.马　B.牛　C.犬

D.猪　E.兔

23.(2011 年)下列哪种选项不是哺乳动物和禽类的胎膜的组成结构(　　)。

A.卵黄囊　B.尿囊　C.羊膜

D.绒毛膜　E.子宫内膜

24.(2013 年)羊子宫的特殊结构是(　　)。

A.子宫颈枕　B.子宫阜　C.子宫角

D.子宫体　E.子宫颈

25.(2013 年、2015 年)具有内皮绒毛膜胎盘(环状胎盘)的动物是(　　)。

A.马　B.牛　C.羊

D.猪　E.犬

26.(2015 年)子宫角弯曲呈绵羊角状,子宫体较短的动物是(　　)。

A.马　B.猪　C.牛

D.犬　E.猫

27.(2018 年)与母畜膀胱背侧紧邻的器官是(　　)。

A.卵巢和输卵管　B.卵巢和子宫　C.子宫和阴道

D.阴道和阴道前庭　E.子宫和阴道前庭

28.(2020 年)牛羊子宫阜位于(　　)。

A.子宫角和子宫体黏膜　B.子宫体和子宫颈黏膜　C.子宫颈和子宫角黏膜

D.子宫体和子宫角浆膜　E.子宫角和子宫颈黏膜

29.(2021 年)下列动物中,具有尿道下憩室的动物是(　　)。

A.绵羊　B.山羊　C.犬

D.马　E.猪

30.(2021 年)子宫角呈肠袢状的动物是(　　)。

A.猪　B.马　C.牛

D.羊　E.犬

31.(2021 年)属于弥散型胎盘的动物是(　　)。

A.马　B.牛　C.羊

D.犬　E.猴

32.(2021 年)马和猪的胎盘类型属于(　　)。

A.上皮绒毛膜胎盘　B.结缔绒毛膜胎盘　C.内皮绒毛膜胎盘

D.血液绒毛膜胎盘　E.倒置卵黄囊胎

33.(2022 年)家畜的胎膜不包括(　　)。

A.羊膜　B.子宫内膜　C.卵黄囊

D.绒毛膜　E.尿囊

34. 黄体可分泌(　　)。
A. 甲状旁腺素　　B. 降钙素　　C. 雄激素
D. 胰岛素　　E. 雌激素和孕酮

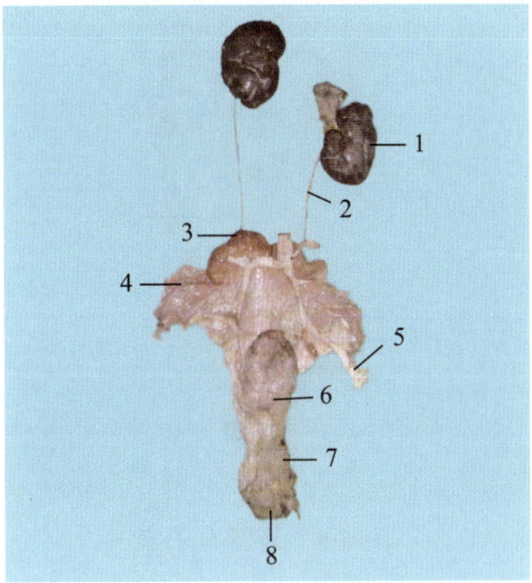

图 6-7 母牛泌尿生殖器官腹侧观

1. 肾脏　2. 输尿管　3. 子宫角　4. 输卵管　5. 卵巢　6. 膀胱　7. 尿生殖道前庭　8. 阴门

母牛生殖器官由卵巢、输卵管、子宫、阴道、尿生殖前庭和阴门组成。卵巢由卵巢系膜悬挂于腰下部或骨盆前口的两侧附近，一般呈卵圆形，背侧缘有卵巢系膜附着，此处有卵巢门。卵巢的子宫端借卵巢固有韧带与子宫角的末端相连。

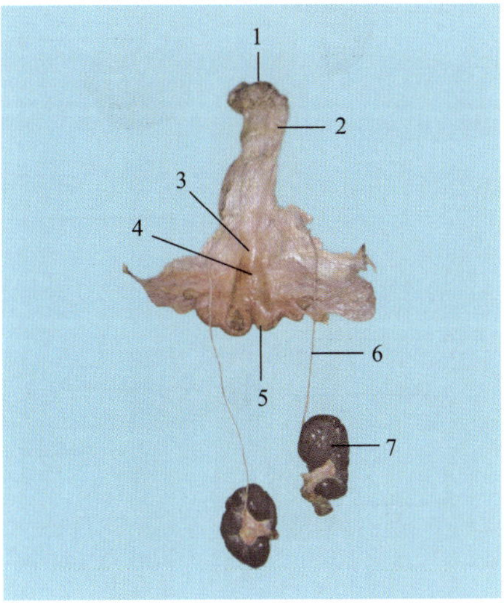

图 6-8 母牛泌尿生殖器官背侧观

1. 阴门　2. 阴道　3. 子宫颈　4. 子宫体　5. 子宫角　6. 输尿管　7. 肾脏

子宫分为子宫角、子宫体和子宫颈，牛的子宫体短，两侧子宫角的一部分向后并行，被结缔组织包裹，形似子宫体，称为伪子宫体。

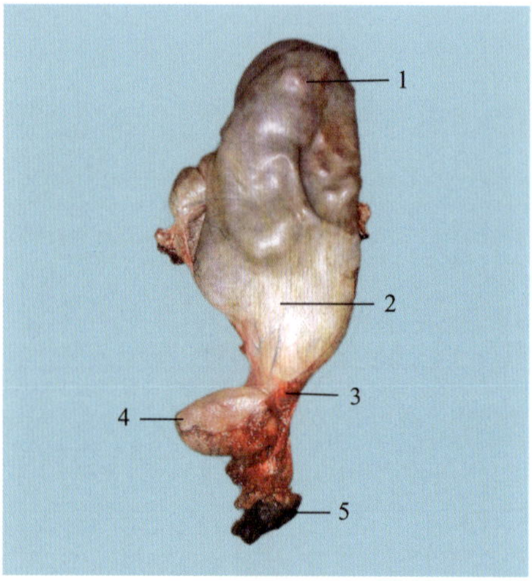

图 6-9　马怀孕子宫

1.子宫角　2.子宫体　3.子宫颈　4.膀胱　5.阴门

马的子宫呈"Y"形，子宫角与子宫体等长，子宫角呈弯曲的弓状，子宫颈阴道部明显，呈花冠状黏膜褶。

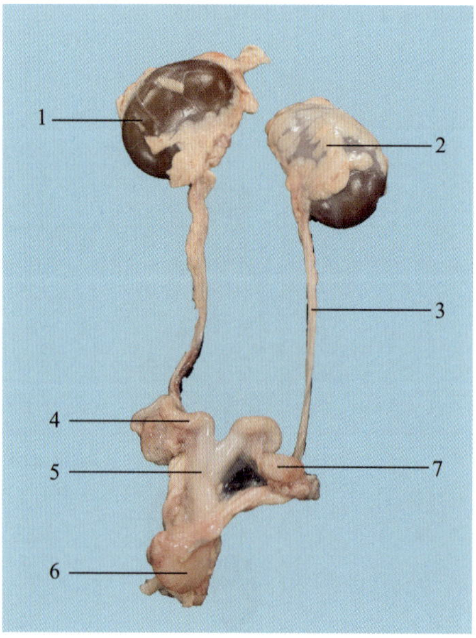

图 6-10　母羊泌尿生殖器官

1.肾脏　2.肾脂肪囊　3.输尿管　4.子宫角　5.子宫体　6.膀胱　7.卵巢

母羊卵巢呈稍扁的椭圆形；输卵管是一对细长而弯曲的管道，位于卵巢和子宫角之间；子宫为双角子宫，子宫角较长，前部呈绵羊角状。

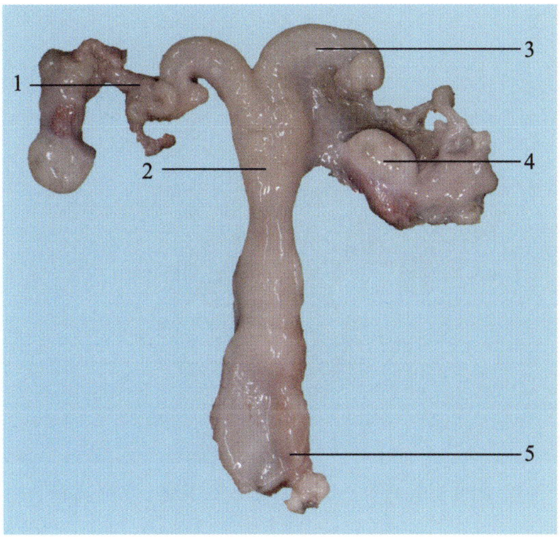

图 6-11 母羊生殖器官

1.输卵管 2.子宫体 3.子宫角 4.卵巢 5.阴门

羊子宫角较长，呈绵羊角状。子宫体短，壁厚而坚实。子宫颈向后突入阴道内的部分称为子宫颈阴道部。子宫颈管呈螺旋状，平时紧闭，不易张开，子宫颈外口的黏膜形成明显的辐射状皱褶，形似菊花状。

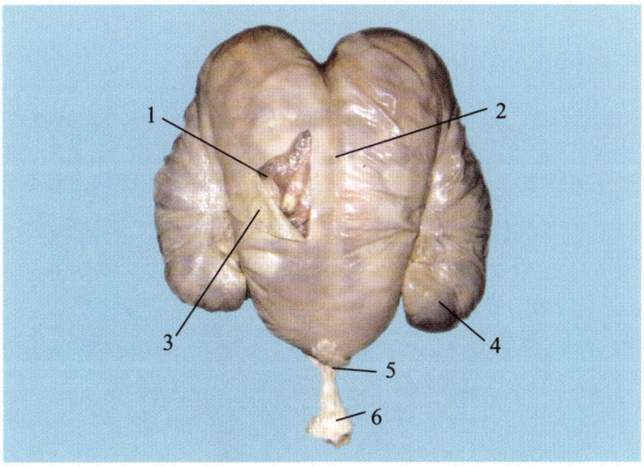

图 6-12 羊子宫

1.子宫角伪体 2. 伪体间结缔组织 3.子宫内膜 4.子宫角 5.子宫颈 6.阴道

羊子宫是一个中空的肌质性器官，属于双角子宫，分为子宫角、子宫体和子宫颈。子宫是胎儿生长发育和娩出的器官，子宫体和子宫角的黏膜上有四排圆形隆起，称为子宫阜，纽扣状，中央凹陷，未妊娠时较小，妊娠时逐渐增大，是胎儿胎膜与子宫壁的结合部位。妊娠子宫的位置大部分偏于腹腔的右半部。

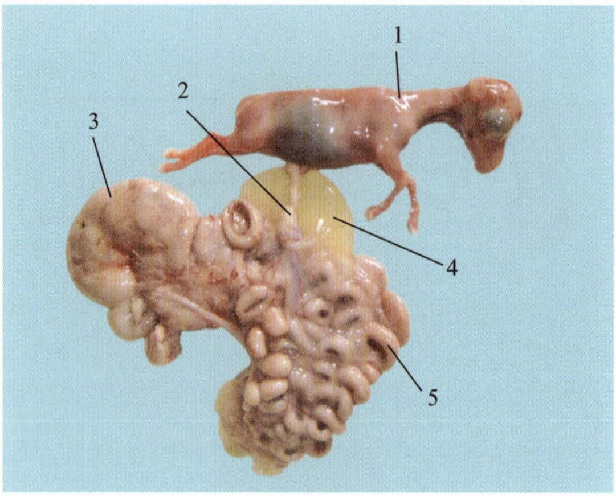

图 6-13　羊胎盘

1.胎儿　2.脐带　3.子宫角　4.羊膜　5.子宫阜

羊胎盘是母羊孕育胎儿时负责母体和胎儿血液和养分交换的组织。羊胎盘属于结缔绒毛膜胎盘，子宫内膜上皮细胞层被侵蚀，绒毛的滋胚层直接与子宫的结缔组织接触，子宫角较长，呈绵羊角状。子宫体和子宫角的内膜上有四排圆形隆起的子宫阜，羊 60 多个，呈纽扣状，中央凹陷，未妊娠时较小，妊娠时逐渐增大，是胎儿胎膜与子宫壁的结合部位。

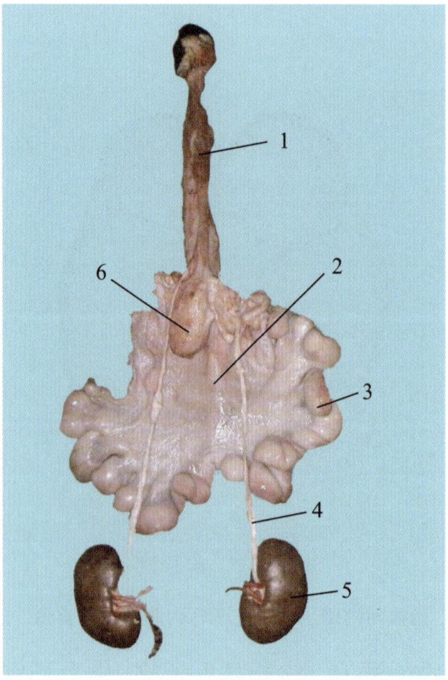

图 6-14　母猪泌尿生殖器官腹侧观

1.阴道　2.膀胱　3.子宫角　4.输尿管　5.肾脏　6.膀胱

猪的卵巢较大，呈卵圆形，其位置、形状、大小及卵巢系膜的宽度，因年龄和个体不同而有很大变化。小母猪的输卵管很细，直径 0.1～1 mm，为肉红色。大母猪输卵管管径较大。母猪的子宫角特别长，似小肠，经产母猪达 1.2～1.5 m。子宫体短，长约 5 cm。子宫颈较长，成年母猪 10～15 cm。猪没有子宫颈阴道部，因此与阴道无明显界限。阴道长 10～12 cm，肌层厚，黏膜有皱褶，不形成阴道穹窿。

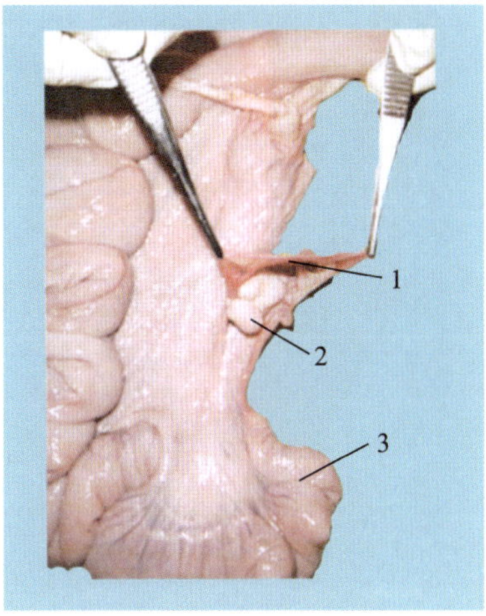

图 6-15 母猪生殖器官

1. 输卵管 2. 卵巢 3. 子宫角

母猪子宫角与子宫体之间无明显界限，子宫角长，弯曲似肠袢，壁厚。子宫颈内有半球形隆起，交错排列，使子宫颈管呈螺旋状。

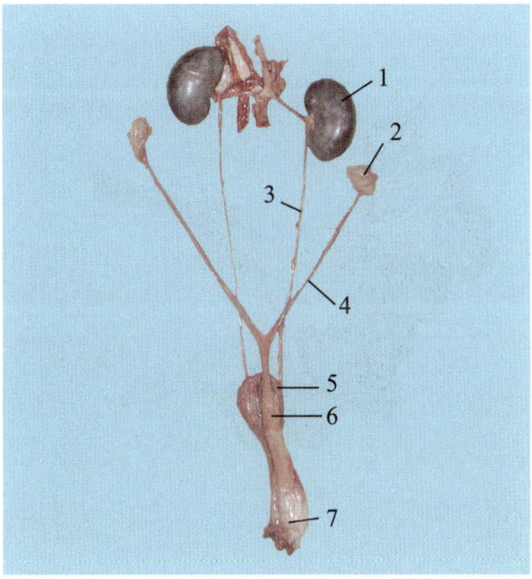

图 6-16 母犬泌尿生殖器官

1. 肾脏 2. 卵巢 3. 输尿管 4. 子宫角 5. 膀胱 6. 子宫体 7. 子宫颈

犬卵巢较小,无明显的卵巢门,卵巢囊大,包围整个卵巢。卵巢位于第3、4腰椎横突腹侧。

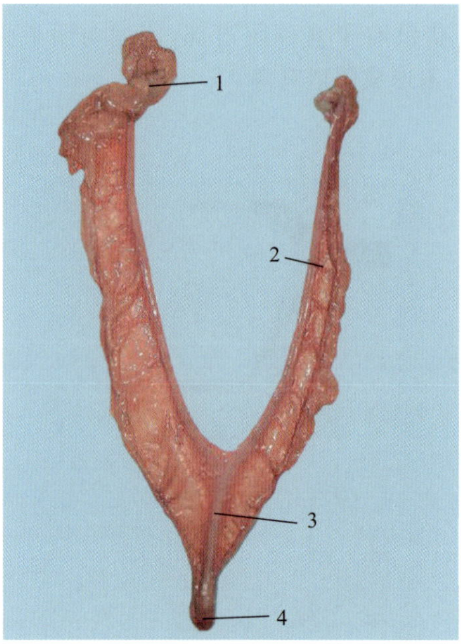

图 6-17 母犬生殖器官

1.卵巢 2.子宫阔韧带 3.子宫体 4.子宫颈

犬子宫角长而直,左右分开呈"V"字形,子宫体和子宫颈短,子宫颈突入阴道,形成子宫颈阴道部。

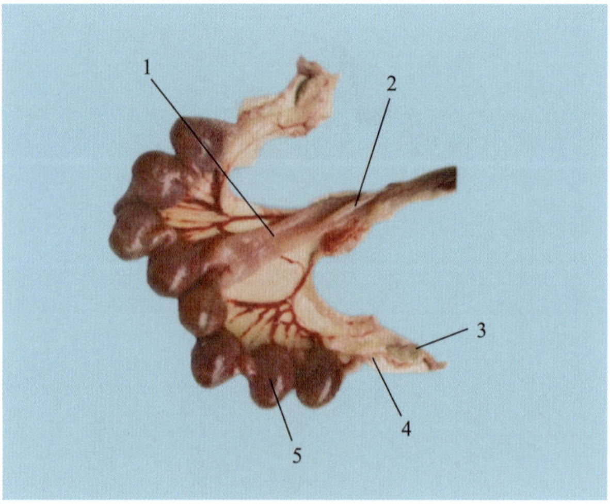

图 6-18 兔子宫

1.子宫体 2.子宫颈 3.卵巢 4.输卵管 5.怀孕后子宫角

兔有两个子宫，习惯称为双子宫，又称复子宫，为哺乳动物子宫最原始类型，是由左右输卵管中段各自膨大而形成的，双子宫特点就是多胎。

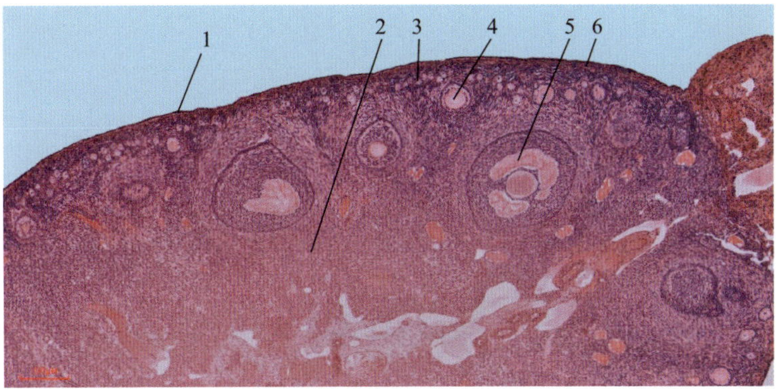

图 6-19　卵巢组织结构图

1.生殖上皮　2.髓质　3.原始卵泡　4.初级卵泡　5.次级卵泡　6.白膜

卵巢表面覆盖着一层生殖上皮，上皮下为致密结缔组织白膜，卵巢外周为皮质，由不同发育阶段的卵泡组成，内部为髓质，结构较疏松，含有较多血管。

执业兽医资格考试真题答案

1.A	2.A	3.A	4.E	5.E	6.A	7.C	8.E	9.B	10.E
11.B	12.C	13.B	14.D	15.C	16.D	17.D	18.C	19.A	20.E
21.B	22.B	23.E	24.B	25.E	26.C	27.C	28.A	29.E	30.A
31.A	32.A	33.B	34.E						

第七章　心血管系统

心血管系统由心脏、血管(动脉、毛细血管和静脉)和血液组成。

第一节 心脏

一、心脏的位置

心脏位于胸腔纵隔内，约在胸腔下 2/3 部，第 3 对肋骨与第 6 对肋骨之间，夹在左、右两肺之间，略偏左。

二、心脏的形态

心脏呈倒置的圆锥形，表面有一环形的冠状沟，靠近心基，是心房和心室的外表分界。心室左、右侧面各有一纵沟，称为左纵沟（锥旁室间沟）、右纵沟（窦下室间沟）。

1. 右心房

右心房包括右心耳和静脉窦。前、后腔静脉分别开口于右心房的背侧壁和后壁，两开口间有静脉间嵴，有分流前、后腔静脉血，避免相互冲击的作用。后腔静脉口的腹侧有冠状窦，为心大静脉和心中静脉的开口。在后腔静脉入口附近的房中隔上有卵圆窝，是胎儿时期卵圆孔的遗迹。

2. 右心室

右心室的入口为右房室口（周缘有右房室瓣又称三尖瓣，其游离缘借腱索附着于心室壁的乳头肌），出口为肺动脉口，周缘有 3 个半月形瓣膜（半月瓣）。右心室内还有隔缘肉柱（心横肌），有防止心室过度扩张的作用。

3. 左心房

左心房由左心耳和肺静脉入口构成。

4. 左心室

左心室入口为左房室口（周缘有左房室瓣又称二尖瓣），出口为主动脉口，周缘附着有 3 个半月瓣。牛、羊（成年雄性黄羊）的左房室口纤维环内有心骨，马、猪有心软骨。也有隔缘肉柱。

二尖瓣、三尖瓣及肺动脉口与主动脉口上的半月瓣均起到防止血液倒流的作用。

三、心壁的构造

心壁由内向外依次为心内膜、心肌和心外膜。心内膜薄而光滑，紧贴于心肌内表面，心内膜下层分布具有传导功能的浦肯野纤维。

四、心脏传导系统

心脏传导系统包括窦房结(位于前腔静脉和右心耳间界沟内的心外膜下,是起搏点)、房室结(位于房中隔右房侧的心内膜下)、房室束(为房室结的直接延续,在室中隔上部向下延续为左、右脚)和浦肯野纤维(交织成网与普通心肌纤维相连)。

五、心包

心包为包在心脏外面的锥形囊,囊壁由浆膜和纤维膜组成,可保护心脏。纤维膜的外面被覆纵隔胸膜(心包胸膜),腹侧以胸骨心包韧带与胸骨相连。浆膜层分壁层(紧贴纤维膜内面)和脏层(紧贴心外面,构成心外膜),两层之间为心包腔,内含心包液,可润滑心,减少其搏动时的摩擦。

执业兽医资格考试真题

1. (2015 年)家畜心脏的正常形态是(　　)。

A. 圆形　　B. 扁圆形　　C. 椭圆形
D. 圆柱形　　E. 倒圆锥形

2. (2015 年)心脏的传导系统包括窦房结、房室结、房室束和(　　)。

A. 神经纤维　　B. 神经原纤维　　C. 肌原纤维
D. 胶原纤维　　E. 浦肯野纤维

3. (2016 年)位于房间隔右心房侧心内膜下,呈结节状,属于心传导系统的结构是(　　)。

A. 窦房结　　B. 房室结　　C. 静脉间结节
D. 房室束　　E. 浦肯野纤维

4. (2018 年)右心室口上的瓣膜称为(　　)。

A. 二尖瓣　　B. 三尖瓣　　C. 半月瓣
D. 主动脉瓣　　E. 肺动脉瓣

5. (2018 年)右心室收缩使血液射入(　　)。

A. 主动脉　　B. 肺动脉　　C. 肺静脉
D. 前腔静脉　　E. 后腔静脉

6. (2020 年)胎牛房中隔上的裂孔称为(　　)。

A. 脐孔　　B. 卵圆孔　　C. 颊孔
D. 腔静脉孔　　E. 主动脉裂孔

7. (2021 年)下列血管中与左心房相连的是(　　)。

A. 肺动脉　　B. 肺静脉　　C. 主动脉
D. 前腔静脉　　E. 后腔静脉

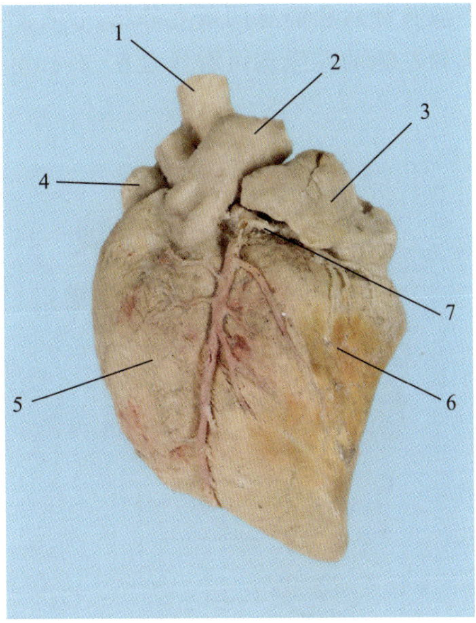

图 7-1 心脏左侧观

1.主动脉 2.肺动脉干 3.左心耳 4.右心耳 5.右心室 6.左心室 7.冠状沟

心脏左侧面可看到左心耳和右心耳，心耳是心房的一部分，左、右心耳间有一条粗大的肺动脉干。心耳下方有一环行沟为冠状沟，为上边心房和下面心室的分界线。左侧有一上下走行的沟，平行于心脏后缘，前缘凸，后缘平，称为左纵沟。

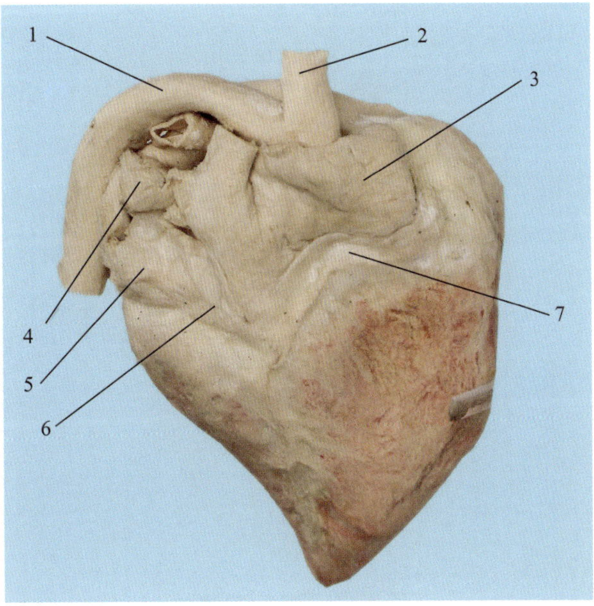

图 7-2 心脏右侧观

1.主动脉 2.臂头动脉干 3.右心耳 4.肺静脉 5.左心耳 6.心中静脉 7.心大静脉

心脏右侧面可看到前腔静脉和后腔静脉两条大静脉，心右侧面有一上下走行的沟，此沟直达心尖，称为右纵沟，此沟和左侧的左纵沟可看作是左、右心室的分界。

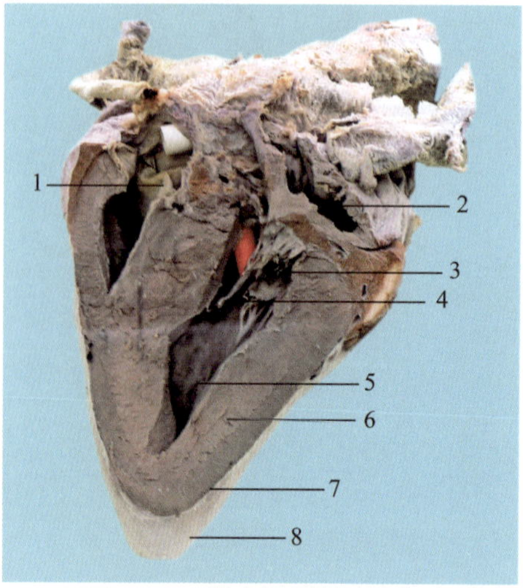

图 7-3　心脏纵切（牛）

1.右房室口　2.左心房　3.左房室口　4.二尖瓣　5.心内膜　6.心室肌　7.心包膜　8.心尖

心纵切开后，可看到左心室壁厚，右心室壁薄。心室在下，心房在上，左右房室口均有瓣膜隔开。

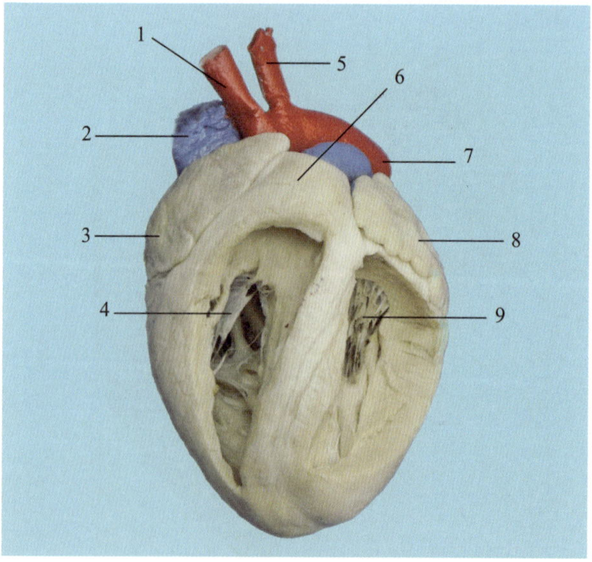

图 7-4　心室切开（猪）

1.臂头动脉干　2.前腔静脉　3.右心耳　4.三尖瓣　5.左锁骨下动脉
6.动脉圆锥　7.主动脉　8.左心耳　9.二尖瓣

右心室基底大部分经右房室口与右心房相通，向左上方延伸的小部分形成动脉圆锥。猪左锁骨下动脉直接在动脉干上分出；右房室口由纤维环围绕而成，在纤维环上附有 3 片三角形的瓣膜，称为三尖瓣，瓣膜的游离缘和室面经腱索连于乳头肌；左房室口上有二尖瓣。

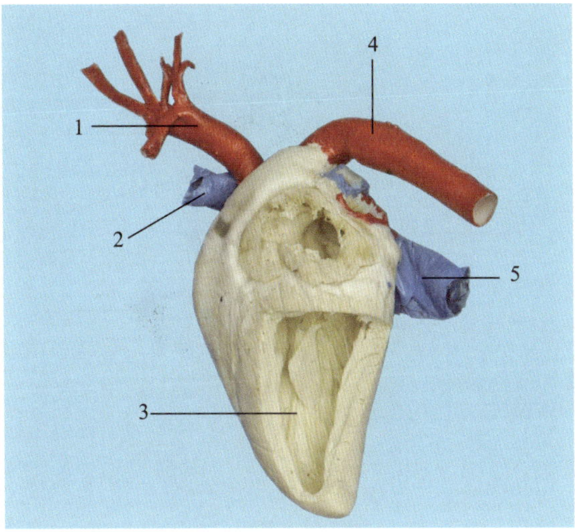

图 7-5　心腔切开(马)

1.臂头动脉干　2.前腔静脉　3.左心室　4.主动脉　5.后腔静脉

心脏上连接主动脉口的有主动脉，连接肺动脉口的有肺动脉干，右心房上连有全身两条最大的静脉，前腔静脉和后腔静脉。

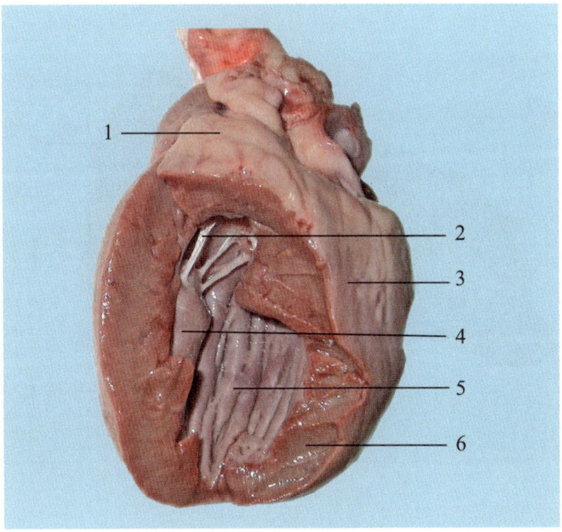

图 7-6　左心室腔(犬)

1.左心房　2.腱索　3.心外膜　4.乳头肌　5.心肌柱　6.心肌

心室里有心肌柱，大的呈乳头状，连接瓣膜的腱索连于乳头肌上，在心室收缩时，有防止血液逆流的作用。

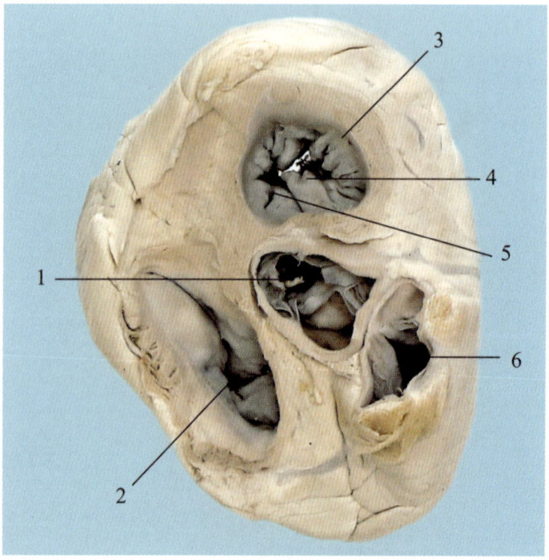

图 7-7　瓣膜口

1.主动脉口　2.三尖瓣　3.左心房　4.左房室口　5.二尖瓣　6.肺动脉口

主动脉口，呈圆形，在心基中部，附有 3 片半月瓣，称为主动脉瓣；右房室口在主动脉口右前方，附着有 3 片三角形的瓣膜，称为三尖瓣；左房室口在主动脉口后面，附着有 2 片瓣膜，称为二尖瓣；肺动脉口在主动脉口左前方，也有 3 片半月状瓣膜，称为肺动脉瓣。瓣膜有防止血液逆流的作用。

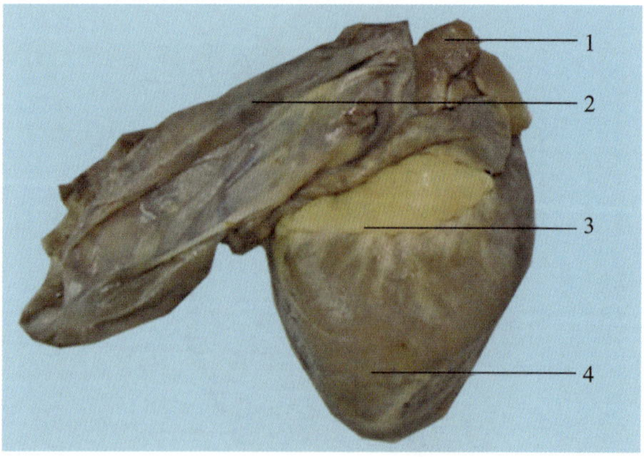

图 7-8　心包(犬)

1.心耳　2.心包　3.冠状沟　4.心室

心包分纤维性心包和浆膜性心包，纤维性心包与心大血管的外膜相连续，浆膜性心包分壁层和脏层，壁层衬于纤维性心包内面，在心基部折转后覆盖于心肌表面形成心外膜。

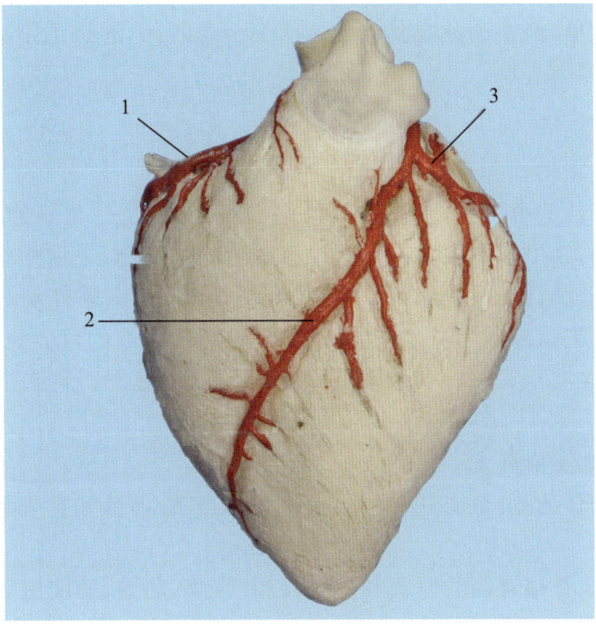

图 7-9 心冠状动脉

1. 右冠状动脉 2. 左冠状动脉锥旁室间支 3. 左冠状动脉回旋支

冠状动脉为营养心脏的血管，左冠状动脉起于主动脉的左后窦，经左心耳与动脉圆锥之间至冠状沟分为锥旁室间支和回旋支，前者沿同名沟下行，后者沿冠状沟向后延伸；右冠状动脉起于主动脉前窦，经右心耳与动脉圆锥之间沿冠状沟绕过右心缘至右面。

第二节 血管

一、血管的分类

根据血管的结构和机能不同，可分为动脉、毛细血管和静脉 3 种。

二、血管的分布及血液循环

（一）肺循环（小循环）

血液由右心室输出，经肺动脉、肺毛细血管、肺静脉回到左心房。该循环的动脉主干是肺动脉干。

(二)体循环(大循环)

血液由左心室输出，经主动脉及其分支运送到全身各部，通过毛细血管、各级静脉、最后由前、后腔静脉回流到右心房。

1. 主动脉及其分支

(1)主动脉弓、降主动脉和升主动脉

主动脉弓为主动脉的第 1 段，自主动脉口斜向后上方，呈弓状延伸至第 6 胸椎腹侧；再向后为降主动脉部分，其沿胸椎腹侧向后延续至膈为胸主动脉；最后穿过膈上的主动脉裂孔进入腹腔，称为腹主动脉；腹主动脉在第 5、6 腰椎处分为左、右髂外动脉，左、右髂内动脉和荐中动脉。升主动脉起始部分出左、右冠状动脉(至冠状沟，心的营养血管)。动脉弓向前分出臂头动脉干(输送血液至头、颈、前肢和胸壁前部的总动脉干)，臂头动脉干于第 1 肋前缘分出左锁骨下动脉。

(2)胸主动脉及其主要分支

支气管动脉和食管动脉：至支气管和食管，牛的支气管动脉和食管动脉通常分别起始于胸主动脉的起始部。

肋间背侧动脉：至脊柱背侧的肌肉和皮肤，以及胸膜、肋骨、肋间肌等。

(3)腹主动脉的主要分支

腹腔动脉：分为脾动脉、胃左动脉和肝动脉，分布于脾、胰、肝、胃、十二指肠和大网膜。

肠系膜前动脉：分布于十二指肠、空肠、回肠、盲肠和结肠。

肾动脉：分布于肾。

肠系膜后动脉：分布于结肠后部和直肠。

睾丸动脉(卵巢动脉)：分布于睾丸(卵巢)。

腰动脉：分布于腰腹部肌肉、皮肤、脊髓。

(4)腋动脉及其分支

腋动脉为前肢的动脉主干，在腋部称腋动脉，在臂部为臂动脉，在前臂部为正中动脉，在掌部为指总动脉。

(5)颈总动脉及其分支

由臂头动脉分出的双颈动脉干在胸前口分为左、右颈总动脉，在颈静脉沟的深部，沿气管(右颈总动脉)或食管(左颈总动脉)的外侧向前上方伸延，在寰枕关节处分为 3 支：枕动脉、颈内动脉(成年牛退化)和颈外动脉。在颈总动脉分叉处有颈动脉球或颈动脉窦，分布有化学感受器和压力感受器。

(6)髂内动脉及其分支

髂内动脉是盆腔脏器和盆壁的动脉主干。沿途分出脐动脉(分布于膀胱、输尿管、输精管)、子宫动脉(分布于子宫)、阴部内动脉(分布于乳房和生殖器)。

(7)髂外动脉及其分支

髂外动脉为后肢的动脉主干。在腹腔称髂外动脉，在股部称股动脉，在膝关节后方称腘动脉，在小腿部称胫前动脉，在趾部称跖背侧总动脉，延续为趾背侧总动脉。

执业兽医资格考试真题

8.(2009 年、2014 年)牛子宫的血液供应来自(　　)。

A. 脐动脉、臀前动脉和阴道动脉　B. 卵巢动脉、脐动脉和阴道动脉

C. 卵巢动脉、脐动脉和臀前动脉　D. 卵巢动脉、髂外动脉和阴道动脉

E. 卵巢动脉、臀前动脉和阴道动脉

9.(2019 年)腹腔动脉分出三个分支,分别是肝动脉、脾动脉和(　　)。

A. 胃左动脉　B. 胃右动脉　C. 肠系膜前动脉

D. 肠系膜后动脉　E. 肾动脉

10.(2022 年)供应肝、脾、胰腺和十二指肠前部、网膜等腹腔脏器的主动脉干是(　　)。

A. 冠状动脉　B. 锁骨下动脉　C. 腹腔动脉

D. 髂外动脉　E. 髂内动脉

11.(2022 年)供应心脏本身血液的动脉为(　　)。

A. 冠状动脉　B. 锁骨下动脉　C. 腹腔动脉

D. 髂外动脉　E. 髂内动脉

12.(2022 年)供应后主肢血液的动脉为(　　)。

A. 冠状动脉　B. 锁骨下动脉　C. 腹腔动脉

D. 髂外动脉　E. 髂内动脉

2. 大静脉

全身有心静脉系、前腔静脉系、后腔静脉系和奇静脉系四大静脉系。

(1)心静脉系:心脏的静脉血通过大静脉、心中静脉和心小静脉注入右心房。

(2)前腔静脉系:收集头、颈、前肢和部分胸壁血液的静脉干。牛、马由左、右颈静脉和左、右锁骨下静脉在胸前口汇聚而成。猪、犬的左、右颈外静脉和左、右锁骨下静脉先汇聚成左、右臂头静脉,然后合并成前腔静脉。

(3)后腔静脉系:收集腹部、骨盆部、尾部及后肢静脉血入右心房的静脉干。髂内静脉和髂外静脉汇集成髂总静脉,左、右髂总静脉汇聚形成后腔静脉,沿途有腰静脉、肝静脉、肾静脉和睾丸静脉(卵巢静脉)汇入。

(4)奇静脉系:接收部分胸壁和腹壁的静脉血,也接收支气管和食管的静脉血,左奇静脉(牛)与右奇静脉(马)均注入右心房。

肝门静脉:收集腹腔内不成对脏器,包括胃、脾、胰、小肠和大肠(除直肠后段外)等器官血液回流的静脉主干,经肝门入肝,开口于肝小叶的窦状隙。

执业兽医资格考试真题

13.(2009 年、2014 年)牛常用于采血的静脉是(　　)。

A. 头静脉　B. 颈外静脉　C. 颈内静脉

D. 颈深静脉　E. 颈浅静脉

14. (2010 年)在临床上，给羊静脉输液常用的血管是(　　)。
A. 头静脉　B. 颈外静脉　C. 颈内静脉
D. 颈深静脉　E. 颈浅静脉

15. (2010 年)收集胃、肠、脾、胰血液回流的静脉血管是(　　)。
A. 肝门静脉　B. 肾门静脉　C. 肺门静脉
D. 肠系膜前静脉　E. 肠系膜后静脉

16. (2012 年)收集腹腔内脏器官血液的血管是(　　)。
A. 肝动脉　B. 肝静脉　C. 门静脉
D. 胰静脉　E. 以上都不是

17. (2017 年)临床上经常用来给牛、羊采血、输液的大静脉是(　　)。
A. 臂头静脉　B. 颈内静脉　C. 颈外静脉
D. 前腔静脉　E. 后腔静脉

3. 四肢的静脉

四肢的静脉主要为浅静脉。

(1)头静脉：又称臂皮下静脉，为前肢的浅静脉干(小动物静脉注射常用部位)。

(2)隐静脉：后肢的浅静脉干，包括内侧隐静脉(与隐动脉、隐神经伴行)和外侧隐静脉(可作为小动物静脉注射部位)。

执业兽医资格考试真题

18. (2015 年)猫前肢采血的静脉是(　　)。
A. 腋静脉　B. 头静脉　C. 臂静脉
D. 隐静脉　E. 正中静脉

19. (2016 年)构成血浆晶体渗透压的主要离子是(　　)。
A. Na^{+} 和 Cl^{-}　B. K^{+} 和 Cl^{-}　C. Na^{+} 和 HCO_3^{-}
D. K^{+} 和 $H_2PO_4^{-}$　E. Ca^{2+} 和 $H_2PO_4^{-}$

20. (2017 年)常用的抗血液凝固的方法是(　　)。
A. 血液置于 37 ℃　B. 出血处接触面粗糙　C. 补充维生素 K
D. 血液中加入肝素　E. 血液中加入钙离子

21. (2018 年)细胞外液主要是指(　　)。
A. 血清、组织液、淋巴液及脑脊液　B. 血液、组织液、小肠液及脑脊液
C. 血浆、组织液、淋巴液及小肠液　D. 血清、组织液、小肠液和脑脊液
E. 血浆、组织液、淋巴液和脑脊液

22. (2020 年)对微循环血流起“总闸门”作用的结构是(　　)。
A. 动静脉吻合　B. 毛细血管后微动脉　C. 微动脉
D. 真毛细血管　E. 毛细血管前微动脉

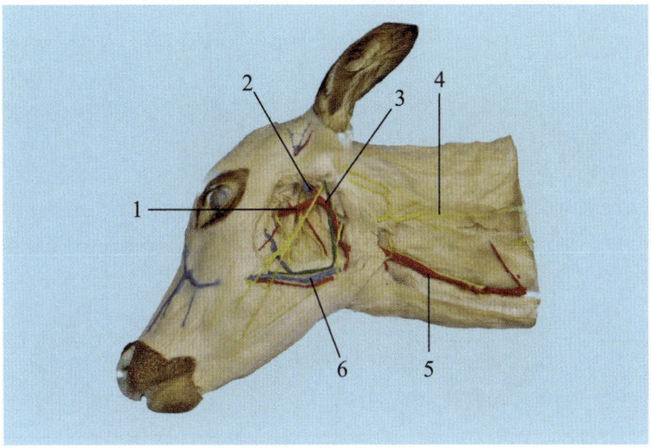

图 7-10　头部动脉(牛)

1.上颌动脉　2.颞浅动脉　3.颈外动脉　4.副神经背侧支
5.颈总动脉和迷走神经　6.面动静脉和腮腺管

颈总动脉与颈内静脉、迷走神经共同形成血管神经束，位于颈静脉沟深部，分别沿食管(左侧的)和气管(右侧的)外侧缘向前向上伸延，在寰枕关节腹侧分出颈内动脉和枕动脉后，延续为颈外动脉。颈外动脉在颞下颌关节腹侧分出颞浅动脉后转为上颌动脉。

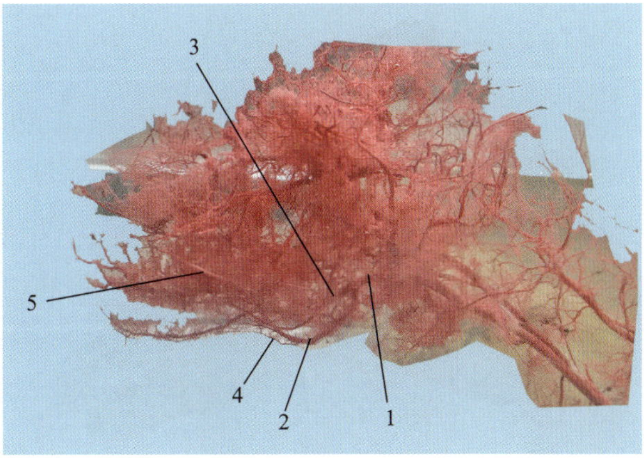

图 7-11　舌面动脉干(牛)

1.舌面动脉干　2.面动脉　3.舌动脉　4.颏下动脉　5.上唇动脉

舌面动脉干由颈外动脉起始处发出，经二腹肌前缘向前下方，分为舌动脉和面动脉。颏下动脉为面动脉在面血管切迹处向前分出的小支。上唇动脉在面结节处分出，走向上唇。

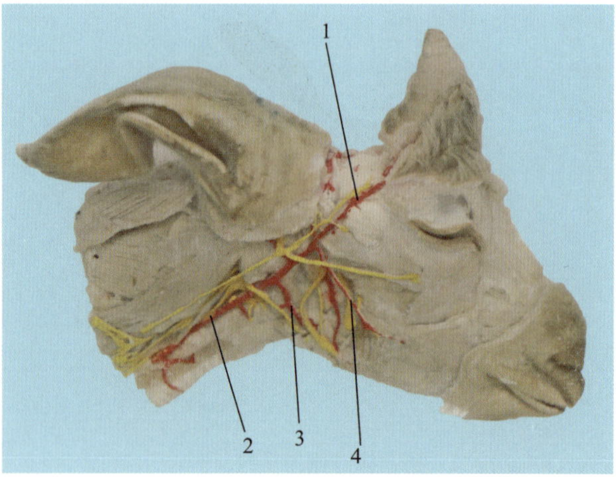

图 7-12 头颈部动脉(羊)

1. 颞浅动脉 2. 颈总动脉 3. 舌动脉 4. 面横动脉

羊无舌面动脉干,在颈总动脉分出枕动脉后移行为颈外动脉,颈外动脉分出舌动脉后,在耳根腹侧分出耳后动脉和颞浅动脉,颞浅动脉分出面部的动脉主干——面横动脉。

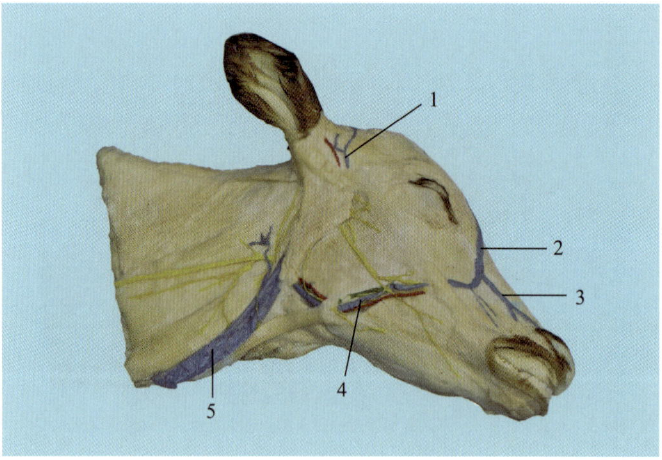

图 7-13 头颈部静脉(牛)

1. 颞浅动、静脉 2. 眼角静脉 3. 鼻背静脉 4. 面动、静脉 5. 颈外静脉

牛的面静脉于眼内角的前下方处,由眼角静脉、鼻背静脉、鼻外侧静脉汇合而成。再折转向后与动脉伴行,颞浅动脉在颞下颌关节腹侧由颈外动脉分出。

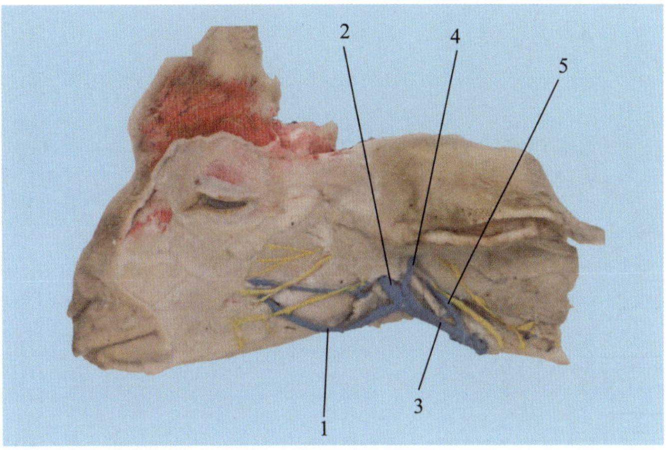

图 7-14　头颈部静脉(羊)

1. 舌面静脉　2. 上颌静脉　3. 颈外静脉　4. 耳后静脉　5. 枕静脉

羊舌面静脉和上颌静脉穿越腮腺汇入颈外静脉，耳后静脉沿腮腺后缘汇入颈外静脉，枕静脉在臂头肌深面汇入颈外静脉。

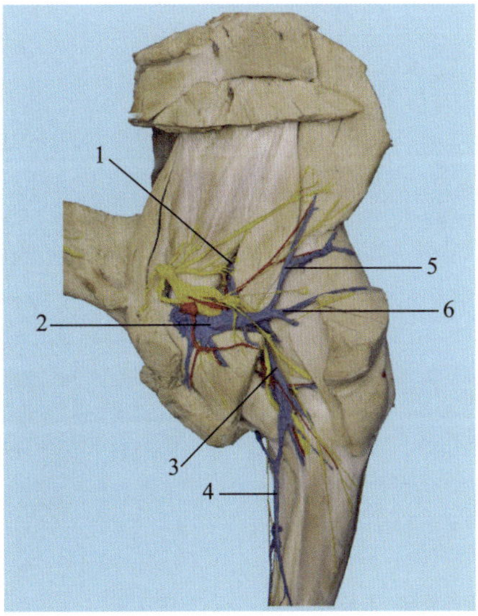

图 7-15　前肢血管(马)

1. 肩胛下动、静脉　2. 腋动、静脉　3. 臂动、静脉
4. 头静脉　5. 胸背动、静脉　6. 胸浅静脉

肩胛下动脉粗，在肩胛下肌和大圆肌之间向后向上延伸，其分支之一为胸背动脉，在大圆肌内侧面后行，分布于背阔肌和附近皮肌，臂动脉在臂二头肌后缘延伸。头静脉向上与臂静脉相连。

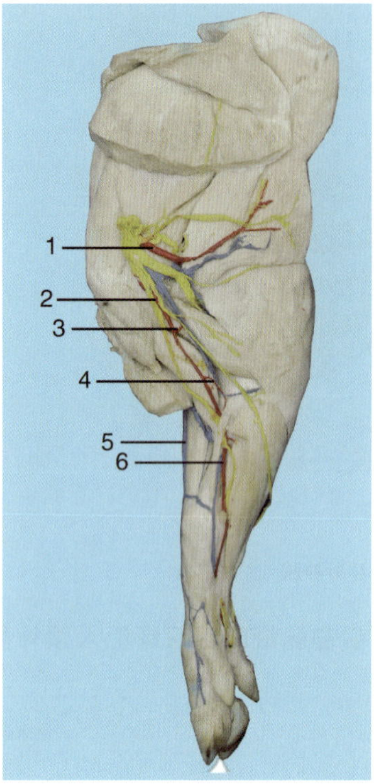

图 7-16　前肢血管(猪)

1. 腋动脉　2. 臂动脉　3. 臂深动脉
4. 尺侧副动脉　5. 头静脉　6. 正中动、静脉

臂深动脉在大圆肌腹侧缘从臂动脉分出，尺侧副动脉和正中动脉走于内侧前臂正中沟。

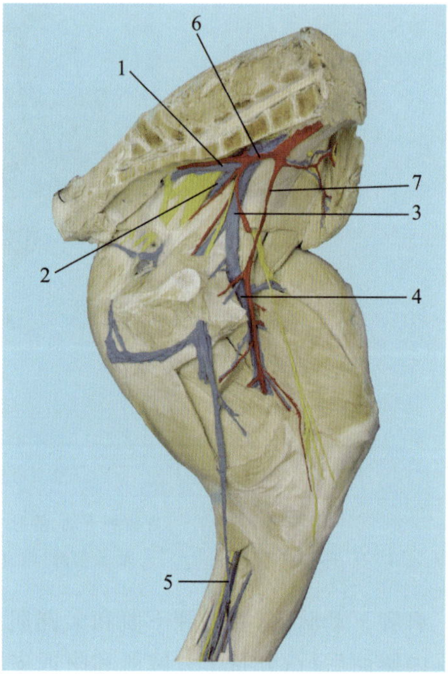

图 7-17　后肢血管(马)

1. 臀后动、静脉　2. 阴部内动、静脉　3. 髂外静脉　4. 股动、静脉
5. 内侧隐静脉、隐神经　6. 髂内动脉　7. 髂外动脉

髂内动脉短，臀后动脉和阴部内动脉是其分支，髂外动脉是后肢动脉主干，股部的动脉称为股动脉，和股静脉起走于股管内。

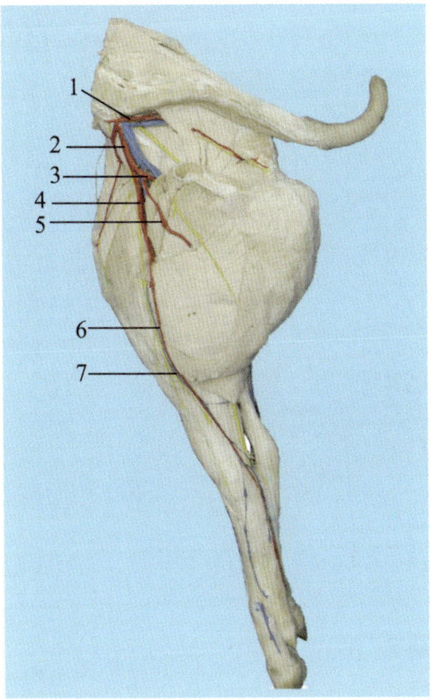

图 7-18 后肢血管(猪)

1.髂内动脉 2.髂外动脉 3.股深动脉 4.股动脉
5.阴部腹壁动脉干 6.隐动脉 7.隐静脉

髂外动脉分出股深动脉后，延续为股动脉，阴部腹壁动脉干在股深动脉起始处分出，股深动脉延续为旋股内侧动脉。

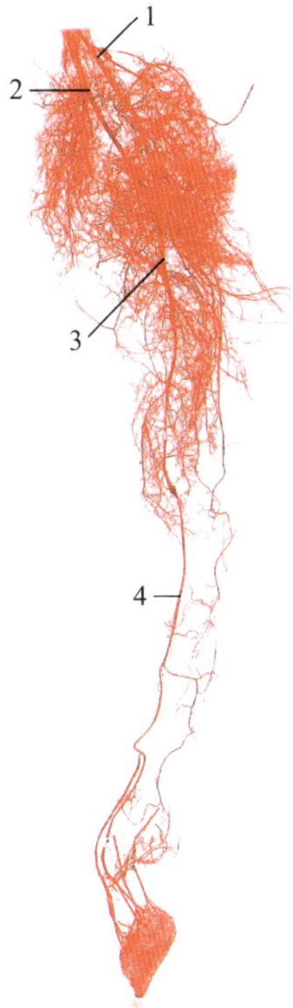

图 7-19 羊后肢血管铸形

1.髂内动脉 2.髂外动脉 3.股动脉 4.胫前动脉

股动脉分出股后动脉后，在膝关节后方延续为腘动脉，胫前动脉为腘动脉的延续。

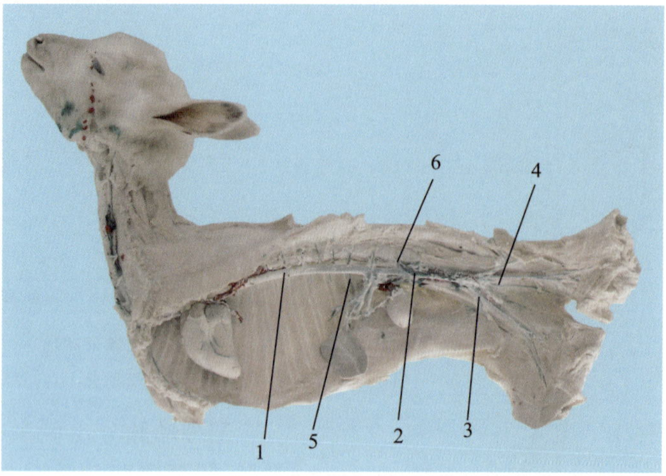

图 7-20 肋间动脉和腰动脉(羊)

1.胸主动脉 2.腹主动脉 3.髂外动脉 4.髂内动脉 5.肋间动脉 6.腰动脉

胸主动脉除分出供应内脏的大血管外，还分出肋间背侧动脉沿相应肋骨后缘下行，分布于胸侧壁部。腹主动脉除分出内脏支外，还发出供应腹部皮肤和肌肉的腰动脉。

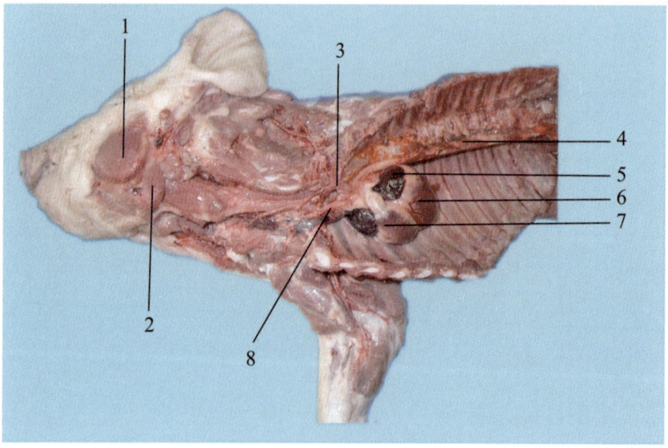

图 7-21 心前血管(猪)

1.咬肌 2.下颌腺 3.左锁骨下动脉 4.胸主动脉 5.左心耳
6.左心室 7.右心室 8.臂头动脉干

猪的主动脉弓上分出臂头动脉干后，然后分出左锁骨下动脉，与其他动物不同。

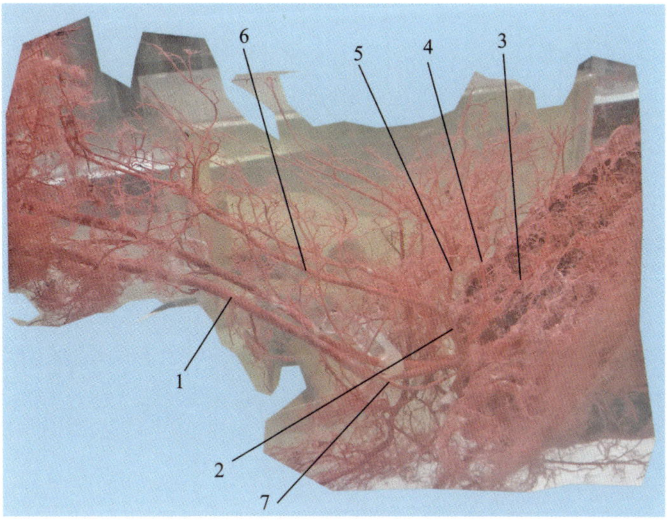

图 7-22　锁骨下动脉分支(牛)

1. 颈总动脉　2. 肋颈动脉干　3. 肋间最上动脉　4. 肩胛背侧动脉　5. 颈深动脉
6. 椎动脉　7. 颈浅动脉

锁骨下动脉在胸腔内的分支有颈浅动脉和肋颈动脉干，肋颈动脉干由后向前依次分出肋间最上动脉、肩胛背侧动脉和颈深动脉，颈深动脉延续为椎动脉进入横突管。

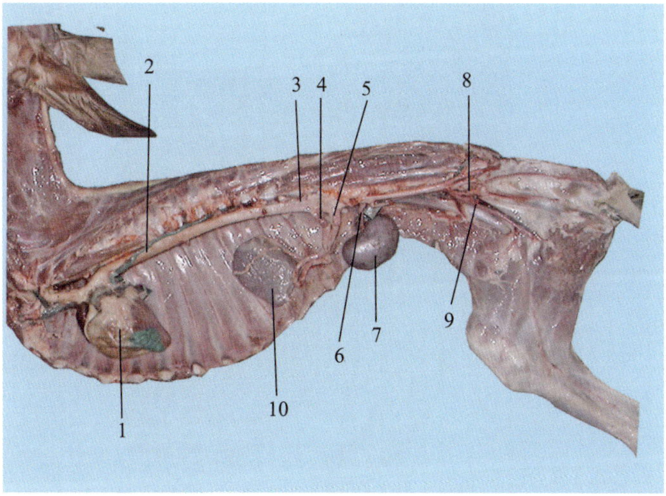

图 7-23　腹主动脉分支(羊)

1. 心脏　2. 胸主动脉　3. 腹主动脉　4. 腹腔动脉　5. 肠系膜前动脉　6. 肾动脉
7. 肾脏　8. 髂内动脉　9. 髂外动脉　10. 脾脏

腹主动脉分出的内脏干主要有腹腔动脉、肠系膜前动脉、肾动脉、公畜的睾丸动脉或母畜的卵巢动脉，肠系膜后动脉，第 5 或第 6 腰椎处分出髂外动脉和髂内动脉。

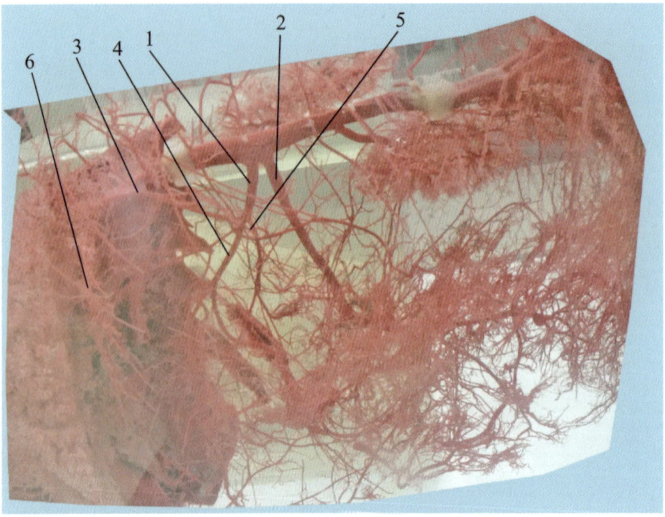

图 7-24　腹腔动脉分支(牛)

1. 腹腔动脉　2. 肠系膜前动脉　3. 脾动脉　4. 胃左动脉　5. 肝动脉　6. 脾脏

腹腔动脉分出的大动脉干有脾动脉、肝动脉和胃左动脉。

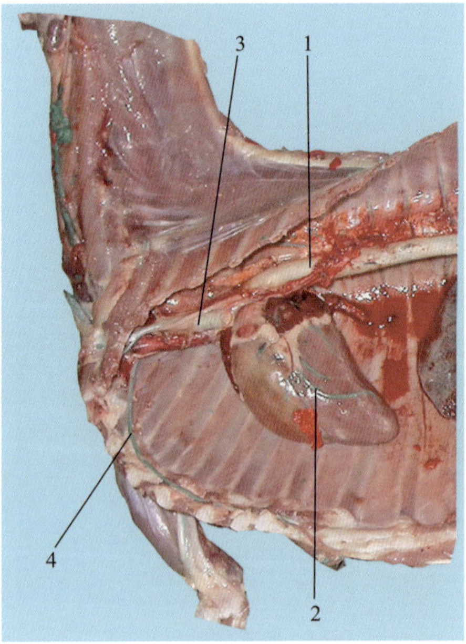

图 7-25　羊胸廓内动脉

1. 主动脉弓　2. 心脏　3. 臂头动脉干　4. 胸廓内动脉

胸廓内动脉约在第 1 肋骨处由锁骨下动脉发出,沿胸骨的背侧面向后延伸,约在第 7 肋骨附近,分为肌隔动脉和腹壁前动脉。

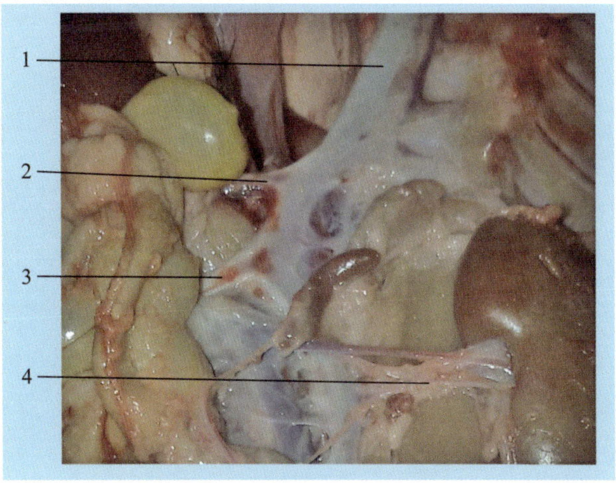

图 7-26　肠系膜前动脉(猪)

1.腹主动脉　2.腹腔动脉　3.肠系膜前动脉　4.肾动脉

肠系膜前动脉在腹腔动脉后方由腹主动脉发出，在胰左叶和后腔静脉之间进入空肠系膜，肠系膜前动脉分出许多侧支，分布于十二指肠、胰、空肠、回肠、结肠和盲肠。

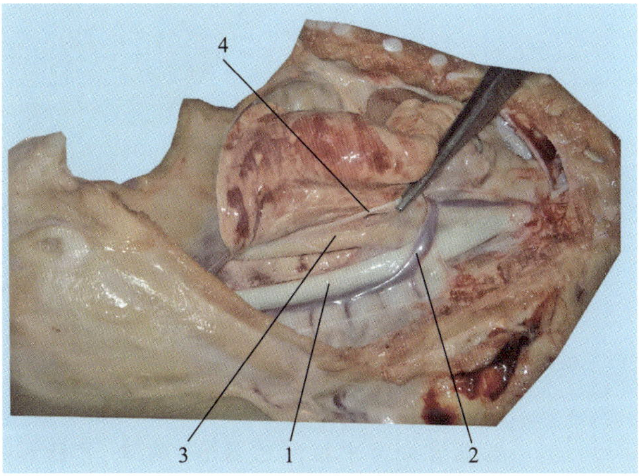

图 7-27　左奇静脉(猪)

1.胸主动脉　2.左奇静脉　3.食管　4.迷走神经

左奇静脉是胸壁静脉主干，起始于第 1 腰椎腹侧，经主动脉孔，沿胸主动脉左背侧向前延伸，最后注入前腔静脉。

执业兽医资格考试真题答案

1.E	2.E	3.B	4.B	5.B	6.B	7.B	8.B	9.A	10.C
11.A	12.D	13.B	14.B	15.A	16.C	17.C	18.B	19.A	20.D
21.E	22.C								

第八章　淋巴系统

淋巴系统由淋巴管、淋巴组织、淋巴器官和淋巴组成。淋巴器官分为中枢淋巴器官(胸腺、骨髓和法氏囊)和外周淋巴器官(淋巴结、脾脏、扁桃体和血淋巴结)。

第一节　胸腺和脾

一、胸腺

胸腺位于胸腔前部纵隔内，分颈、胸两部，呈红色或粉红色，单蹄类和肉食类动物的胸腺主要在胸腔内，猪和反刍动物的胸腺除胸部外，颈部也很发达。胸腺在幼畜时发达，性成熟后逐渐退化，到老年几乎被脂肪组织所代替。胸腺是T淋巴细胞增殖分化的场所，是机体免疫活动的重要器官，并可分泌胸腺激素。

二、脾

脾是动物体内最大的淋巴器官，位于腹前部、胃的左侧。脾有造血、滤血、贮血及参与免疫等功能。

（一）不同动物脾的特点

（1）牛脾：长而扁的椭圆形，蓝紫色，质硬，位于瘤胃背囊左前方。

（2）羊脾：扁平略呈钝三角形，红紫色，质软，位于瘤胃左侧。

（3）猪脾：狭而长，上宽下窄，紫红色，质软，位于胃大弯左侧。

（4）马脾：扁平镰刀形，上宽下窄，蓝红色，位于胃大弯左侧。

（5）犬脾：舌形或靴形，深红色，在胃左侧和左肾之间。

（二）脾的组织结构

脾由被膜和实质构成。

脾实质分白髓、边缘区和红髓。白髓包括脾小结（主要由B淋巴细胞构成）和动脉周围淋巴鞘（由密集的T淋巴细胞、散在的巨噬细胞和交错突细胞等环绕动脉而成）。边缘区位于白髓和红髓交界处，边缘区是脾内首先捕获、识别、处理抗原和引起免疫应答的重要部位。红髓主要由脾索（滤血的主要场所）和脾窦组成。

执业兽医资格考试真题

1.（2009年、2014年）牛脾呈（　　）。

A. 镰刀形　　B. 钝三角形　　C. 舌形或靴形

D. 细而长的带状　　E. 长而扁的椭圆形

2. (2012 年)猪脾脏呈(　　)。
A. 镰刀形
B. 钝三角形
C. 舌形或靴形
D. 细而长的带状
E. 长而扁的椭圆形

3. (2018 年)牛脾呈长而扁的椭圆形,位于(　　)。
A. 瘤胃背囊左前部
B. 瘤胃背囊右前部
C. 网胃前方
D. 瓣胃右侧
E. 瘤胃后方

4. (2019 年)七岁犬的胸腺特征是(　　)。
A. 胸部和颈部的胸腺均发达
B. 颈部胸腺发达,胸部胸腺退化
C. 胸部胸腺发达
D. 胸部和颈部的胸腺均退化
E. 颈部胸腺发达

5. (2021 年)下列动物中,哪种动物的脾脏呈镰刀状?(　　)
A. 牛
B. 羊
C. 马
D. 猪
E. 犬

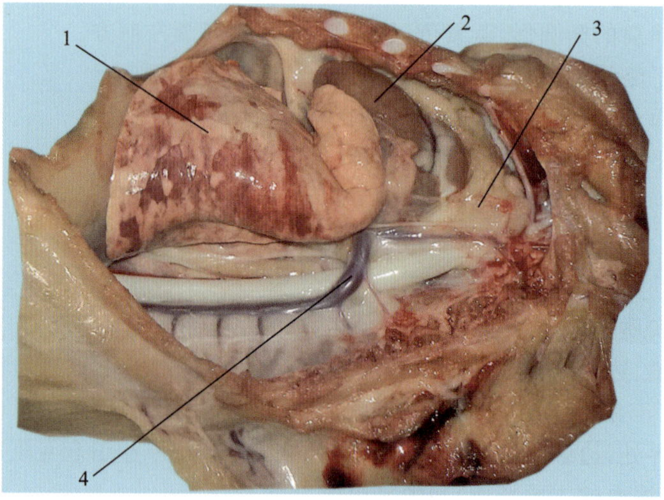

图 8-1　猪胸腺

1. 左肺　2. 心脏　3. 胸腺　4. 左奇静脉

胸腺为粉红色,由颈、胸两部分组成,胸部位于心前纵隔,颈部分左、右两叶,自胸前口沿气管、食管向前延伸到甲状腺附近,随年龄增长而退化。

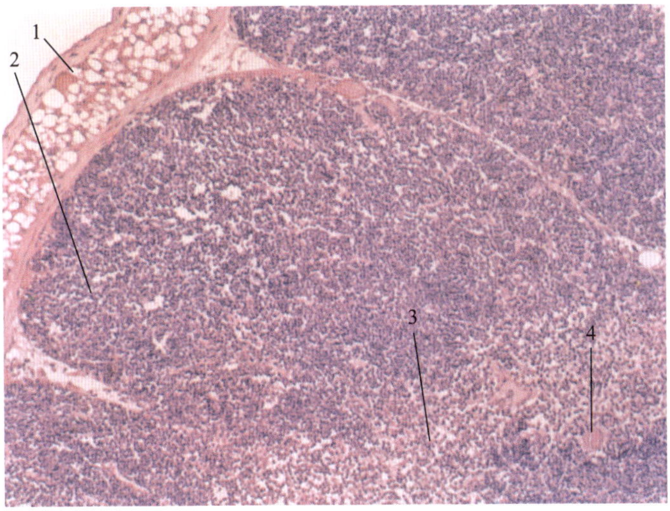

图 8-2 胸腺组织切片图

1. 被膜 2. 皮质 3. 髓质 4. 胸腺小体

胸腺表面有被膜，被膜结缔组织伸入其内形成小叶间隔，将胸腺分成许多小叶，每一小叶由皮质和髓质组成。皮质细胞密集，染色深，髓质染色淡，髓质内有扁平状的胸腺小体。

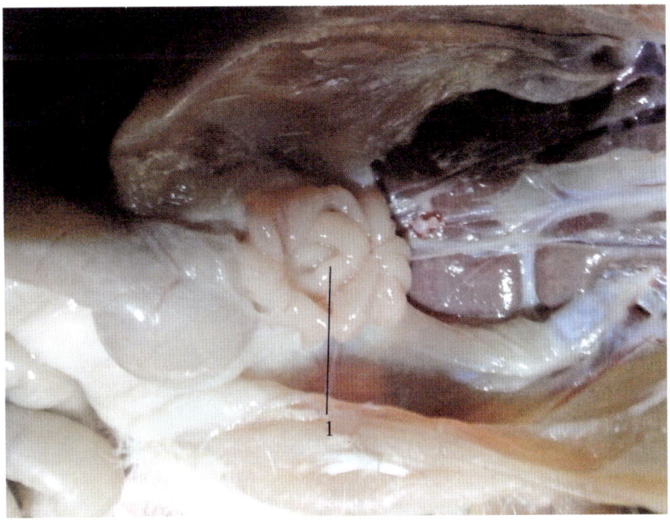

图 8-3 鸡法氏囊

1. 法氏囊

法氏囊是禽类产生 B 淋巴细胞的中枢免疫器官，鸡法氏囊呈圆形，鸭鹅法氏囊呈长椭圆形，位于泄殖腔背侧，开口于泄殖道，黏膜形成纵褶，内有排列紧密的大量淋巴小结，性成熟后退化消失。

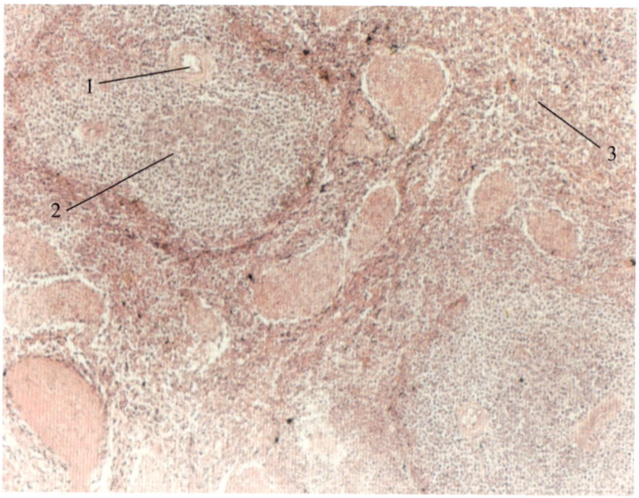

图 8-4 脾脏组织图

1. 中央动脉 2. 脾小结 3. 红髓

脾脏实质分为白髓和红髓，白髓由密集的淋巴组织环绕动脉形成，包括脾小结和动脉周围淋巴鞘，新鲜脾切面上白髓呈灰白小点状。红髓因含大量血细胞，新鲜切面上呈红色，故得名，包括脾索和脾窦。

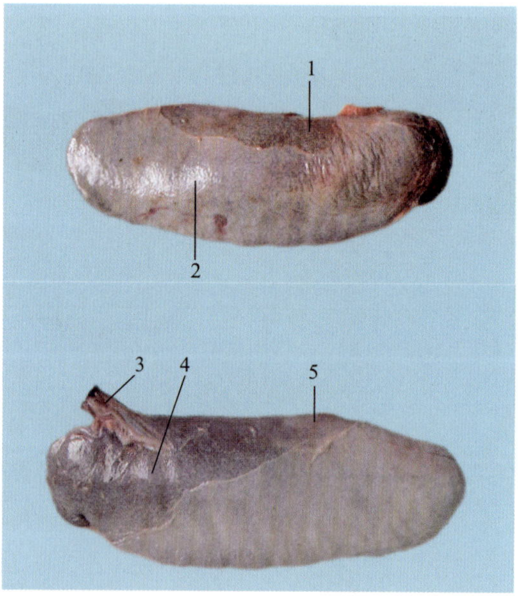

图 8-5 牛脾

1. 脾胃粘连区 2. 膈面 3. 脾门 4. 脾和瘤胃粘连区 5. 前缘

牛脾位于瘤胃背囊的左前方，背侧端达最后腰椎横突腹侧，腹侧端达第 8、9 肋胸骨端上方。

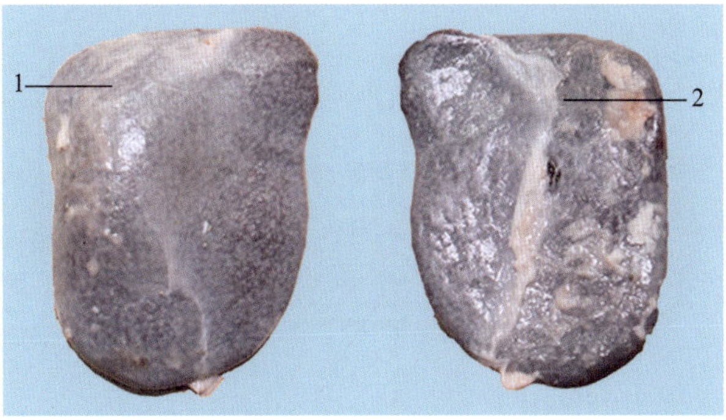

图 8-6 羊脾

1. 壁面 2. 脏面

羊脾略呈钝角三角形，颜色红紫，长轴斜向前下方。前与膈接触为壁面，前 1/3 附着于膈，后附着于瘤胃背侧，脾门位于脾脏面的前上角。

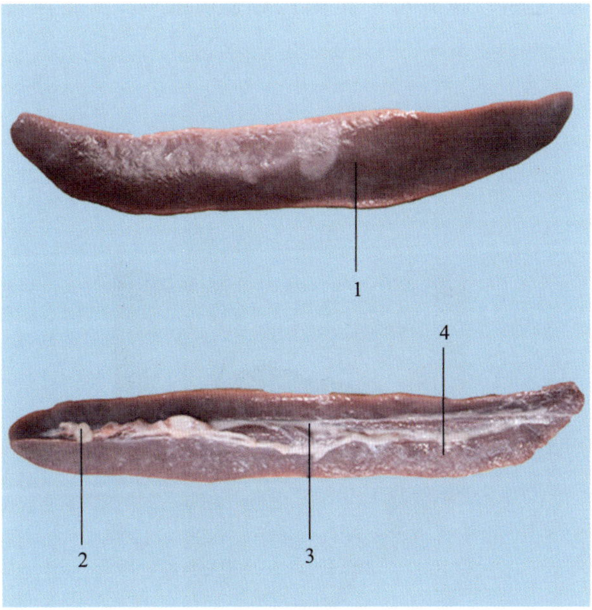

图 8-7 猪脾

1. 壁面 2. 胃脾韧带 3. 脾门 4. 脏面

猪脾长，暗红色，质地较硬。长轴几乎呈背腹向，位于胃大弯左侧，上端较宽，位于后 3 个肋骨椎骨端下方，前方为胃，后方为左肾，内侧为胰左叶；下端稍窄，位于脐部，靠近腹腔底壁。脏面有一纵嵴，将脏面分为几乎相等的胃区和肠区，分别与胃和结肠相接触。脾门位于纵嵴上。壁面凸，与腹腔左侧壁接触。脾借胃脾韧带与胃相连。

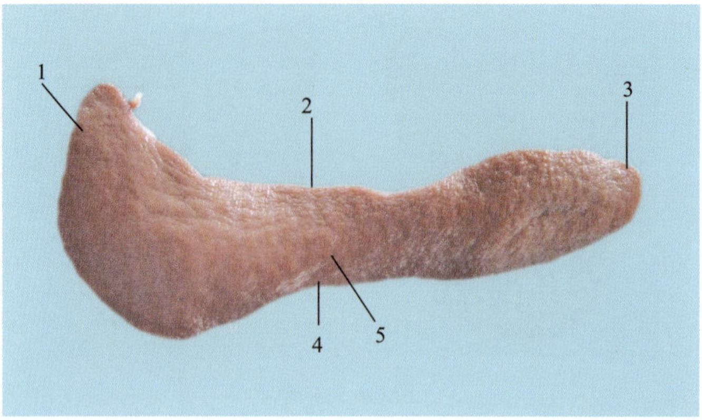

图 8-8 犬脾

1. 腹侧端 2. 前缘 3. 背侧端 4. 后缘 5. 壁面

犬脾呈长镰刀形，色暗红，质软而脆，上端稍弯曲，与最后肋骨椎骨端和第 1 腰椎横突腹侧相对，在胃左侧与左肾之间。壁面凸，与左腹壁相贴；脏面凹，有纵嵴和脾门。犬脾脏位于左侧季肋区第 9～10 肋之间。脾脏可产生淋巴细胞和抗体，可储存血液，在胚胎期有造血功能。

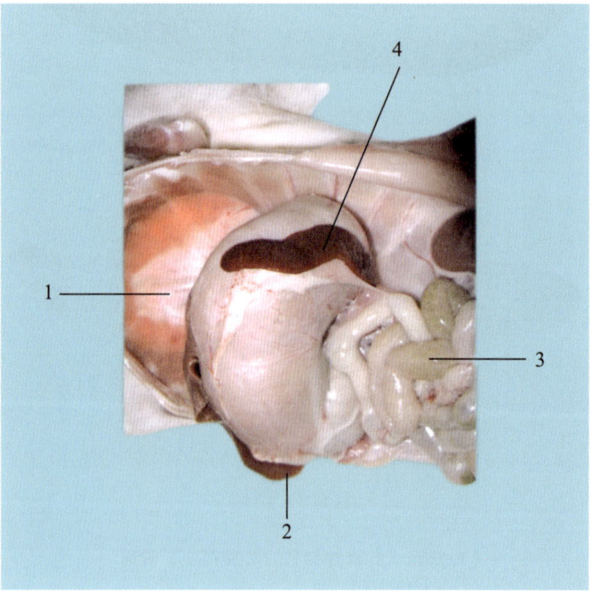

图 8-9 兔脾

1. 膈 2. 肝 3. 空肠 4. 脾

兔脾位于胃大弯左侧，以胃脾韧带与胃壁相连，呈带状，长为 4～5 cm，宽为 1～2 cm。有滤血、贮血和免疫的作用。

第二节　淋巴结和扁桃体

一、淋巴结

(一)主要的浅层淋巴结

(1)下颌淋巴结:位于下颌间隙,牛的在下颌间隙后部;猪的更靠后(下颌淋巴结是猪的宰后检疫必检淋巴结),表面有腮腺覆盖;马的与血管切迹相对。

(2)颈浅淋巴结:又称肩前淋巴结,位于肩关节前上方,被臂头肌和肩胛横突肌(牛)覆盖。

(3)腹股沟淋巴结:位于腹底壁皮下,大腿内侧,腹股沟皮下环附近。公畜的在阴茎两侧,称为阴茎背侧淋巴结;母畜的在乳房的后上方,称为乳房上淋巴结(乳房临床检查)。母猪的在倒数第二对乳头的外侧。

(4)髂下淋巴结:又称股前淋巴结,位于膝关节上方,在股阔筋膜张肌前缘皮下。

(5)腘淋巴结:位于臀股二头肌与半腱肌之间,腓肠肌外侧头的脂肪中。

(二)猪腹腔主要的淋巴结

(1)肺淋巴结:位于肺门附近,气管的周围。

(2)肝淋巴结:位于肝门附近,2~7 个,肉品检验时常规检查。

(3)脾淋巴结:位于脾门附近。

(4)肠淋巴结:位于各段肠管的肠系膜中。

(5)髂内淋巴结:位于髂外动脉起始部附近。

(6)髂外淋巴结:位于旋髂深动脉前、后支分叉处。

执业兽医资格考试真题

6. (2011 年)猪腹腔淋巴结位于腹腔动脉及其分支附近,有(　　)。

A. 1~2 个　　B. 2~4 个　　C. 2~3 个
D. 4~6 个　　E. 5~7 个

7. (2011 年)在对肉品检验时,常规检查的猪腹腔的淋巴结是(　　)。

A. 肝淋巴结　　B. 脾淋巴结　　C. 胰十二指肠淋巴结
D. 肠系膜前淋巴结　　E. 肠系膜后淋巴结

(三)血淋巴结

血淋巴结一般呈圆形或卵圆形,紫红色,直径 5~12 mm,结构似淋巴结,但是无淋巴输入管和输出管，其中充盈血液而无淋巴。主要分布于主动脉附近，有滤血的作用。

（四）淋巴结的组织结构

淋巴结的表面覆盖被膜，被膜下方为实质，实质分为皮质和髓质。猪的皮质和髓质位置相反。

皮质位于被膜下，由淋巴小结（主要由占 95%B 淋巴细胞和少量巨噬细胞、T 细胞及滤泡树突细胞组成）、副皮质区（主要由 T 细胞和一些交错突细胞组成）和皮质淋巴窦（许多巨噬细胞游离于窦内清除异物、细菌）组成。

髓质位于淋巴结中央和门部附近，包括髓索（主要含 B 细胞，是淋巴结产生抗体的部位）和髓窦（腔内巨噬细胞较多，具有较强的滤过作用）。

二、扁桃体

扁桃体位于舌、软腭和咽的黏膜下组织内，形状和大小因动物种类不同而异，仅有输出淋巴管，注入附近的淋巴结。

（1）舌扁桃体：位于舌根部背侧。

（2）腭扁桃体：位于咽部侧壁、腭舌弓和腭咽弓之间。反刍动物具有腭扁桃体窦，腭扁桃体位于窦内；马腭扁桃体位于舌根两侧；猪无该扁桃体；犬有腭扁桃体窝，腭扁桃体位于其中。

（3）腭帆扁桃体：位于软腭口腔面黏膜下，猪的特别发达。

（4）咽扁桃体：位于鼻咽部后背侧。

三、淋巴管

淋巴管包括毛细淋巴管、淋巴管、淋巴干、淋巴导管。胸导管为全身最大的淋巴管，起始于乳糜池，注入前腔静脉。

执业兽医资格考试真题

8.（2011 年）全身最大的淋巴管是（　　）。

A. 毛细淋巴管　　B. 淋巴管　　C. 淋巴干

D. 淋巴导管　　E. 胸导管

9.（2017 年）淋巴结内的 T 细胞主要位于（　　）。

A. 淋巴小结　　B. 副皮质区　　C. 皮质淋巴窦

D. 髓索　　E. 髓质淋巴窦

10.（2020 年）既无输入淋巴管，又无输出淋巴管的外周淋巴器官是（　　）。

A. 扁桃体　　B. 法氏囊　　C. 血淋巴结

D. 胸腺　　E. 淋巴结

11.（2022 年）起始于乳糜池，在胸腔入口处汇入前腔静脉的全身最大的淋巴管是（　　）。

A. 胸导管　　B. 右淋巴导管　　C. 气管淋巴干

D. 内脏淋巴干　　E. 腰淋巴干

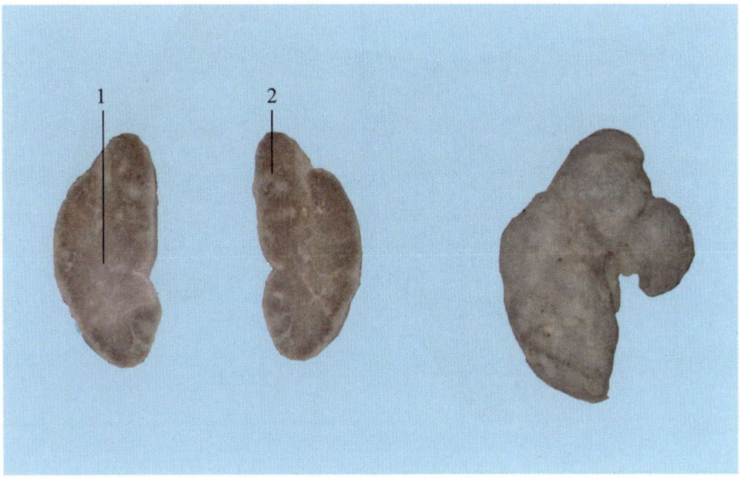

图 8-10　淋巴结纵切

1.髓质部　2.皮质部

淋巴结形状不一，大多呈卵圆形，淋巴输入管经淋巴结被膜进入淋巴结。淋巴结表面的凹陷为淋巴结门，有血管、神经和淋巴输出管通过。

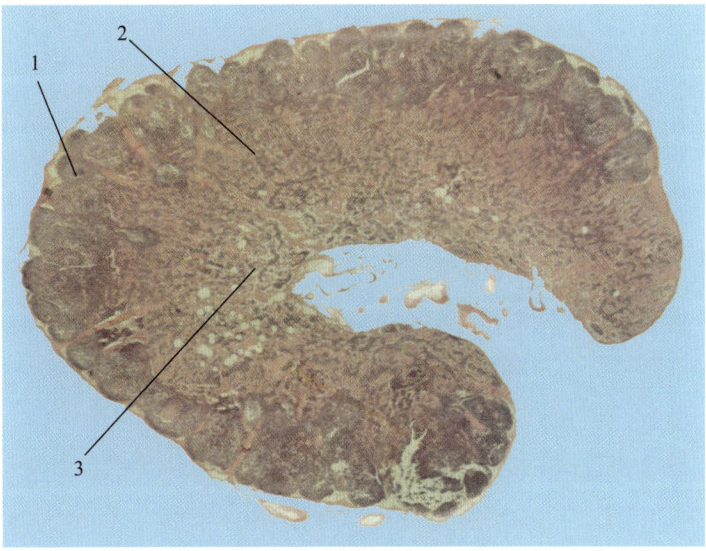

图 8-11　淋巴结组织图

1.淋巴小结　2.副皮质区　3.髓质

淋巴结包括外周的皮质和中央的髓质，皮质颜色较深，有许多淋巴细胞密集的淋巴小结；髓质颜色较淡，由许多淋巴细胞组成长索状，称为髓索，髓索之间的腔称为髓窦。

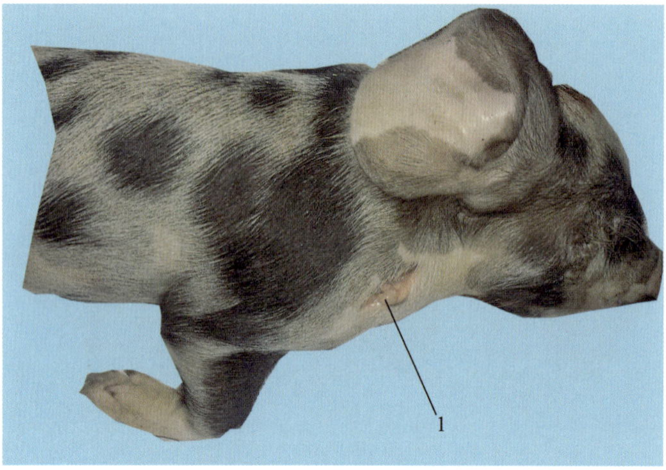

图 8-12　肩前淋巴结

1.肩前淋巴结

肩前淋巴结位于肩关节前方，紧贴冈上肌的前缘，臂头肌和肩胛横突肌深面，被脂肪所包裹。收集颈部、前肢、胸壁的淋巴，为活体检查时的主要淋巴结。

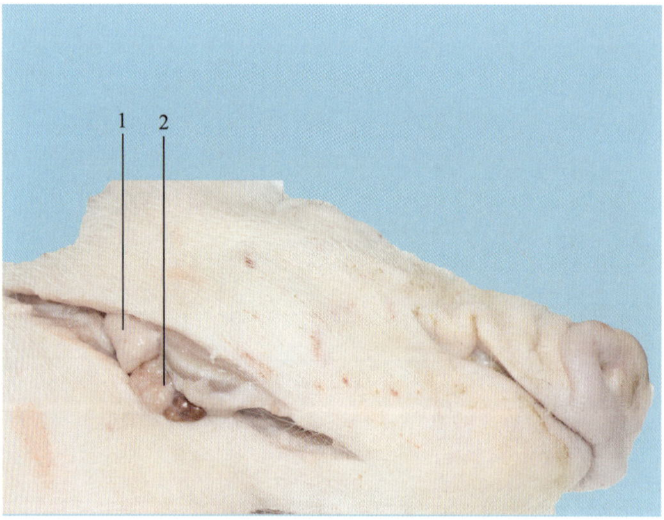

图 8-13　下颌淋巴结

1.下颌淋巴结　2.颌下腺

下颌淋巴结呈扁平椭圆形，位于下颌角(下颌体与下颌支交界)的腹内侧，其外侧与颌下腺前端相邻。猪的下颌淋巴结更靠后，表面有腮腺覆盖。该淋巴结主要收集头的下半部各处的淋巴液。在临床检查触摸时，应注意不要与颌下腺的前部相混淆。

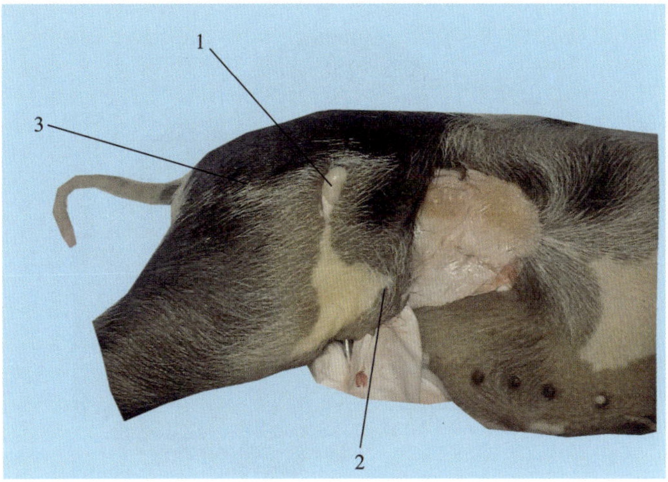

图 8-14　股前淋巴结

1. 股前淋巴结　2. 膝关节　3. 髋结节

股前淋巴结又称膝上淋巴结、髂下淋巴结，位于膝关节与髋结节连线的中点，股阔筋膜张肌前缘皮下膝褶中，该淋巴结大而长，在活体易于触摸，引流腹壁、骨盆、股部和小腿皮肤的淋巴，汇入髂内、外侧淋巴结。

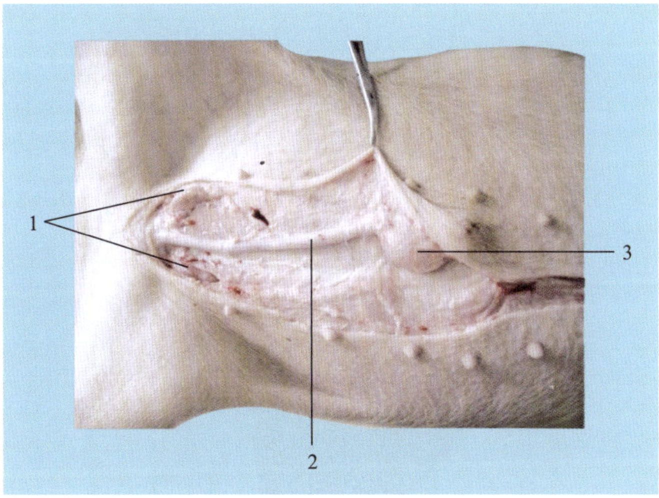

图 8-15　腹股沟浅淋巴结

1. 腹股沟浅淋巴结　2. 阴茎　3. 包皮

腹股沟浅淋巴结位于腹底壁后部，公牛的在精索后方，阴茎背侧；母牛的位于乳房基底部后上方两侧，收集腹底部肌肉、皮肤、股内侧、阴囊、乳房外生殖器等处的淋巴液。当发生乳腺肿瘤时应检查腹股沟浅淋巴结，切除乳腺肿瘤时应切除这个淋巴结。

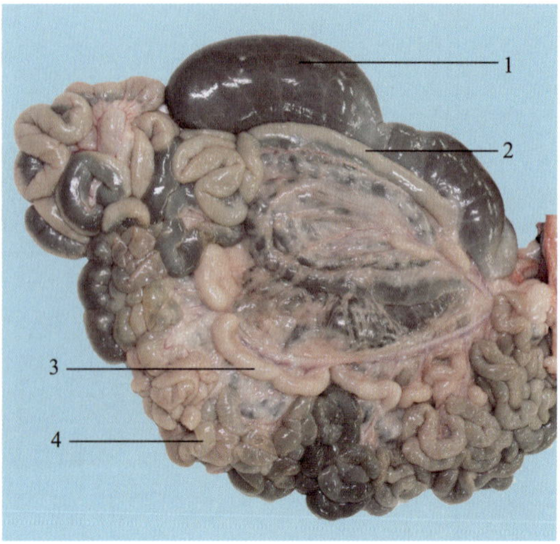

图 8-16　肠系膜淋巴结

1.盲肠　2.回肠　3.肠系膜淋巴结　4.空肠

肠系膜淋巴结有肠系膜前淋巴结和肠系膜后淋巴结，肠系膜前淋巴结的输出管形成肠淋巴干，肠淋巴干的淋巴汇入内脏淋巴干，后注入乳糜池。肠系膜后淋巴结引流直肠和结肠后部的淋巴，经腰淋巴干汇入乳糜池。

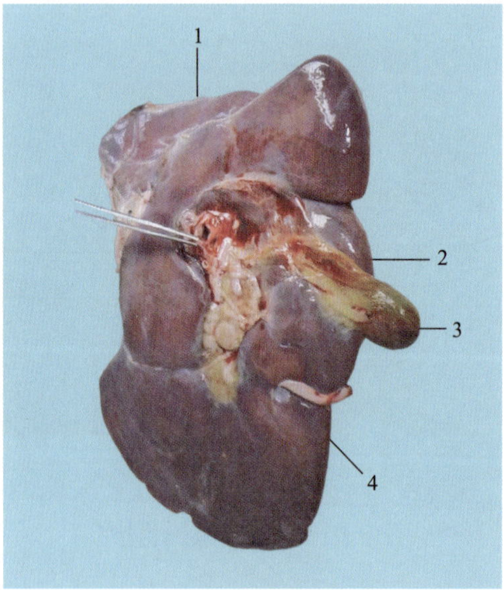

图 8-17　牛肝门淋巴结

1.肝门静脉　2.肝动脉　3.胆囊　4.肝门淋巴结

肝淋巴结位于肝门附近的小网膜内，沿门静脉分布，一般有 1～3 个，收集肝、胰、十二指肠、皱胃的淋巴液。

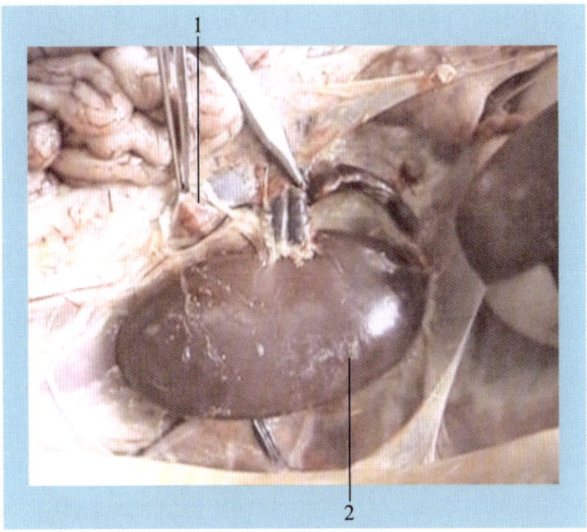

图 8-18 猪肾门淋巴结

1. 肾门淋巴结 2. 肾

猪肾门淋巴结位于肾动脉附近，引流肾、肾上腺的淋巴液，汇入乳糜池或腰主动脉淋巴结。

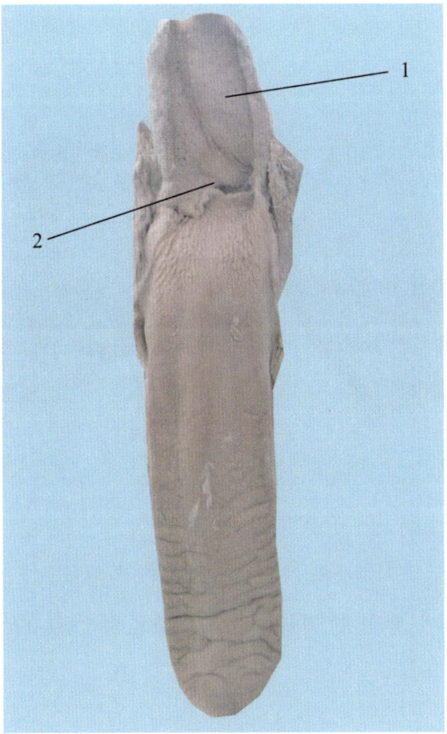

图 8-19 猪腭帆扁桃体

1. 腭帆扁桃体 2. 口咽

家畜在舌根部有舌扁桃体，口咽部侧壁上有腭扁桃体，猪无，在软腭的口腔面黏膜下有腭帆扁桃体，猪的发达。

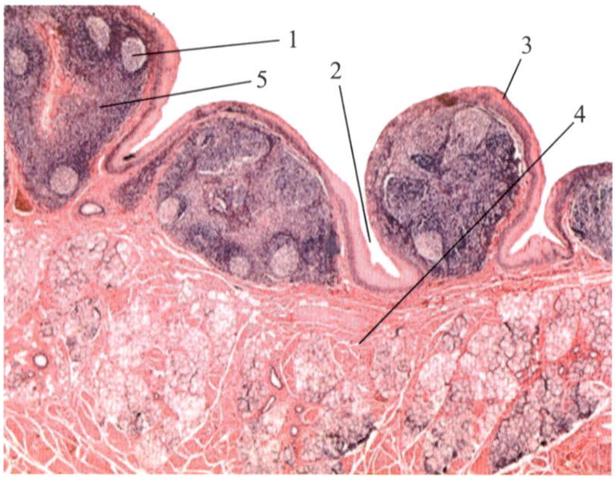

图 8-20 腭扁桃体组织图

1.淋巴小结 2.隐窝 3.复层扁平上皮 4.结缔组织 5.弥散淋巴组织

扁桃体位于消化和呼吸道的交会处，呈卵圆形隆起，表面有复层扁平上皮，上皮向内凹形成隐窝，上皮深面有大量淋巴小结和弥散淋巴组织。

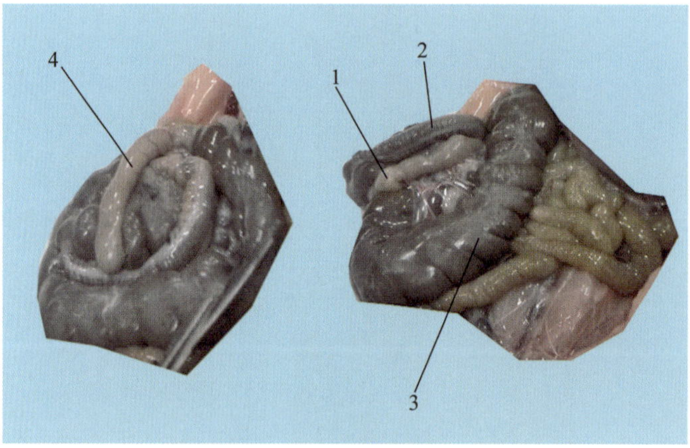

图 8-21 圆小囊和蚓突

1.圆小囊 2.结肠 3.盲肠 4.蚓突

圆小囊为兔回肠和盲肠交界处的圆囊，蚓突为兔盲肠远端的细部，二者黏膜下都富含淋巴组织，肉品检查时要详细检查。

执业兽医资格考试真题答案

1.E 2.D 3.A 4.D 5.C 6.B 7.A 8.E 9.B 10.C 11.A

第九章　神经系统

神经系统分为中枢神经系和周围神经系两部分。中枢神经系包括脑(位于颅腔)和脊髓(位于椎管)。周围神经系指由中枢发出,且受中枢神经支配的神经,包括脑神经(从脑出入,主要分布于头部)、脊神经(从脊髓出入,分布于躯干和四肢)和植物性神经(分为从胸腰段脊髓发出的交感神经及从脑干和荐段脊髓发出的副交感神经)。

第一节　中枢神经系

一、脊髓

（一）位置

脊髓位于椎管内，前端与延髓相连，后端伸延至荐骨中部。

（二）形态

脊髓呈背、腹稍扁的圆柱状，有颈膨大和腰膨大（四肢神经发出的部位）。

（三）结构

脊髓分为中部的灰质、灰质中央的中央管和外周的白质。灰质分为背侧柱（含中间神经元）、腹侧柱（运动神经元）和外侧柱（在脊髓胸段和腰前端为植物性神经节前神经元所在）。白质分为背侧索（背正中沟与背侧柱之间，纤维是由脊神经节内感觉神经元的中枢突构成的）、外侧索（背侧柱与腹侧柱之间）和腹侧索（位于腹侧柱与腹正中裂之间）。外侧索和腹侧索均由来自背侧柱的中间神经元的轴突（上行纤维束）以及来自大脑和脑干的中间神经元的轴突（下行纤维束）组成。

（四）脊髓膜

脊髓外周包有 3 层结缔组织膜，由外向内依次为脊硬膜、脊蛛网膜和脊软膜。

联系临床实践

反射弧：完成一个反射活动要通过的神经通路称为反射弧。反射弧由感受器、传入神经、神经中枢、传出神经和效应器 5 部分组成。当其中任何一个部分遭到破坏时，反射活动就不能进行。因此，临床上常利用破坏反射弧的完整性对动物进行麻醉，以便实施外科手术。

脊硬膜和椎管之间有一较宽的腔隙，称硬膜外腔，硬膜外麻醉即自腰荐间隙或荐尾间隙（注射点常在第 1、2 尾椎间隙）将麻醉剂注入硬膜外腔，以阻滞硬膜外腔内的脊神经根的传导作用。腰荐间隙硬膜外腔麻醉多用于动物的臀部、阴道、直肠、后肢以及剖腹产、胎位异常、乳房切除、瘤胃切开等手术。荐尾间隙硬膜外腔麻醉多用于马、驴、牛、羊的阴道脱、子宫脱、直肠脱整复术和人工助产等手术。

执业兽医资格考试真题

1. (2010 年)硬膜外麻醉时,将麻醉剂注入硬膜外腔的常用部位是(　　)。
   A. 寰枢间隙　　B. 颈胸间隙
   C. 胸腰间隙　　D. 腰荐间隙
   E. 荐尾间隙
2. (2012 年)临床实施硬膜外麻醉时,即自腰荐间隙把麻醉药注入(　　)。
   A. 蛛网膜下腔　　B. 硬膜下腔
   C. 软膜腔　　D. 硬膜外腔
   E. 以上都不是
3. (2015 年)脊硬膜和椎管之间的腔隙是(　　)。
   A. 硬膜外腔　　B. 脊髓中央管
   C. 硬膜下腔　　D. 蛛网膜下腔
   E. 蛛网膜内腔
4. (2018 年)脊髓灰质横切面呈(　　)。
   A. 立方形　　B. 扁平形
   C. 蝴蝶形　　D. 三角形
   E. 卵圆形
5. (2020 年)动物因脊髓损伤而瘫痪,反射弧中受损的是(　　)。
   A. 传出神经　　B. 效应器
   C. 感受器　　D. 神经中枢
   E. 传入神经
6. (2022 年) 脊髓发出前肢神经的部位变粗大,称(　　)。
   A. 马尾　　B. 腰膨大
   C. 终丝　　D. 脊椎圆锥
   E. 颈膨大

二、脑

脑可分大脑、小脑、间脑、中脑、脑桥和延髓 6 部分。通常将延髓、脑桥、中脑和间脑称为脑干。

(一)大脑

大脑位于脑干前方,被大脑纵裂分为左、右两大脑半球,纵裂的底是连接两半球的横行宽纤维板,即胼胝体。

大脑皮质为覆盖于大脑半球表面的一层灰质。皮质深面为白质,由各种神经纤维构成。大脑半球内白质由以下 3 种纤维构成:联合纤维是连接左、右大脑半球皮质的纤维,主要为胼胝体;联络纤维是连接同侧半球各脑回、各叶之间的纤维;投射纤维是连接大脑皮质与脑其他各部分及脊髓之间的上、下行纤维。

海马呈弓带状，位于侧脑室底的后内侧。边缘系统与内脏活动、情绪变化及记忆有关。

执业兽医资格考试真题

7. (2011年)感觉机能的最高级部位是(　　)。

A. 脊髓　　B. 大脑皮质　　C. 脑干

D. 突触　　E. 丘脑

(二)小脑

小脑近似球形，位于大脑后方，在延髓和脑桥的背侧。小脑的表面为灰质，称小脑皮质；深部为白质，称小脑髓质。髓质呈树枝状伸入小脑各叶，形成髓树。

(三)脑干

延髓、脑桥和小脑围成的室腔为第四脑室，前端通中脑导水管(中脑内部室腔)，后端通延髓中央管。

(1)间脑：位于中脑和大脑之间，被两侧大脑半球所遮盖，内有第三脑室。间脑主要分为丘脑和丘脑下部。

(2)丘脑：占间脑的最大部分，为一对卵圆形的灰质团块。在左、右丘脑的背侧、中脑四叠体的前方，有松果体，属内分泌腺。

(3)下丘脑：是植物性神经系统的皮质下中枢。

执业兽医资格考试真题

8. (2009年、2014年)抑制动物吸气过长过深的调节中枢位于(　　)。

A. 脊髓　　B. 延髓　　C. 间脑

D. 脑桥　　E. 大脑皮层

9. (2010年)恒温动物体温调节的基本中枢位于(　　)。

A. 小脑　　B. 大脑　　C. 脊髓

D. 延髓　　E. 下丘脑

10. (2011年)称为感觉传导接替站的是(　　)。

A. 脊髓　　B. 大脑皮质　　C. 脑干

D. 突触　　E. 丘脑

11. (2022年)呼吸的基本中枢是(　　)。

A. 中脑　　B. 间脑　　C. 脑桥

D. 延髓　　E. 脊髓

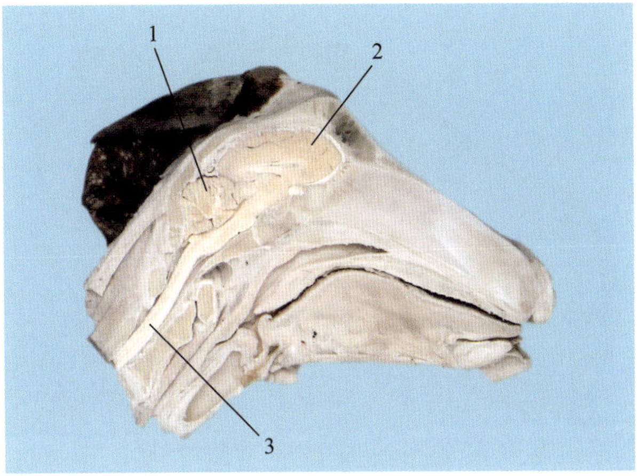

图 9-1 羊大脑左半球

1.小脑 2.大脑 3.脊髓

脑是中枢神经系统的主要部分，位于颅腔内，脑包括大脑、间脑、小脑、中脑、脑桥和延髓。

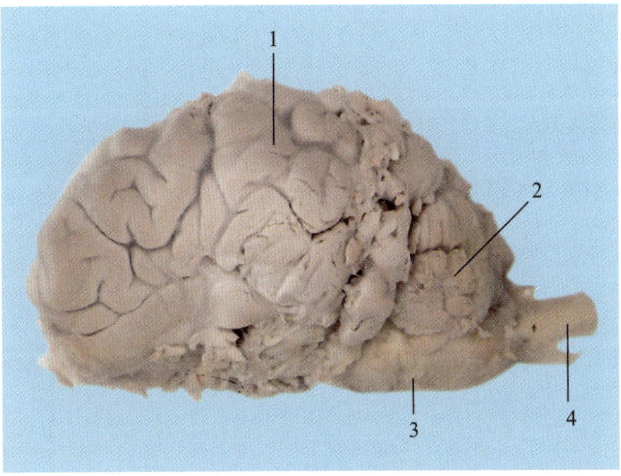

图 9-2 大脑左半球

1.大脑 2.小脑 3.延髓锥体 4.脊髓

延髓前接脑桥，后接脊髓，其腹侧有腹正中裂，裂两侧有延髓锥体，内有从大脑下行的运动神经纤维束。心血管和呼吸中枢位于延髓，因此延髓又称为生命中枢。

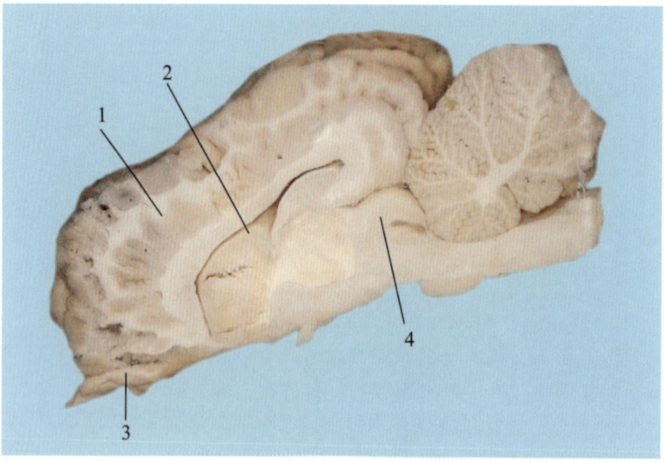

图 9-3　马脑半球

1. 大脑　2. 胼胝体　3. 嗅脑　4. 四叠体

四叠体是中脑背部的四个圆形突起，是视觉和听觉反射运动的低级中枢。大脑纵裂把大脑分为左、右两大脑半球，纵裂的底是连接两半球的横行宽纤维板及胼胝体。

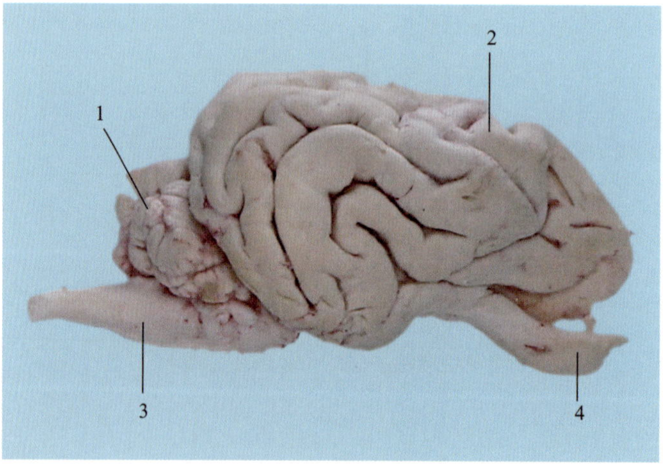

图 9-4　羊脑半球

1. 小脑　2. 大脑　3. 延髓锥体　4. 嗅脑

嗅脑包括前端的嗅球，向后延续的内外侧嗅束，嗅束之间的嗅三角。嗅三角之后有大量血管穿过的部位称为前穿质，外侧嗅束延续为梨状叶。

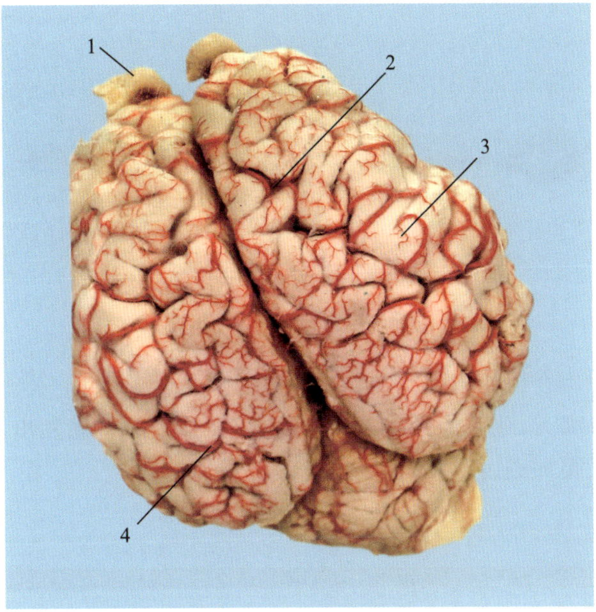

图 9-5　猪脑

1. 嗅球　2. 脑沟　3. 脑回　4. 脑部血管

大脑半球包括大脑皮质和白质、嗅脑、基底神经核和侧脑室等结构。皮质为覆盖于大脑半球表面的一层灰质，其表面凹凸不平，凹陷处为沟，凸起处为回，以增加大脑皮质的面积。

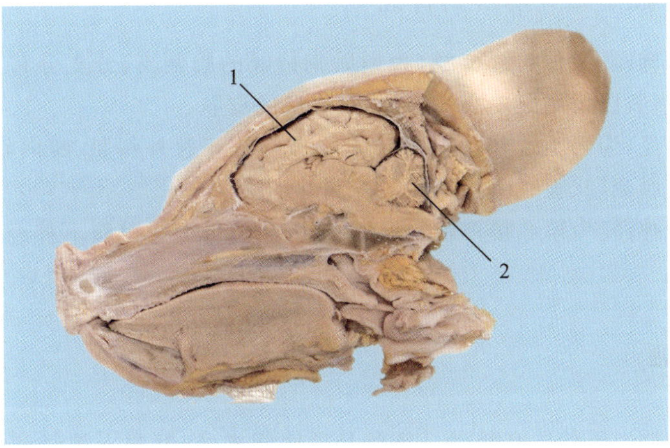

图 9-6　猪脑

1. 大脑　2. 小脑

大脑表面的皮质为高级神经中枢，机体所有的感觉都要投射到大脑皮质，从而产生特定的感觉，同时大脑通过锥体和锥体外系来控制机体的运动。小脑参与调节机体的运动。

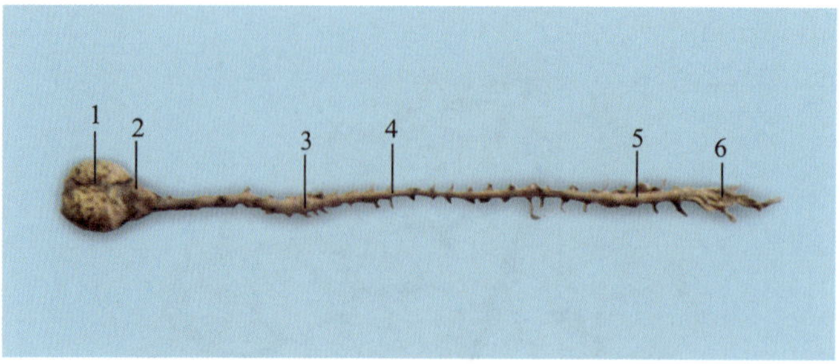

图 9-7　牛脊髓

1. 大脑　2. 小脑　3. 颈膨大　4. 脊神经节　5. 腰膨大　6. 马尾

脊髓全长有两个膨大，分别为颈膨大和腰膨大，脊神经从脊髓发出，根据部位，将脊神经分为颈神经、胸神经、腰神经、荐神经和尾神经。

第二节　周围神经系

一、脊神经

(一)腰旁神经干传导麻醉的神经

(1)最后肋间神经：又称肋腹神经，为最后胸神经的腹侧支，分支分布于腹外斜肌、腹内斜肌、腹横肌、腹直肌以及胸腹皮肌、胸腹与腹底壁的皮肤。

(2)髂腹下神经：为第 1 腰神经的腹侧支，分支分布于腹外斜肌、腹内斜肌、腹横肌、腹直肌、胸腹皮肌以及腹侧壁、腹底壁和膝关节外侧的皮肤。

(3)髂腹股沟神经：为第 2 腰神经的腹侧支，分布的情况与髂腹下神经的相似，分布区域略靠后方。

联系临床实践

马、牛的腰旁神经干传导麻醉就是麻醉最后肋间神经、髂腹下神经和髂腹股沟神经，适用于剖腹术。

(二)臂神经丛

臂神经丛的丛根主要由第 6、7、8 颈神经和第 1、2 胸神经的腹侧支构成。

(1)肩胛上神经：在临床上常可见到肩胛上神经麻痹。

(2)桡神经:支配臂三头肌,并延伸至第3、4指的背侧面,临床上可见桡神经麻痹。

(3)正中神经:正中神经在前臂骨和腕桡侧屈肌之间的沟(正中沟)中,与正中动脉、正中静脉伴行,支配腕桡侧屈肌和指浅、深屈肌。

(4)尺神经:支配腕尺侧屈肌、指浅屈肌、指深屈肌。

(三)腰荐神经丛

腰荐神经丛由第4至第6腰神经及第1、2荐神经的腹侧支所构成。

(1)坐骨神经:神经纤维来自第6腰神经和第1荐神经腹侧支的分支,为体内最粗最长的神经,自坐骨大孔穿出盆腔,沿荐结节阔韧带的外侧向后向下伸延,经大转子与坐骨结节之间,绕过髋关节后方,约在股骨中部,分为腓总神经和胫神经。坐骨神经沿途分出大的肌支,分布于臀股二头肌、半膜肌和半腱肌。

(2)闭孔神经:分布于闭孔外肌、耻骨肌、内收肌和股薄肌。

(3)股神经:股四头肌受股神经支配,隐神经由股神经发出。

执业兽医资格考试真题

12. (2009年、2014年)机体内最粗最长的神经是(　　)。

A. 股神经　　B. 闭孔神经　　C. 坐骨神经
D. 臀前神经　　E. 臀后神经

13. (2016年)牛髂下腹神经来自(　　)。

A. 最后胸神经　　B. 第1腰神经　　C. 第2腰神经
D. 第3腰神经　　E. 第4腰神经

二、脑神经

脑神经共12对,多数从脑干发出,通过颅骨的一些孔出颅腔。根据脑神经所含的纤维种类,即感觉纤维和运动纤维,将脑神经分为感觉神经(Ⅰ嗅神经、Ⅱ视神经、Ⅷ前庭耳蜗神经)、运动神经(Ⅲ动眼神经、Ⅳ滑车神经、Ⅵ外展神经、Ⅺ副神经、Ⅻ舌下神经)和混合神经(Ⅴ三叉神经、Ⅶ面神经、Ⅸ舌咽神经、Ⅹ迷走神经)。

三、植物性神经

植物性神经是分布于内脏器官、血管和皮肤的平滑肌、心肌和腺体等传出神经。

(一)交感神经

交感神经的节前神经元位于脊髓胸1至腰4节段的灰质外侧柱,交感神经的节后神经元主要位于椎旁节和椎下节。

(二)副交感神经

副交感神经的节前神经元的胞体位于脑干和荐段脊髓。节后神经元的胞体位于所支配器官旁或器官内，统称终末神经节。

自脑发出的节前神经纤维加入到动眼神经、面神经、舌咽神经和迷走神经，自荐段脊髓发出的节前纤维形成盆神经。

（1）迷走神经：在颈后部，胸廓前口处，迷走神经与交感干分离，沿食管穿过膈至腹腔分布到胃、肠、肝、脾、胰、肾和肾上腺等。

（2）盆神经：来自第3、4荐神经腹侧支和腹下神经一起形成盆神经丛，在终末神经节换元，其节后神经纤维分布于降结肠、直肠、膀胱、母畜的子宫和阴道以及公畜的阴茎等器官。

执业兽医资格考试真题

14.（2013年）分布到内脏器官、平滑肌、心肌和腺体的神经称为内脏神经，其中的传出神经是（　　）。

A. 中枢神经　　B. 脊神经　　C. 感觉神经
D. 脑神经　　E. 植物性神经

15.（2017年）神经-肌肉突触前膜囊泡中的神经递质是（　　）。

A. 肾上腺素　　B. 去甲肾上腺素　　C. 乙酰胆碱
D. 5-羟色胺　　E. 多巴胺

16.（2017年）外界温度感受器是分布于皮肤、黏膜和内脏的（　　）。

A. 腺细胞　　B. 环层小体　　C. 血管内皮细胞
D. 游离神经末梢　　E. 神经元细胞体

17.（2020年）副交感神经节前神经元的胞体位于（　　）。

A. 脑干和腰段脊髓　　B. 脑干和胸段脊髓　　C. 胸段和荐段脊髓
D. 颈段和腰段脊髓　　E. 脑干和荐段脊髓

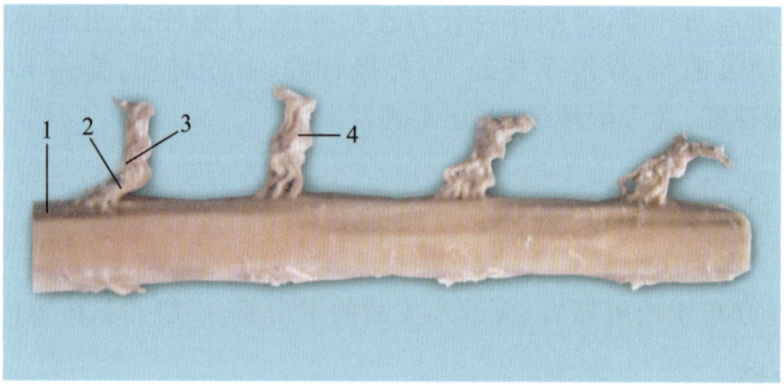

图 9-8　牛脊髓背侧根、腹侧根

1. 脊髓　2. 背侧根　3. 腹侧根　4. 神经节

脊神经在椎间孔附近由背侧根（感觉根）和腹侧根（运动根）集合而成。背侧根与腹侧根汇合之前有一膨大，主要由假单极神经元的胞体聚集而成，称为脊神经节，属感觉神经节。脊神经内含感觉神经纤维、运动神经纤维和交感神经节后纤维，属混合神经。脊神经由椎间孔或椎外侧孔伸出后，分为背侧支和腹侧支。背侧支分布于脊柱背侧的肌肉和皮肤，腹侧支分布于脊柱腹侧和四肢的肌肉及皮肤。

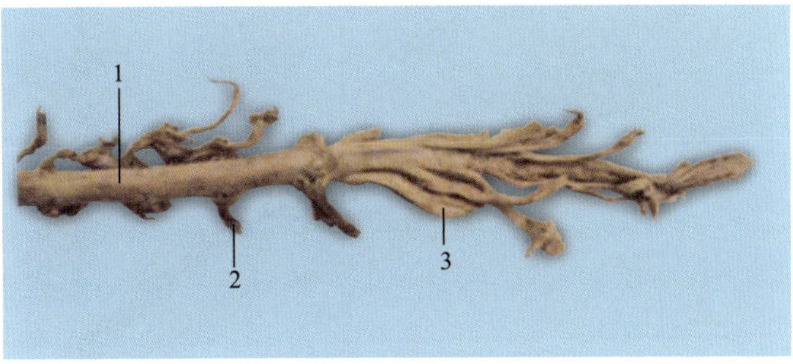

图 9-9 牛脊髓尾部

1.脊髓外膜 2.神经节 3.马尾

尾神经背侧支相互连合，形成尾背侧神经干，在荐尾背外侧肌和尾横突间肌之间向后延伸，分布于尾背侧的肌肉和皮肤。

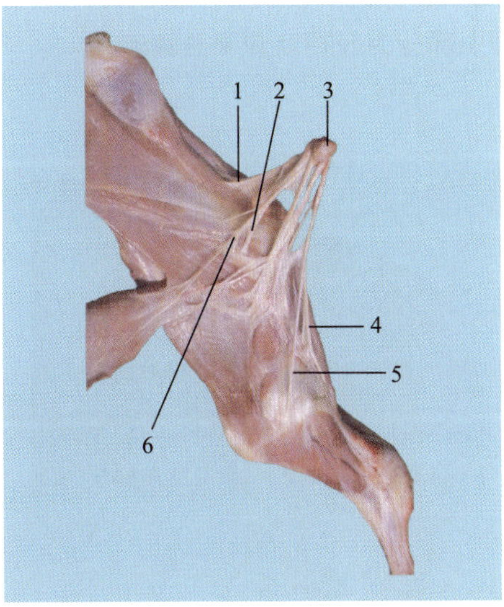

图 9-10 牛前肢臂神经丛

1.肩胛上神经 2.腋神经 3.臂神经根 4.正中神经 5.尺神经 6.肩胛下神经

牛臂神经丛位于肩关节的内侧，由第 6 颈神经到第 2 胸神经的腹侧支构成。由此丛发出的主要神经有：肩胛上神经、肩胛下神经、腋神经、胸肌神经、肌皮神经、桡神经、尺神经和正中神经。

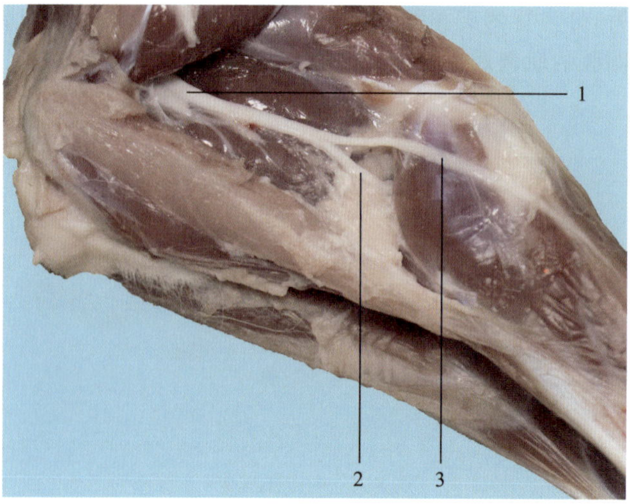

图 9-11 羊坐骨神经

1. 坐骨神经 2. 胫神经 3. 腓总神经

坐骨神经纤维主要来自第 6 腰神经和第 1 荐神经腹侧支的分支，为全身最粗大的神经。从坐骨大孔出盆腔，沿荐结节阔韧带外侧向后下方伸延，经股骨大转子与坐骨结节之间绕过髋关节后，下行于股后部，在股二头肌、半膜肌和半腱肌之间向下伸延，沿途分布于半膜肌、股二头肌和半腱肌。在股骨中部分为胫神经和腓总神经。

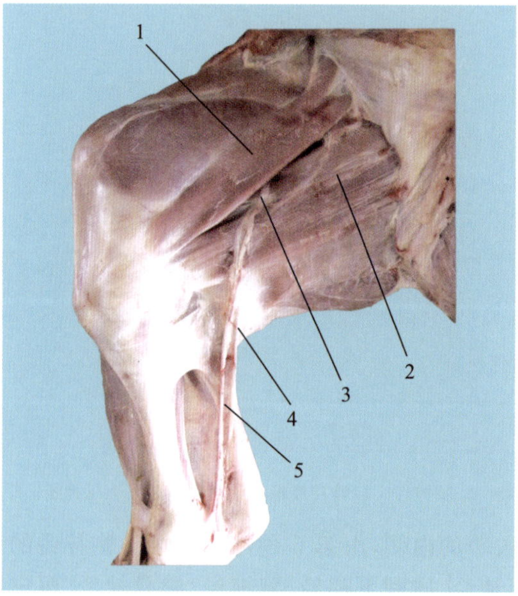

图 9-12 牛股内侧神经

1. 缝匠肌 2. 股薄肌 3. 股神经 4. 隐神经 5. 隐动脉

股神经由腰荐神经丛前部发出，其纤维主要来自第 4、5 腰神经的腹侧支。经腰大肌与腰小肌之间向后下伸延，在缝匠肌深面，分支分布于髂腰肌、缝匠肌、股部、小腿及跖内侧面皮肤。主干进入股直肌与股内肌之间，分支分布于股四头肌。隐神经从股神经分出，进入缝匠肌，伴随股动脉通过股管后，在后肢的内侧面下行，分布于膝关节、小腿和股部内侧面的皮肤。

执业兽医资格考试真题答案

1. D　2. D　3. A　4. C　5. D　6. E　7. B　8. D　9. E　10. E
11. D　12. C　13. B　14. E　15. C　16. D　17. E

第十章　内分泌系统

内分泌系统由分布于全身的内分泌腺、内分泌组织和细胞构成。内分泌系统存在的形式有4种：①形成独立的内分泌腺，如垂体、肾上腺、甲状腺、甲状旁腺和松果体；②附属于某些器官中的内分泌细胞群，如胰岛、黄体、睾丸间质细胞、肾小球旁器；③散在的内分泌细胞、单个的内分泌细胞广泛存在于许多器官中，如弥散的神经内分泌系统；④兼有内分泌功能的细胞，如心肌细胞能分泌心钠素。

第一节　垂体

垂体为一卵圆形小体，位于脑的底面，在蝶骨构成的垂体窝内，借漏斗连于下丘脑。垂体分为腺垂体和神经垂体两部分。

腺垂体分泌的激素有生长激素、催乳素、促甲状腺激素、促肾上腺皮质激素、促卵泡激素、促黄体生成激素、促黑色素细胞激素 7 种激素。神经垂体贮存抗利尿激素、催产素。丘脑下部的视上核分泌抗利尿激素，室旁核分泌催产素。

执业兽医资格考试真题

1. (2011 年)动物体内最重要的内分泌腺是(　　)。

A. 甲状腺　　B. 甲状旁腺　　C. 垂体

D. 肾上腺　　E. 松果体

2. (2015 年)下垂体的大细胞神经元分泌的激素是(　　)。

A. 生长抑素　　B. 催产素　　C. 促性腺激素释放激素

D. 促黑激素释放抑制因子　　E. 催乳素

3. 腺垂体分泌的激素是(　　)。

A. 促生长激素　　B. 促肾上腺皮质激素　　C. 肾上腺素

D. 去甲肾上腺素　　E. 促甲状旁腺激素

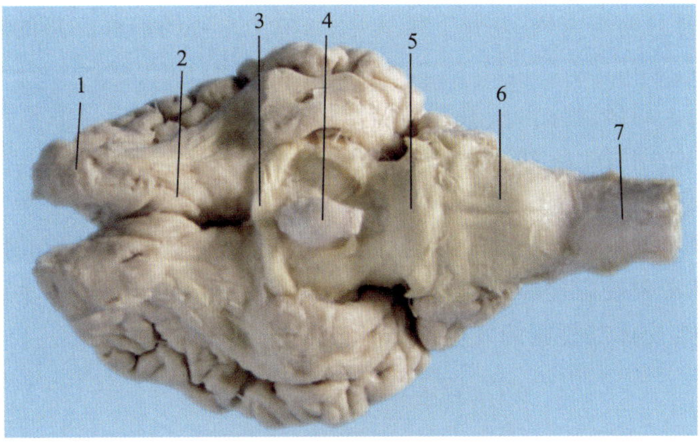

图 10-1　脑垂体(牛)

1. 嗅脑　2. 内侧嗅回　3. 视神经交叉　4. 脑垂体　5. 脑桥　6. 延髓锥体　7. 脊髓

脑垂体为深色的卵圆形，位于间脑的下丘脑腹侧，并以垂体柄与之相连接，分为腺垂体和神经垂体两部分。腺垂体由多种细胞构成细胞团和索，分泌不同激素；神经垂体由神经纤维和神经胶质组成。

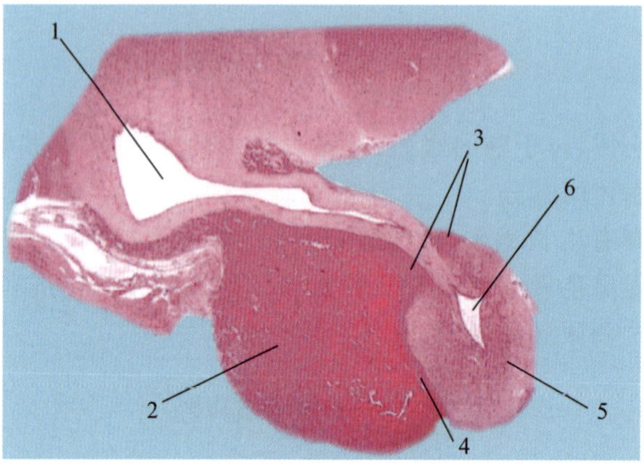

图 10-2　脑垂体组织图

1. 第 3 脑室　2. 远侧部　3. 结节部　4. 中间部　5. 神经垂体　6. 垂体腔

腺垂体分为远侧部、结节部和中间部，结节部的细胞成套状包在垂体柄的外部。神经垂体包括神经部和漏斗。远侧部和结节部称为前叶，中间部和神经垂体称为后叶。

第二节　肾上腺

肾上腺是成对的红褐色器官，位于肾的前内方。马的肾上腺呈长扁圆形。牛的右肾上腺呈心形，位于右肾的前端内侧；左肾上腺呈肾形，位于左肾的前方。猪的肾上腺狭而长，位于肾内侧缘的前方。

肾上腺在切面上明显地分为皮质部和髓质部。皮质分泌糖皮质激素和盐皮质激素，髓质分泌肾上腺素和去甲肾上腺素。

α 受体（主要 α_1 受体）与肾上腺素和去甲肾上腺素结合后，产生的平滑肌效应是兴奋性，如血管和子宫平滑肌均收缩，但小肠平滑肌舒张；β 受体（主要 β_2 受体）与肾上腺素和去甲肾上腺素结合产生平滑肌效应是抑制性，如支气管、胃肠道、子宫以及冠张动脉、骨骼肌血管等平滑肌均舒张，但 β_1 受体对心肌的效应却是兴奋的。

执业兽医资格考试真题

4.（2017 年）临床上将肾上腺素用于强心，其结合的受体是（　　）。

A. α-受体　　B. β-受体　　C. M-受体　　D. N-受体　　E. H_1-受体

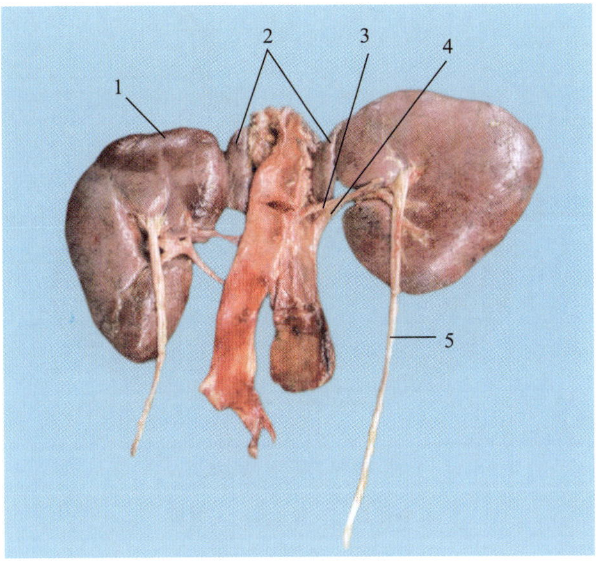

图 10-3　肾上腺(马)

1. 肾　2. 肾上腺　3. 肾动脉　4. 肾静脉　5. 输尿管

马肾上腺呈长扁圆形，长 4～9 cm，宽 2～4 cm，位于肾内侧缘的前方。

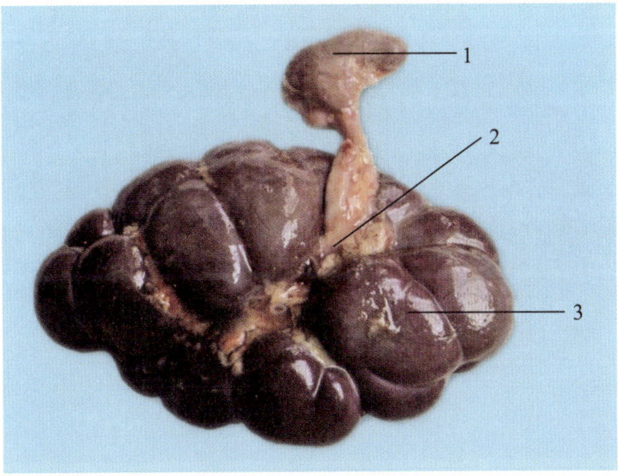

图 10-4　肾上腺(牛)

1. 肾上腺　2. 肾门　3. 肾叶

牛的两个肾上腺的形状、位置不同。左肾上腺呈肾形，位于左肾的前方。右肾上腺呈心形，位于右肾的前端内侧。

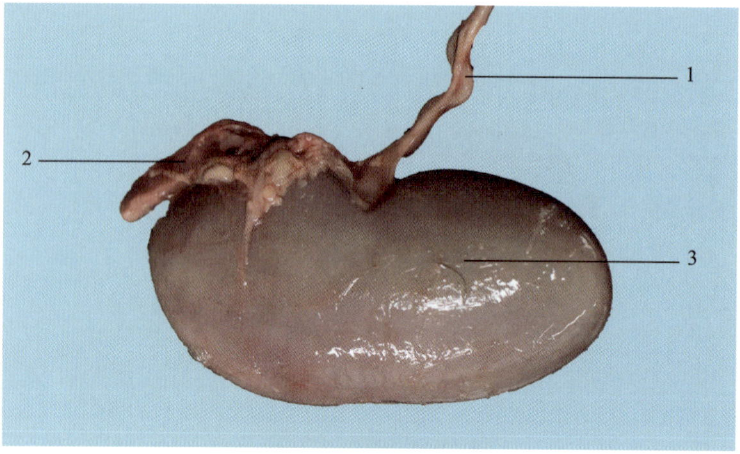

图 10-5　肾上腺(猪)

1. 输尿管　2. 肾上腺　3. 肾脏

猪肾上腺长而窄,表面有沟,位于肾内侧缘的前方。

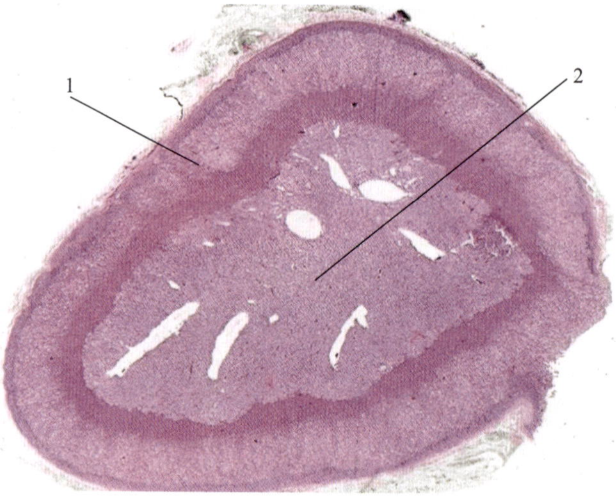

图 10-6　肾上腺组织图

1. 皮质　2. 髓质

肾上肾包括皮质和髓质两部分,两部分来源不同。皮质分泌类固醇激素,髓质分泌含氮类激素。

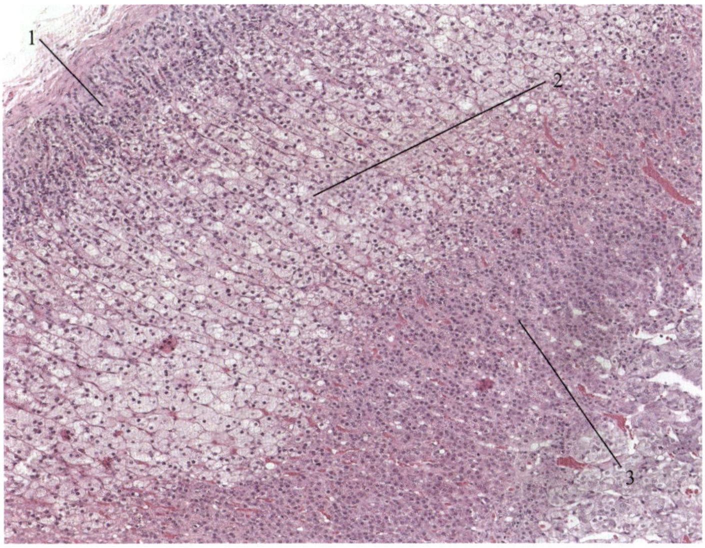

图 10-7　肾上腺皮质

1. 多形带　2. 束状带　3. 网状带

皮质包括多形带、束状带和网状带 3 部分，束状带占 75%～80%，多形带分泌盐皮质激素，束状带分泌糖皮质激素，网状带分泌性激素。

第三节　甲状腺、甲状旁腺和松果体

甲状腺位于喉后方，气管的两侧和腹面。马的甲状腺由两个侧叶和峡组成。牛甲状腺的侧叶与腺峡均较发达。猪甲状腺的侧叶和腺峡结合为一整体，位于胸前口处气管的腹侧面。甲状腺分泌甲状腺素和降钙素（甲状腺滤泡旁细胞分泌）。

甲状旁腺很小，位于甲状腺附近或埋于甲状腺实质内，呈圆形或椭圆形。家畜一般具有两对甲状旁腺。甲状旁腺能分泌甲状旁腺激素，其作用是促进肠和肾小管对钙的吸收，使血钙升高。

执业兽医资格考试真题

5.（2009 年、2014 年）独立的内分泌器官是（　　）。

A. 胰岛　B. 黄体　C. 卵泡　D. 前列腺　E. 甲状旁腺

6.（2019 年）甲状腺的侧叶和腺峡合并为一整体，呈球形的动物是（　　）。

A. 猪　B. 马　C. 牛　D. 山羊　E. 犬

7. (2020 年)调节血钙浓度的激素是(　　)。
   A. 促甲状腺激素　　B. 促甲状腺激素释放激素
   C. 甲状旁腺激素　　D. 三碘甲状腺原氨酸
   E. 甲状腺激素

松果体为一红褐色坚实的豆状小体，位于四叠体与丘脑之间，以柄连于丘脑上部。松果体细胞主要分泌褪黑激素，可抑制垂体分泌促性腺激素(促卵泡激素、促黄体生成素)，从而抑制性腺的活动，防止性早熟。光照能抑制松果体细胞合成褪黑激素，促进性腺活动。

执业兽医资格考试真题

8. (2011 年)能抑制性腺和副性腺的发育，延缓性成熟的激素是(　　)。
   A. GnRH 激素　　B. CRH 激素　　C. 8-精加压催产素
   D. 褪色素　　E. 胰岛素
9. (2011 年)调节子宫颈平滑肌的紧张性，影响精子在雌性动物生殖道中运行、受精、胚胎着床和分娩等生殖过程的激素是(　　)。
   A. 胰岛素　　B. 褪色素　　C. 前列腺素
   D. 肾上腺素　　E. 甲状腺素
10. (2011 年)能诱发排卵或治疗某些不育症，或作为妊娠及妊娠相关疾病的诊断指标的激素是(　　)。
   A. 绒毛膜促性腺激素　　B. 松果体激素　　C. 前列腺素
   D. 肾上腺素　　E. 甲状腺素
11. (2015 年)前列腺素 E 的生理功能之一是(　　)。
   A. 抑制精子的成熟　　B. 抑制卵子的成熟　　C. 松弛血管平滑肌
   D. 松弛胃肠平滑肌　　E. 促进胃酸分泌
12. (2016 年)内分泌腺的结构特点之一是没有(　　)。
   A. 动脉　　B. 淋巴管　　C. 神经
   D. 导管　　E. 静脉
13. (2018 年)内分泌系统中分泌激素种类最多的器官是(　　)。
   A. 甲状腺　　B. 甲状旁腺　　C. 肾上腺
   D. 松果体　　E. 垂体
14. (2020 年)促进乳腺腺泡发育的主要激素是(　　)。
   A. 睾酮　　B. 孕酮　　C. 胸激素
   D. 甲状旁腺激素　　E. 松弛素

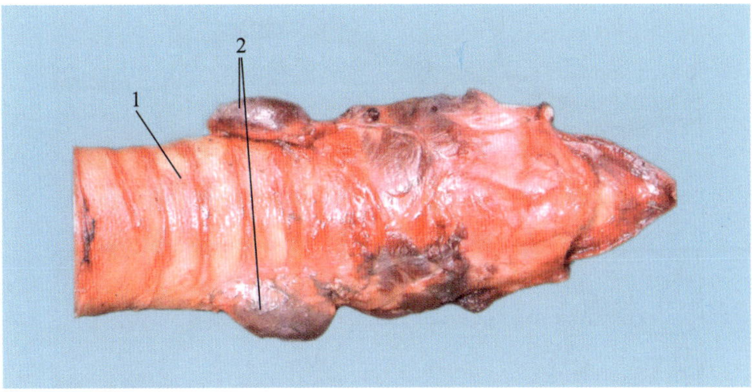

图 10-8 甲状腺(马)

1. 气管 2. 甲状腺

马的甲状腺由两个侧叶和峡组成,侧叶呈现红褐色,卵圆形。腺峡不发达,为由结缔组织构成的窄带,连接侧叶的后端。

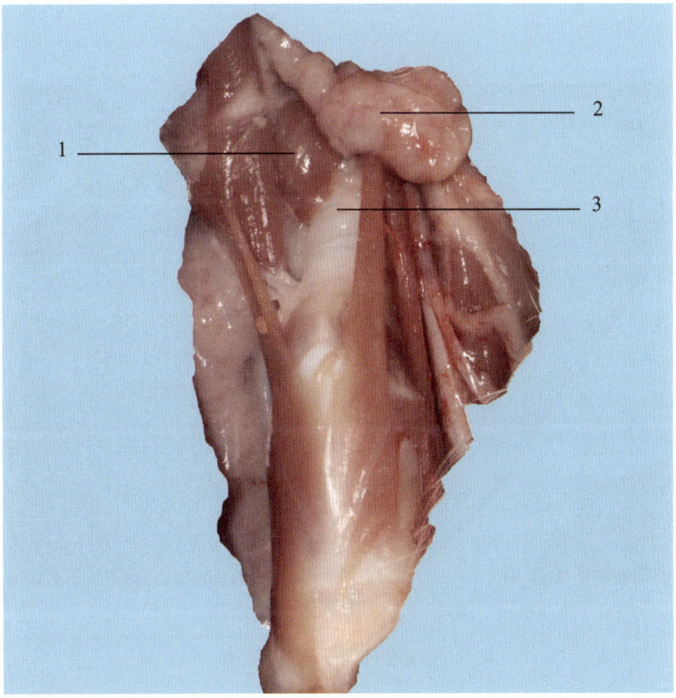

图 10-9 甲状腺(猪)

1. 甲状腺 2. 胸腺 3. 气管

猪的甲状腺呈深红色,左、右两侧叶连接成一个整体,呈盾牌状,位于胸前口处气管腹侧。甲状腺分泌甲状腺素和降钙素。

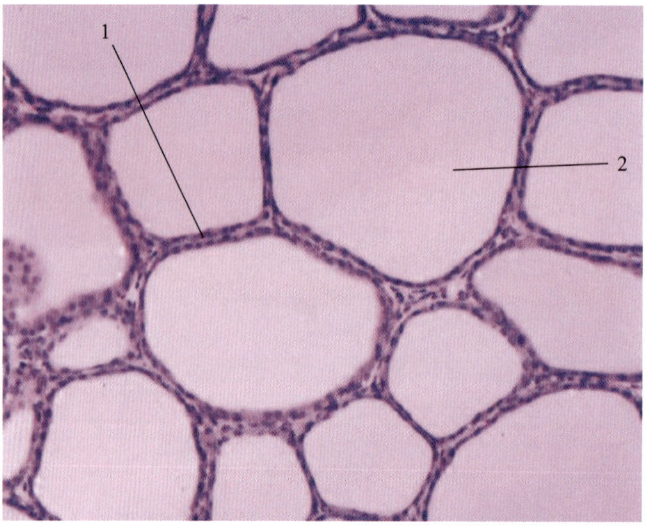

图 10-10　甲状腺组织图

1. 立方上皮细胞　2. 酸性胶质

滤泡是甲状腺的结构单位，由单层立方上皮细胞围成，腔内充满嗜酸性胶体。

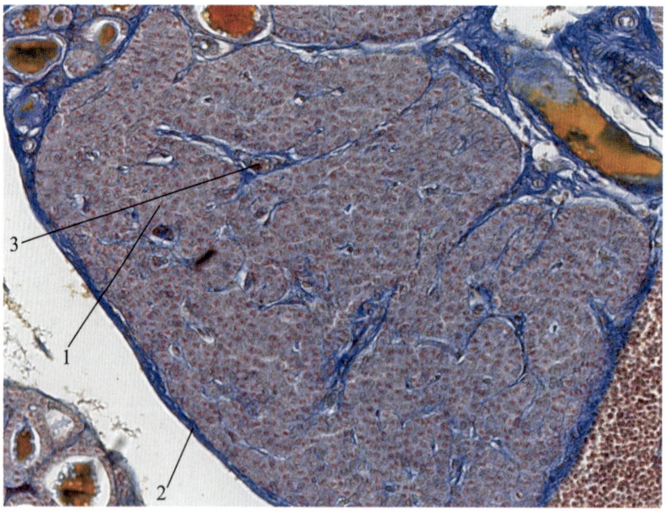

图 10-11　甲状旁腺组织图

1. 主细胞　2. 被膜　3. 血管

甲状旁腺很小，通常位于甲状腺附近或埋于甲状腺内。主细胞是甲状旁腺的主要细胞，数量多，排列成团索状，被膜进入腺体，将腺分为不完全的小叶。

执业兽医资格考试真题答案

1. C　2. B　3. B　4. B　5. E　6. A　7. C　8. D　9. C　10. A
11. B　12. D　13. E　14. B

第十一章　感觉器官

感觉器官是由感受器及其辅助装置构成的，如视觉、听觉器官。

第一节　视觉器官

视觉器官能感受光的刺激，经视神经传至中枢，而引起视觉。视觉器官包括眼球和辅助器官。

一、眼球

眼球位于眼眶内，后端有视神经与脑相连。眼球的构造分眼球壁和内容物两部分。

（一）眼球壁

眼球壁自外向内依次为纤维膜（分前部约 1/5 透明的角膜和后部约 4/5 白而不透明的巩膜）、血管膜（由前向后分为虹膜、睫状体和脉络膜 3 部分，富含血管和色素细胞，有营养眼组织的作用）和视网膜（分视部和盲部，为神经组织，是脑的外延部分）。

（二）内容物

内容物包括晶状体（调节焦距，使物体的投影能聚集于视网膜上）、眼房水（给角膜和晶状体提供营养，维持眼内压的作用）和玻璃体，它们与角膜一起组成眼的屈光系统。

联系临床实践

（1）白内障：正常透明的晶状体囊或晶状体发生浑浊并影响视力，称为白内障。马及犬、猫多发，尤以老龄动物多见。

（2）青光眼：眼房水排出受阻，则眼内压增高，导致青光眼。

执业兽医资格考试真题

1.（2010 年）不属于眼折光系统的结构是（　　）。

A. 角膜　B. 虹膜　C. 房水　D. 晶状体　E. 玻璃体

2.（2013 年）眼球壁 3 层结构的中层结构是（　　）。

A. 纤维膜　B. 血管膜　C. 视网膜　D. 角膜　E. 虹膜

3.（2015 年）位于眼球壁中层，具有调节视力作用的结构是（　　）。

A. 虹膜　B. 睫状体　C. 角膜　D. 脉络膜　E. 巩膜

4.（2016 年）眼球折光系统不包括（　　）。

A. 角膜　B. 眼房水　C. 晶状体　D. 视网膜　E. 玻璃体

5.（2019 年）眼球内容物包括（　　）。

A. 眼房水、晶状体、玻璃体　B. 晶状体、玻璃体、视网膜

C. 晶状体、玻璃体、虹膜　　　　D. 晶状体、眼房水、虹膜
E. 视网膜、眼房水、虹膜

6. (2022 年)白内障动物,发生浑浊的部位是在眼球的(　　)。
A. 晶状体　　B. 睫状体　　C. 玻璃体　　D. 视网膜　　E. 角膜

二、眼的辅助器官

眼的辅助器官有眼睑、泪器、眼球肌和眶骨膜。

第三眼睑又称瞬膜,为位于眼内角的结膜褶,略呈半月形,含有一软骨。

执业兽医资格考试真题

7. (2017 年)结膜囊指的是(　　)。
A. 上、下眼睑之间的裂隙　　B. 上眼睑与角膜之间的裂隙
C. 下眼睑与角膜之间的裂隙　　D. 睑结膜与球结膜之间的裂隙
E. 睑结膜与眶筋膜之间的裂隙

联系临床实践

观赏犬易发生"樱桃眼",主要症状是病犬瞬膜从内眼角露出或向外翻转,突出物形似红色小樱桃挂着眼内角。特效疗法是手术切除。

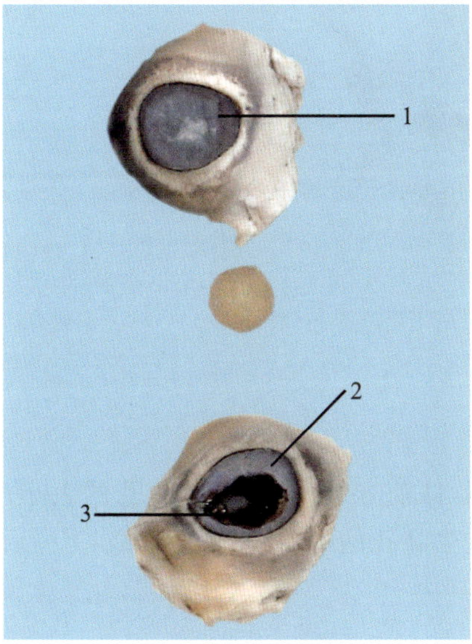

图 11-1　波尔山羊眼

1. 角膜　2. 巩膜　3. 虹膜

眼位于眼眶内,后端有视神经与脑相连。眼球的构造分眼球壁和内容物两部分。眼球壁分 3 层,由外向内顺次为纤维膜、血管膜和视网膜。眼球内容物是眼球内一些无色透明的折光结构,包括晶状体、眼房水和玻璃体,它们与角膜一起组成眼的折光系统。

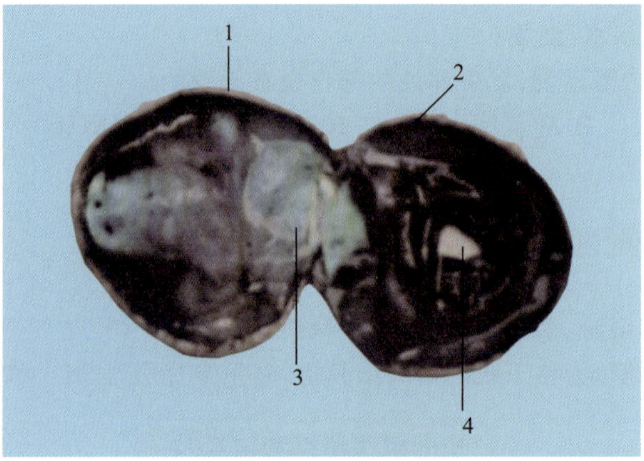

图 11-2 玻璃体

1. 眼球壁 2. 视网膜 3. 玻璃体 4. 瞳孔

玻璃体为无色透明的胶冻状物质，充满于晶状体与视网膜之间，外包一层透明的玻璃体膜。玻璃体除有折光作用外，还有支持视网膜的作用。

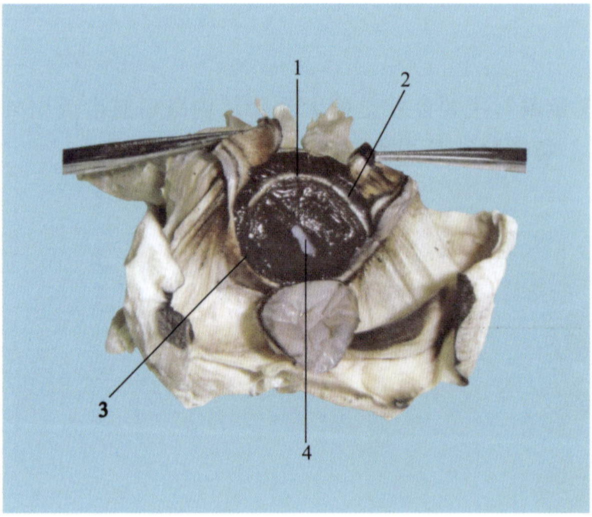

图 11-3 虹膜

1. 角膜 2. 虹膜 3. 睫状肌 4. 瞳孔

虹膜属于眼球中层，位于血管膜的最前部，在睫状体前方，有自动调节瞳孔的大小、调节进入眼内光线多少的作用。虹膜中央有瞳孔。在马、牛瞳孔的边缘上有虹膜粒。

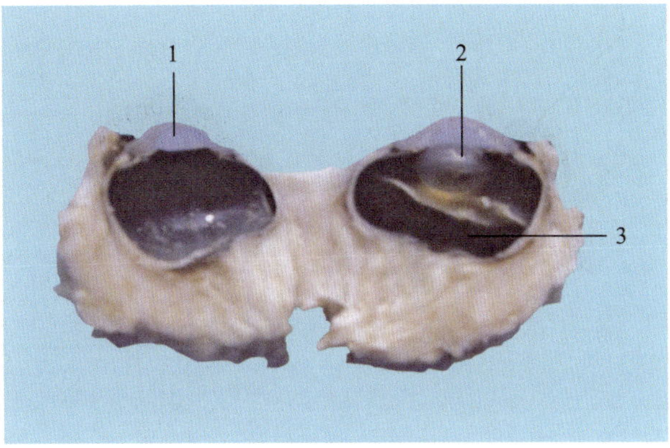

图 11-4 角膜

1. 角膜 2. 视网膜 3. 晶状体

角膜透明无色，占前 1/5，稍向前隆凸，组织排列成层，无血管分布；前、后被覆上皮，后面的上皮能不断将组织液泵出，维持透明。

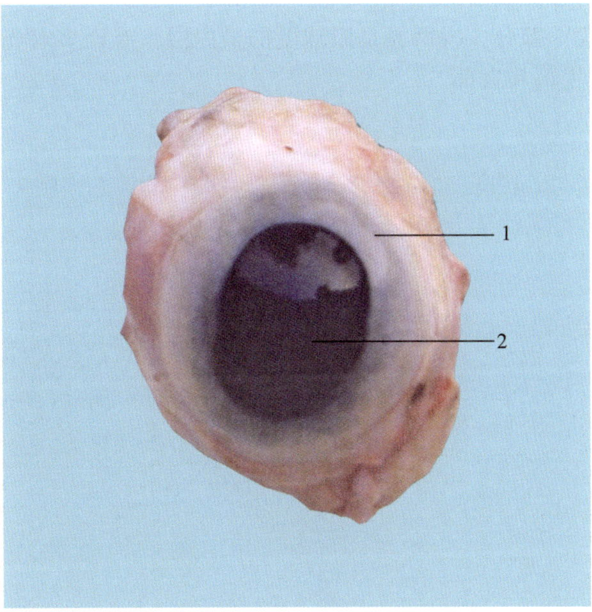

图 11-5 纤维膜

1. 巩膜 2. 角膜

纤维膜由致密结缔组织构成，为眼球的外壳，分前部的角膜和后部的巩膜。

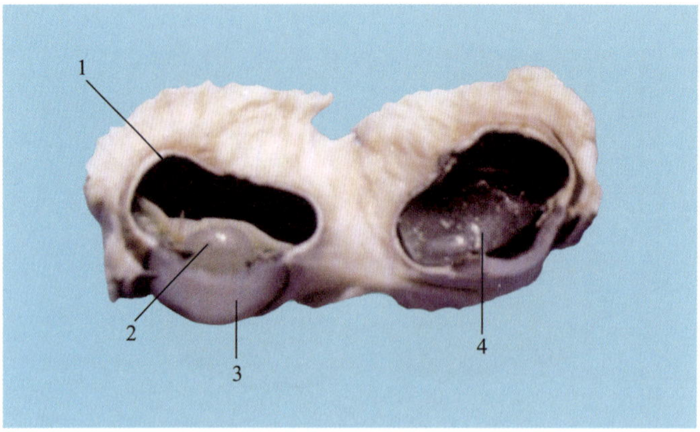

图 11-6 眼球壁

1.眼球壁 2.晶状体 3.角膜 4.玻璃体

眼球壁分3层，由外向内顺次为纤维膜、血管膜和视网膜。纤维膜厚而坚韧，由致密结缔组织构成，为眼球的外壳。可分为前方的角膜和后方的巩膜。有保护眼球内部组织和维持眼球形状的功能。前面透明部分是角膜，后部乳白色不透明部分是巩膜，二者相互移行处称为角膜缘。血管膜是眼球壁的中层，位于纤维膜与视网膜之间，富含血管和色素细胞，有营养眼内组织的作用，并形成暗的环境，有利于视网膜对光色的感应。血管膜由后向前分为脉络膜、睫状体和虹膜3部分。视网膜是眼球壁的最内层。有许多对光线敏感的细胞，能感受光的刺激。可分为视部和盲部。

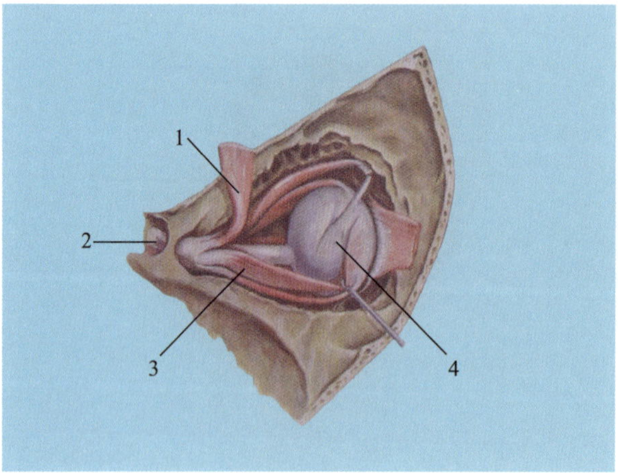

图 11-7 眼球肌

1、3.眼直肌 2.视神经 4.眼球壁

眼球肌是眼球的附属器官，对眼球有保护、运动和支持作用。属横纹肌，一端附着在视神经周围的骨上，另一端附着在眼球巩膜上，全部由眶骨膜所包被。运动眼球的肌有四块直肌和两块斜肌。直肌是上直肌、下直肌、内直肌和外直肌，上直肌可使瞳孔转向上内，下直肌可使瞳孔转向下内，内直肌可使瞳孔转向内侧，外直肌可使瞳孔转向外侧。两块斜肌是上斜肌和下斜肌。上斜肌可使瞳孔转向下外，下斜肌可使瞳孔转向上外。

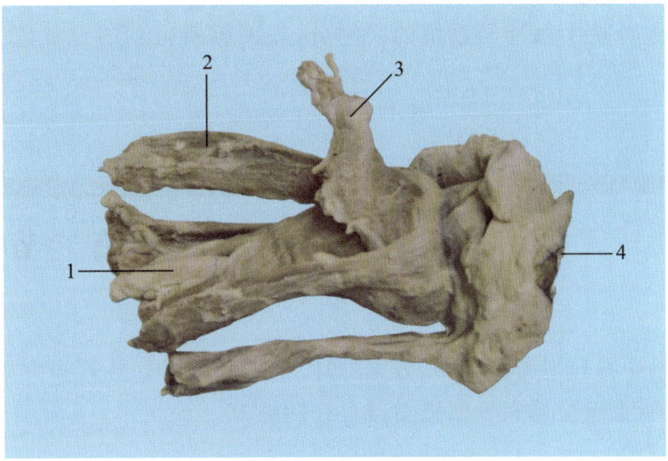

图 11-8 猪眼球肌

1.视神经 2.眼直肌 3.眼斜肌 4.眼裂

眼肌包括运动眼球和眼睑的肌肉。眼球外肌包括 6 条运动眼球的肌和 1 条提上睑的肌。提上睑肌，位于上直肌的上方，起自视神经孔的上方，向前方止于上睑，作用为提上睑。正常眼球的活动，是数条肌肉协同作用的结果。如瞳孔向上时，是由两眼的上直肌和下斜肌共同收缩完成的。当某一运动眼球的肌肉瘫痪时，则出现眼球斜视。

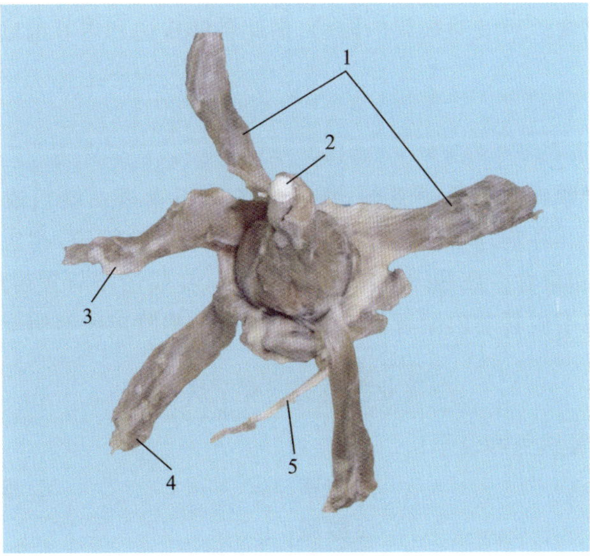

图 11-9 视神经

1、4.眼直肌 2.视神经 3.眼斜肌 5.动眼神经

视神经由特殊躯体感觉纤维组成，传导视觉冲动。由视网膜节细胞的轴突在视神经盘处会聚，再穿过巩膜而构成视神经。视神经在眶内行向后内，穿视神经管入颅窝，连于视交叉，再经视束连于间脑。由于视神经是胚胎发生时间脑向外突出形成视器过程中的一部分，故视神经外面包有由 3 层脑膜延续而来的 3 层被膜，脑蛛网膜下腔也随之延续到视神经周围。视神经是中枢神经系统的一部分，视网膜所得到的视觉信息，经视神经传送到大脑。

第二节　位听器官

耳包括听觉感受器和平衡感受器，分为外耳、中耳和内耳。外耳和中耳是收集和传导声波的部分，内耳是听觉感受器和平衡感受器存在的地方。

一、外耳

外耳包括耳廓、外耳道和鼓膜 3 部分。

二、中耳

中耳包括鼓室、听小骨和咽鼓管。鼓室内有 3 块听小骨，由外向内顺次为锤骨、砧骨和镫骨，这三块听小骨以关节连成一个听骨链，一端以锤骨柄附着于鼓膜，另一端以镫骨底的环状韧带附着于前庭窗。声波对鼓膜的振动，借此骨链传递到内耳前庭窗。

三、内耳

内耳是盘曲于岩颞骨内的管道系统，由套叠的两组管道系统组成，在外部的骨称骨迷路，包括前庭、半规管和耳蜗；膜迷路为套于骨迷路内的膜性管道，相应地分为膜前庭（椭圆囊、球囊）、膜半规管和蜗管。在膜迷路内充满内淋巴，在膜迷路与骨迷路之间充满外淋巴。

椭圆囊、球囊、膜半规管的内壁有位觉感受器，在耳蜗管内壁有听觉感受器。

执业兽医资格考试真题

8.(2018 年)位置感受器位于(　　)。

A. 骨迷路　　B. 鼓室　　C. 膜迷路

D. 咽鼓管　　E. 鼓膜

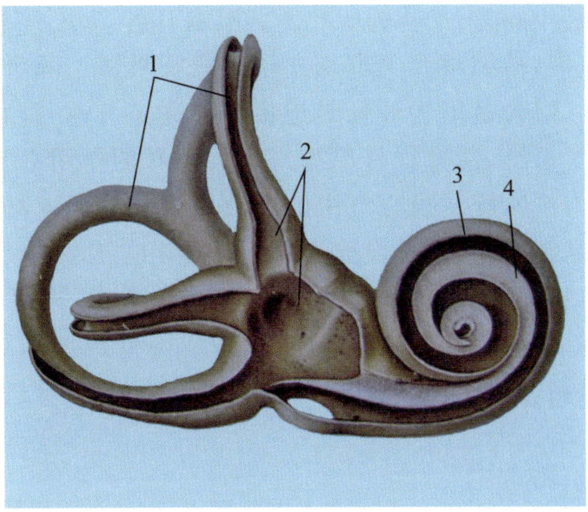

图 11-10　半规管

1. 半规管　2. 椭圆囊和球囊　3. 耳蜗　4. 耳蜗管

半规管是维持姿势和平衡有关的内耳感受装置，包括椭圆囊、球囊和 3 个半规管。前庭器官都是膜质管道，和蜗管一样因构造曲折繁复，有膜迷路之称。管道中充满内淋巴，其外面的骨迷路和外淋巴起着保护作用。椭圆囊和球囊位于内耳前庭腔内。它们的前面为耳蜗，后面为 3 个半规管。两囊之间有短管相通，半规管与耳蜗又分别与两囊相连通，所以膜迷路各部分之间的内淋巴是相通的。骨半规管，属于骨迷路的一部分。3 个骨半规管呈"C"形且互相垂直。位置最高者称为前骨半规管，大致呈水平位者称为外骨半规管，位置靠后者称为后骨半规管。每个骨半规管均有一个单骨脚和一个壶腹骨脚，后者在近前庭处的膨大称为骨壶腹，前后骨半规管的单骨脚合成一总骨脚。

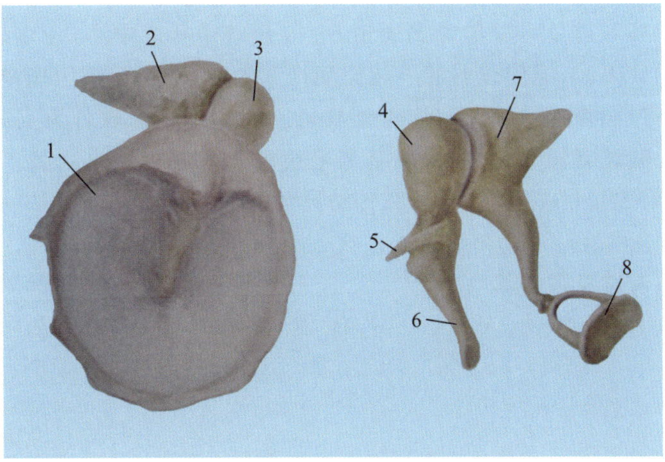

图 11-11　听骨

1. 鼓膜　2. 砧骨　3. 锤骨　4. 锤骨头　5. 前突　6. 锤骨柄　7. 砧骨　8. 镫骨

听骨为动物机体中最小的骨，又称为听小骨，左、右耳各 3 块。听骨由锤骨、砧骨及镫骨组成，大部分居于上鼓室内，借韧带及关节相连接组成听骨链。锤骨柄在鼓膜的内侧面，位于黏膜层与纤维层之间。镫骨足板为环韧带连接于前庭窗。锤、镫骨之间为砧骨。这 3 块听小骨构成一个序列力学系统，通过杠杆原理来放大声音的作用力。其主要目的是实现空气和耳蜗内液体之间的阻抗匹配。当空气中的音波传至外耳道末端时，引起鼓膜上压力改变，鼓膜因而前后振动，复制声源，而附着于鼓膜上的锤骨也随之振动，振动再经砧骨传至镫骨，镫骨另一端与前庭窗相连，振动时可引起内耳液体的运动，进而刺激内耳的听觉受器。3 块听小骨之间的排列犹如杠杆系统，具有放大声波或降低声波的功能。当声音过大或过小时，可经由听骨肌的控制，调整 3 个听小骨间的相对位置，以调节进入内耳的能量多寡。

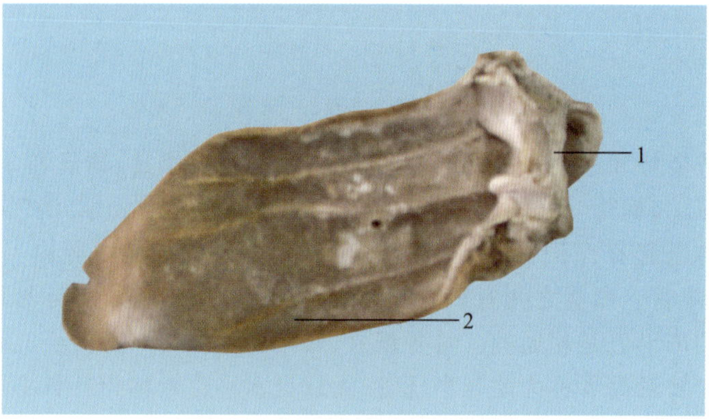

图 11-12　羊耳廓

1. 外耳道　2. 耳廓

外耳包括耳廓、外耳道和鼓膜。耳廓的形状有利于声波能量的聚集、收集声音，还可以判断声源的位置。外耳道是声波传导的通道，一端开口于耳廓中心，一端终止于鼓膜，同时它也是一个有效的共鸣腔，能使较弱的声波振动得到加强，并引起鼓膜振动。耳廓一般呈圆筒状，上端较大，开口向前；下端较小，连于外耳道。耳廓以耳廓软骨为支架，内外均覆有皮肤。耳廓内面的皮肤长有长毛，但在耳廓基部毛很少而含有很多皮脂腺。耳廓软骨基部外面包有脂肪垫，并附着有很多耳肌，故耳廓转动灵活，便于收集声波。

执业兽医资格考试真题答案

1. B　2. B　3. B　4. D　5. A　6. A　7. D　8. C

第十二章　家禽解剖

家禽包括鸡、鸭、鹅和鸽等，属于脊椎动物的鸟纲，为了适应飞翔时的生理功能，在漫长进化过程中身体构造形成了一系列特点。

第一节 运动系统

一、骨骼

禽骨强度大而重量轻。

(一)颈和躯干骨

禽的颈椎数目较多(鸡 14 节,鸭 15 节,鹅 17 节,鸽 12 节);关节突发达。胸椎数目较少(鸡、鸽 7 节,鸭、鹅 9 节),鸡和鸽的第 2～5 胸椎愈合,第 7 胸椎与腰荐骨愈合;鸭和鹅仅后 2～3 个胸椎与腰荐骨愈合。腰椎、荐椎以及一部分尾椎愈合成一整块,称综荐骨,共有 11～14 节。因此,禽类脊柱的胸部和腰荐部活动性较小,只见于胸腰之间。

肋的对数与胸椎一致。椎肋骨除第 1 和后 2～3 个外,均具有钩突,向后附着于后一肋的外面,对胸廓有加固作用。

胸骨发达,腹侧面沿中线有一胸骨嵴,又称为龙骨,鸡、鸽特别发达。

(二)头骨

颅部和面部以大而深的眼眶为界。禽类颅骨在发育过程中愈合成一整体,围成颅腔。面骨主要形成喙。上喙由颌前骨(切齿骨)、鼻骨和上颌骨构成。禽面骨中有一方骨,它与颞骨间形成活动关节;方骨的关节突与下颌骨形成方骨下颌关节。

(三)前肢骨

肩带部具有肩胛骨、乌喙骨和锁骨。乌喙骨斜位于胸前口两旁,下端以关节髁与胸骨前缘形成紧密的关节。左、右锁骨的下端已互相愈合,构成叉骨,鸡、鸽呈“V”形,鸭、鹅呈“U”形,位于胸前口前方。前肢的游离部为翼骨,分为肱骨、前臂骨(桡骨和尺骨)和前脚(腕骨、掌骨和指骨)3 段。

(四)后肢骨

盆带部包括髂骨、坐骨和耻骨 3 块骨,愈合成髋骨。后肢的游离部为腿骨,分为股骨、小腿骨(胫骨和腓骨)、跖骨和趾骨。

二、肌肉

禽肌纤维分为白肌纤维和红肌纤维。鸭、鹅等水禽和善飞的禽类，红肌纤维较多，肌肉大多呈暗红色。飞翔能力差或不能飞的禽类，有些肌肉则主要由白肌纤维构成，如鸡的胸肌，颜色较淡。

家禽的肩带肌中最发达的是胸部肌，在善于飞翔的禽类可占全身肌肉总重的1/2以上。胸部肌有两块：胸肌（又称为胸浅肌、胸大肌）和乌喙上肌（又称为胸深肌、胸小肌）。它们起始于胸骨、锁骨和乌喙骨以及其间的腱质薄膜。胸肌终止于肱骨近端的外侧，作用是将翼向下扑动。乌喙上肌的止腱则穿过三骨孔而终止于肱骨近端，作用则是将翼向上举。

翼肌主要分布于臂部和前臂部，起到将翼张开和将翼收拢作用。前臂外侧面的掌桡侧伸肌和指总伸肌，是重要的展翼肌。

腿肌是禽体内第二发达的肌肉，主要分布于股部和小腿部。

联系临床实践

胸肌与腿肌是家禽肌肉注射的常用部位。散养鸡在饲养时，为了限制它们的飞翔活动，便于管理，可做掌桡侧伸肌和指总伸肌两肌腱的切断手术。

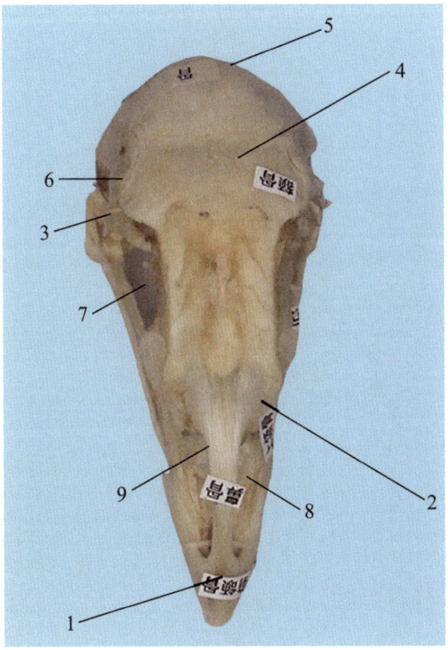

图 12-1　鸡头骨

1.颌前骨　2.上颌骨　3.方骨　4.额骨　5.顶骨　6.颞骨　7.眼眶　8.鼻孔　9.鼻骨

禽头骨分为眶窝前的面骨和后面的颅骨，面骨呈圆锥形，前部构成喙的基础。鼻孔大，位于喙和眼之间的中部。在下颌骨和颞骨间有特殊的方骨。

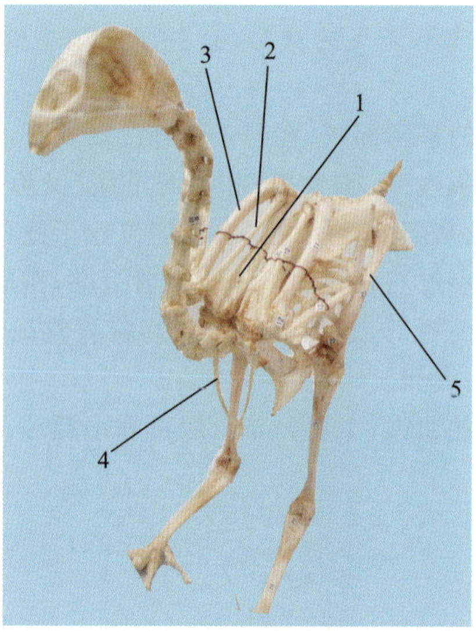

图 12-2　鸡前肢骨

1.臂骨　2.桡骨　3.尺骨　4.锁骨　5.股骨

臂骨略弯，近端粗大，有臂骨头，内外侧有大小结节。翼静止时与肩胛骨平行。桡骨直而细，位于尺骨内侧。尺骨弯曲，凹面朝向桡骨，所以前臂骨间隙宽。

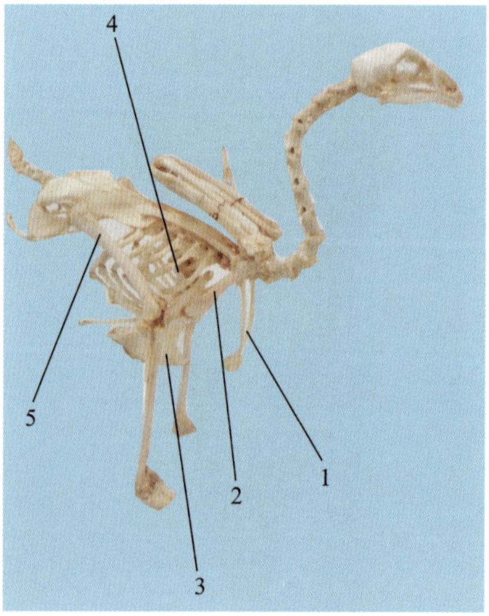

图 12-3　鸡肩带骨

1.锁骨　2.乌喙骨　3.胸骨　4.肋骨的钩突　5.股骨

乌喙骨，强大呈柱状，位于胸腔入口两侧，从胸骨前缘斜向前向上，上与肩胛骨、臂骨成关节，下与胸骨成关节。锁骨为稍弯曲的细棒状骨，左、右两侧锁骨在中间愈合。胸骨发达，腹侧面有发达的龙骨突。

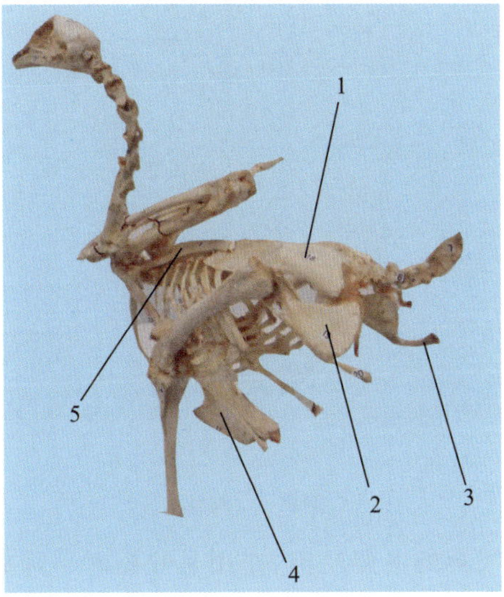

图 12-4　鸡盆带骨

1. 髂骨　2. 坐骨　3. 耻骨　4. 胸骨　5. 肩胛骨

髂骨呈不正的长方形，前方达最后几个肋骨处，构成腹腔和骨盆腔的顶壁；坐骨呈三角形的板状，构成盆腔侧壁；耻骨细长，从髋臼处在坐骨腹侧向后延伸。

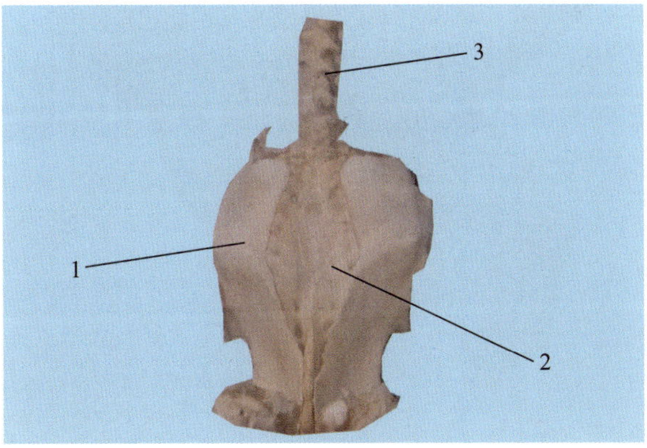

图 12-5　鸡综荐骨

1. 髂骨　2. 综荐骨　3. 尾椎骨

鸡的椎骨除颈椎外大部分愈合，第 7 胸椎和全部腰荐椎以及第 1 尾椎愈合成一块综荐骨，中部宽，两侧窄，两侧与髂骨紧密相连成不动关节。

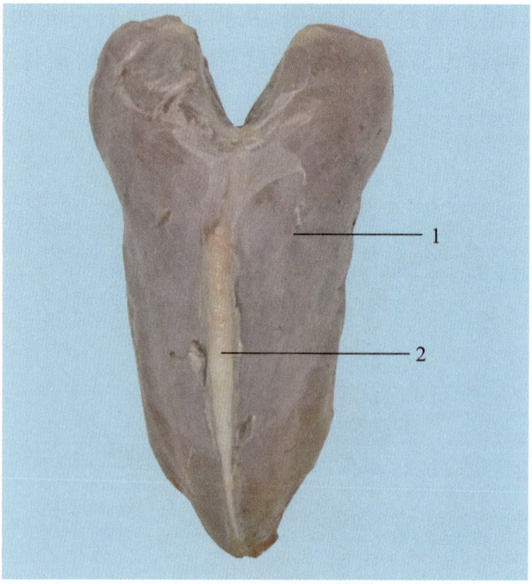

图 12-6 鸡胸肌

1. 胸肌 2. 胸骨嵴

胸肌又称为胸大肌，是飞翔的主要肌肉，作用是收缩时下降翼，该部位同时也是临床上肌肉注射的主要部位之一。

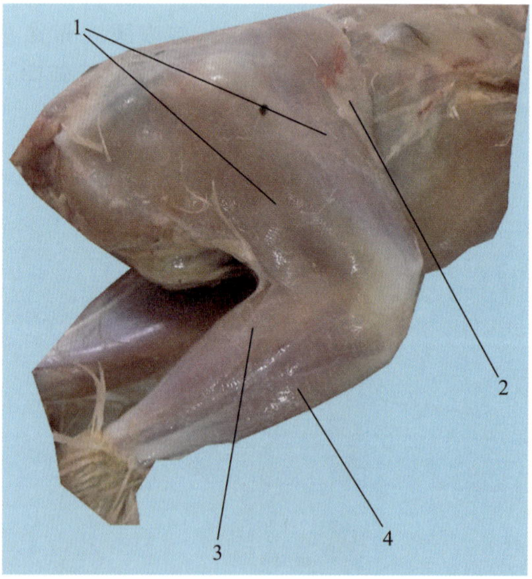

图 12-7 鸡后肢外侧肌

1. 髂胫外侧肌 2. 髂胫前肌 3. 腓肠肌 4. 腓骨长肌

髂胫外侧肌位于大腿外侧面，可伸展大小腿；髂胫前肌位于大腿前外侧缘；腓骨长肌位于小腿背外侧浅层；腓肠肌位于小腿后侧，为小腿部最强大的肌肉。

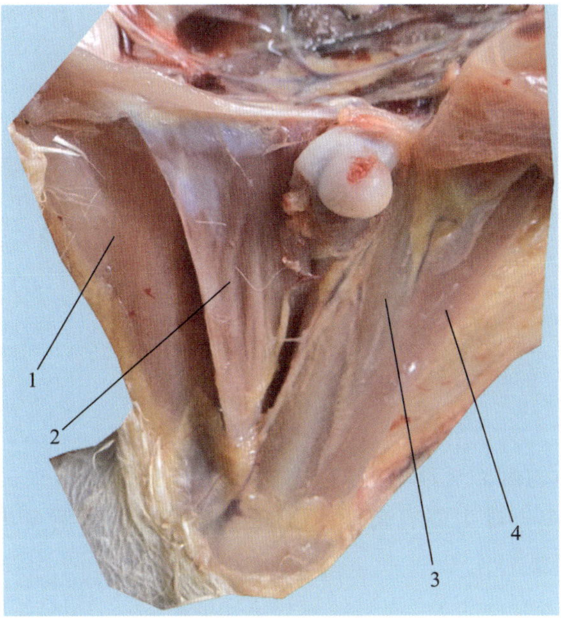

图 12-8　鸡后肢内侧肌

1. 股内侧屈肌　2. 耻坐骨肌　3. 栖肌　4. 髂胫前肌

股内侧屈肌位于大腿后内侧，长而扁薄，可屈曲胫骨。耻坐骨肌位于股内侧，股胫肌后方，可内收和伸展股骨。栖肌，是禽类特有的肌肉，纺锤形，位于大腿内侧，与股骨平行。髂胫前肌位于大腿前外侧，作用是收缩时屈髋关节、伸膝关节和外展后肢。

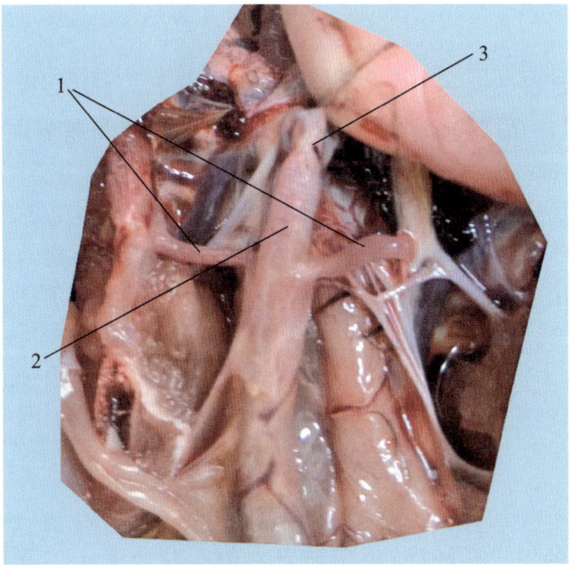

图 12-9　鸡鸣肌

1. 鸣肌　2. 气管　3. 鸣管

鸣肌为禽类气管两侧的索状肌肉，可控制鸣管的伸缩，从而调节进入鸣管的空气量和鸣膜的紧张度。

第二节　消化系统

一、口咽

禽没有软腭，口腔与咽腔无明显分界，常合称为口咽。禽的上、下颌发育成上喙和下喙，无唇、齿和颊。雏鸡上喙尖部有角质化上皮细胞形成的所谓蛋齿，孵出时可用来划破蛋壳。

二、食管和嗉囊

食管分为颈段和胸段。颈段开始位于气管背侧，然后与气管一同偏至颈的右侧而行，直接位于皮下。鸡和鸽的食管在叉骨前偏右侧形成袋状的嗉囊。鸭、鹅无真正的嗉囊。胸段在相当于第 3～4 肋间隙处略偏向左而与腺胃相接。鸡的嗉囊略呈球形，鸽的分为对称的两叶。

三、胃

禽胃包括腺胃和肌胃。

腺胃，呈短纺锤形，向后以峡部与肌胃相接。鸡、鸽腺胃黏膜表面有乳头，较大而明显；鸭、鹅的数目较多。

肌胃，俗称肫，形状呈圆形或椭圆形的双凸透镜状，质坚实，位于腹腔左侧，在肝的两叶之间。肌胃分为背侧部和腹侧部很厚的体，以及较薄的前囊和后囊。腺胃开口于前囊；肌胃通十二指肠的幽门也在前囊。肌胃黏膜紧贴一片胃角质层，俗称肫皮，起保护作用，并有助于对食料进行研磨加工。

四、肠和泄殖腔

（一）小肠

十二指肠形成长的“U”形肠袢，位于肌胃右侧。胰位于十二指肠袢内。空回肠以肠系膜悬挂于腹腔右半。空回肠的中部有小突起，称为卵黄囊憩室，常作为空肠与回肠的分界。

(二)大肠

大肠包括一对盲肠和一条直肠。盲肠长,沿回肠两旁向前延伸,可分颈、体、顶 3 部分。盲肠颈较细,开口于回肠和直肠连接处的紧后方。盲肠体较宽,逐渐变尖而为盲肠顶。在盲肠基部的淋巴小结集合成盲肠扁桃体,鸡较明显。鸽盲肠不发达,如芽状。

执业兽医资格考试真题

1.(2009 年、2012 年、2014 年)家禽大肠的特点是(　　)。

A. 有一条盲肠　B. 有一条结肠　C. 有一对盲肠

D. 有一对结肠　E. 有一对直肠

2.(2016 年)鸡盲肠扁桃体位于(　　)。

A. 回盲韧带　B. 盲肠体　C. 盲肠尖

D. 盲肠基部　E. 盲肠体和尖

3.(2017 年)鸡消化道的特点之一是(　　)。

A. 1 条盲肠　B. 2 条盲肠　C. 3 条盲肠

D. 盲肠消失　E. 盲肠退化

(三)泄殖腔

泄殖腔是消化、泌尿和生殖系统的共同通道,略呈球形,向后以泄殖孔开口于外,通常称肛门。泄殖腔以黏膜褶分为 3 部分。前部为粪道,与直肠相通。中部为泄殖道,最短,输尿管、输精管、输卵管开口于泄殖道。后部为肛道,其背侧有法氏囊的开口。

五、肝

肝位于腹腔前下部,分左、右两叶。右叶较大,具有胆囊。成禽的肝为淡褐色至红褐色,肥育的禽因肝含有脂肪而为黄褐色或土黄色,刚孵出的雏禽,由于吸收卵黄色素,肝呈鲜黄色至黄白色。

六、胰

胰位于十二指肠袢内,淡黄色或淡红色,长形,通常分背叶、腹叶和小的脾叶。胰的外分泌部与家畜相似,为复管泡状腺,内分泌部为胰岛。

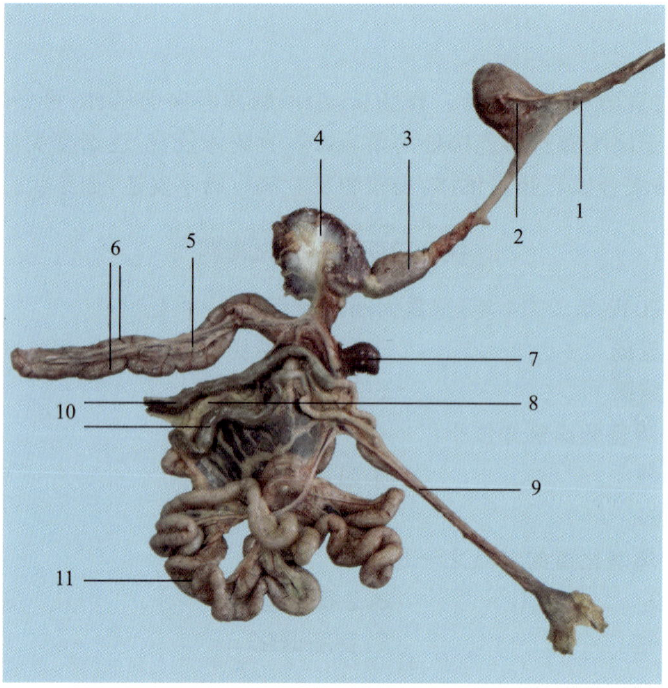

图 12-10 消化器官(鸡)

1. 食管 2. 嗉囊 3. 腺胃 4. 肌胃 5. 胰腺 6. 十二指肠
7. 脾脏 8. 回肠 9. 直肠 10. 盲肠 11. 空肠

禽类消化器官由口、咽、食管、嗉囊、腺胃、肌胃、小肠、大肠、泄殖腔及肛门构成。

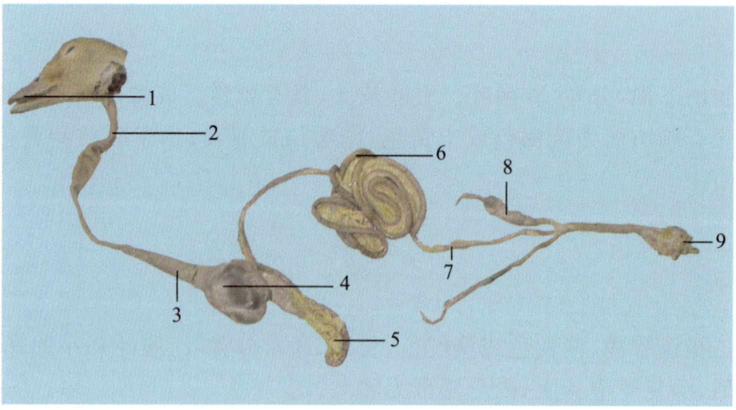

图 12-11 消化器官(鸭)

1. 口腔 2. 食管 3. 腺胃 4. 肌胃 5. 十二指肠 6. 空肠 7. 回肠 8. 盲肠 9. 直肠

鸭消化器官和鸡类似,但没有嗉囊,只有食管膨大部,禽类消化系统缺少唇、齿、软腭和结肠。

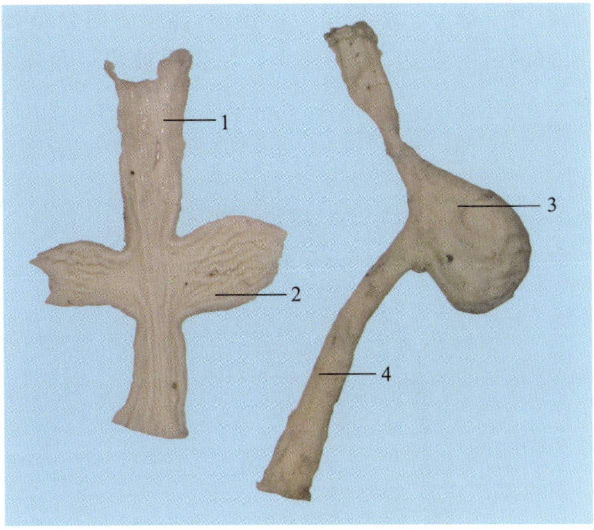

图 12-12　嗉囊（鸭）

1. 食管黏膜　2. 嗉囊黏膜　3. 嗉囊　4. 食管

鸡食管在叉骨前形成袋状的膨大，称为嗉囊；鸭、鹅没有真正嗉囊，但食管颈段扩大成纺锤形结构。嗉囊的主要机能是贮存食物，并借黏液的作用软化、浸泡食物，其中的微生物可起部分发酵分解作用。鸽的嗉囊可分泌鸽乳，用以哺乳幼鸽。

图 12-13　腺胃与肌胃（鸡）

1. 腺胃　2. 贲门　3. 腺胃乳头　4. 肌胃　5. 肌胃角质层

禽胃分为腺胃和肌胃两个部分。腺胃呈短纺锤形，黏膜表面分布有乳头，新城疫发生时腺胃乳头出血明显。肌胃的肌层发达，内腔较小。黏膜面被覆一角质膜，鸡的为黄白色，易剥离，中药名为鸡内金。

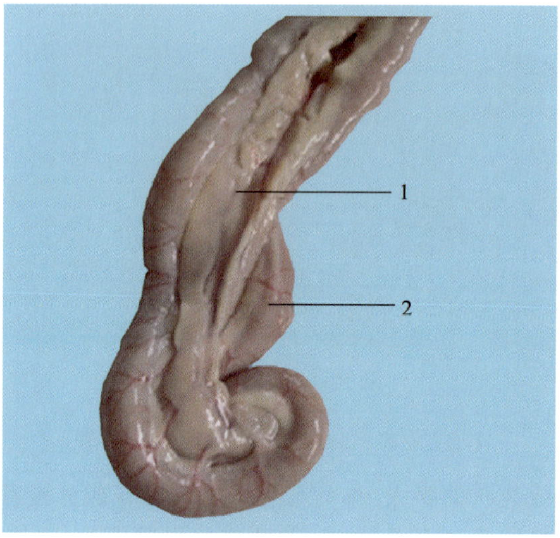

图 12-14 十二指肠胰腺(鸡)

1. 胰腺 2. 十二指肠

禽的十二指肠形成长的"U"形肠袢，分为降支和升支两部。胰腺位于十二指肠袢内，呈淡黄色或淡红色，胰管开口于十二指肠终部。

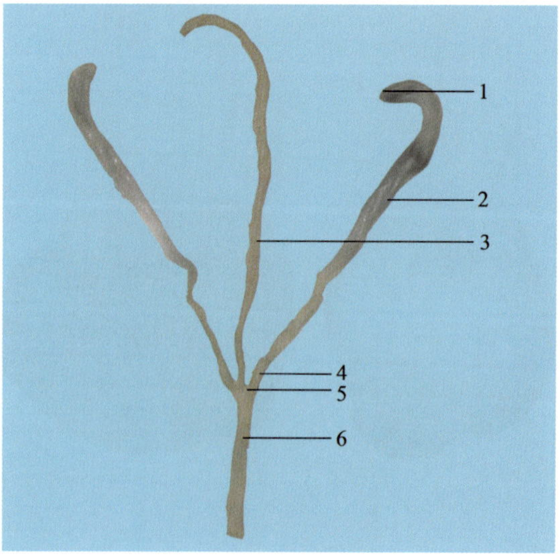

图 12-15 盲肠(鸡)

1. 盲肠顶 2. 盲肠体 3. 回肠 4. 盲肠扁桃体 5. 盲肠颈 6. 直肠

禽的盲肠有两条，长而粗，沿回肠两侧向前延伸，可分为盲肠颈、盲肠体、盲肠顶 3 部分。盲肠壁内含有丰富的淋巴组织，在盲肠颈的淋巴小结集合形成盲肠扁桃体。柔嫩艾美耳球虫寄生在此部位，感染时表现为盲肠高度肿大，肠腔内充满血凝块。

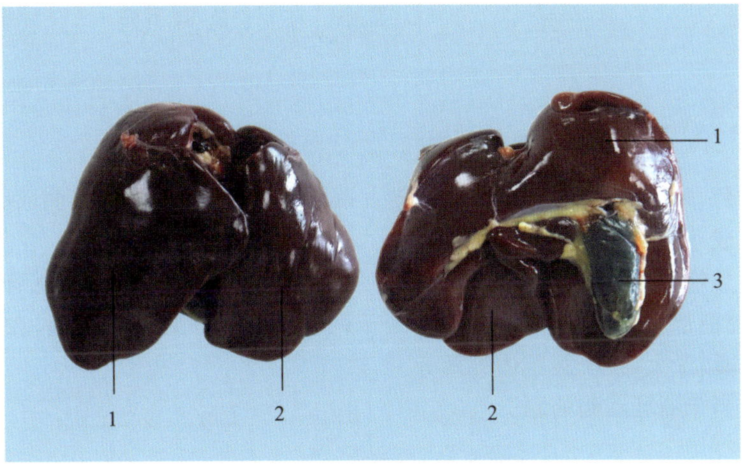

图 12-16　鸡肝脏壁面（左）及脏面（右）

1. 右叶　2. 左叶　3. 胆囊

肝脏是家禽体内最大的消化腺，位于腹腔前下部，分左、右两叶，右叶较大，具有胆囊（鸽除外）。成禽肝脏为淡褐色至红褐色，肥育的禽因肝内含有脂肪而为黄褐色或土黄色，刚孵出的雏禽，由于吸收卵黄色素，肝呈鲜黄色至黄白色，约两周后肝色转深。

第三节　呼吸系统

一、鼻腔

鼻孔位于上喙基部。鸽的两鼻孔之间的喙基部形成隆起的蜡膜，其形态是品种的重要特征之一。

二、喉、气管和鸣管

喉位于咽底壁，在舌根后方，与鼻后孔相对。喉软骨仅有环状软骨和杓状软骨。禽的喉无声带。

气管在皮肤下伴随食管向下行，并一起偏至颈的右侧，入胸腔后转至食管胸段腹侧，至心基上方分为两条支气管，分杈处形成鸣管。

鸣管是禽的发声器官，位于胸腔入口后方。气管分杈处呈楔形的小骨称为鸣骨，又称为鸣管托。公鸭形成膨大的骨质鸣管泡，向左突出，缺少鸣膜，因此发声嘶哑。

执业兽医资格考试真题

4.(2020年、2022年)家禽的发声器官是(　　)。

A.鸣管　B.声带　C.鼻腺　D.眶下窦　E.鸣骨

5.(2020年)位于气管分杈处顶的楔形小骨为(　　)。

A.鸣管　B.声带　C.鼻腺　D.眶下窦　E.鸣骨

三、肺和气囊

禽肺鲜红色,略呈扁平的椭圆形,不分叶。两肺位于胸腔背侧部,背侧面有椎肋骨嵌入,在背内侧缘形成几条肋沟。

气囊是禽类特有,多数禽类有9个。一对颈气囊,其中央部在胸腔前部背侧。一个锁骨气囊,位于胸腔前部腹侧。一对胸前气囊,位于两肺腹侧。一对胸后气囊,在胸前气囊紧后方。一对腹气囊,最大,位于腹腔内脏两旁。

禽没有相当于哺乳动物的膈。

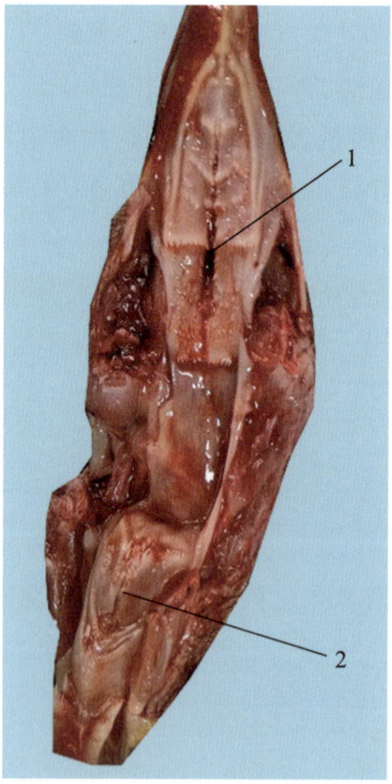

图12-17　鸡腭裂

1.腭裂　2.喉口

鼻后孔延续至腭,形成腭裂,又称鼻后孔裂。

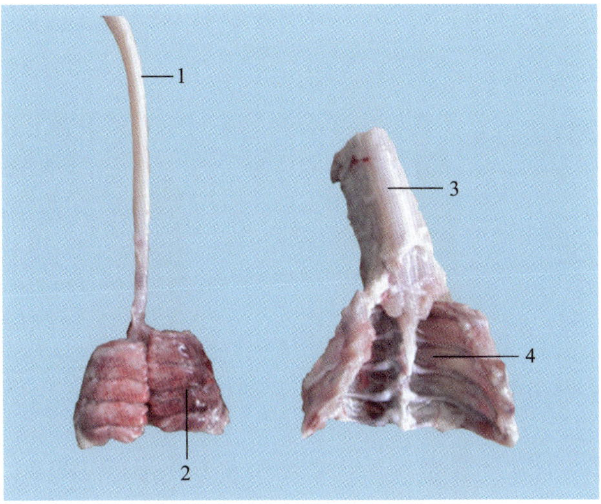

图 12-18　鸡肺脏

1.气管　2.肋沟　3.颈椎　4.肋间隙

禽肺不大,鲜红色;呈扁平椭圆形或卵圆形,内侧缘厚,外侧缘和后缘薄,一般不分叶。两肺位于胸腔背侧部,背侧面有椎肋嵌入,在背内侧缘形成几条肋沟。

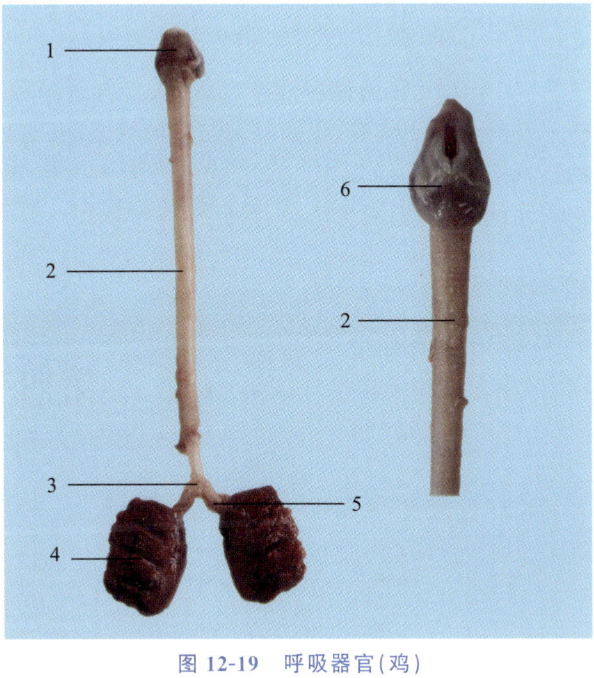

图 12-19　呼吸器官(鸡)

1.喉　2.气管　3.鸣管　4.肺　5.支气管　6.喉头

禽的呼吸系统由鼻腔、咽、喉、鸣管、气管、肺及气囊组成。禽的气管较长较粗,气管环数很多,是"O"形的软骨环,相邻的气管环互相套叠,可以伸缩,适应颈的灵活运动。气管也是通过蒸发散热以调节体温的重要部位。

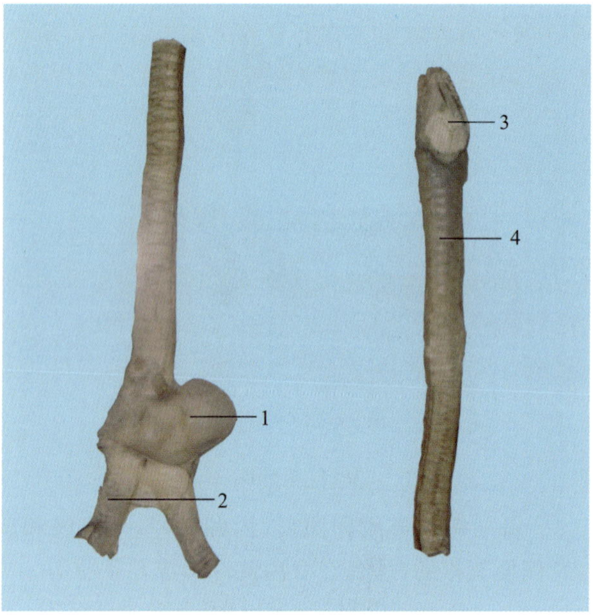

图 12-20 气管鸣管(鸭)

1.鸣管泡 2.支气管 3.喉头 4.气管

鸣管是禽的发声气管,支架为气管的最后几个气管环、支气管最前的几个软骨环,以及气管杈处呈楔形的鸣骨。在鸣骨与支气管,以及气管与支气管之间,有两对弹性鸣膜。鸣膜相当于声带,当禽呼气时,受空气振动而发声。公鸭的鸣骨因为大部分软骨环互相愈合,并形成膨大的骨质鸣管泡向左侧突出,但缺少鸣膜,因此发声嘶哑。

第四节 泌尿系统

禽类泌尿系统由肾和输尿管组成,无膀胱。

一、肾

禽肾淡红至褐红色,质软而脆,位于腰荐骨两旁和髂骨的内面;形态狭长,可分前、中、后3部分。肾外无脂肪囊、无肾门。

二、输尿管

输尿管在肾内不形成肾盂，而分成若干初级分支和次级分支。输尿管为一对细管，从肾中部走出，沿肾的腹侧面向后延伸，开口于泄殖道顶壁两侧，有时可看到腔内有白色尿酸盐晶体。

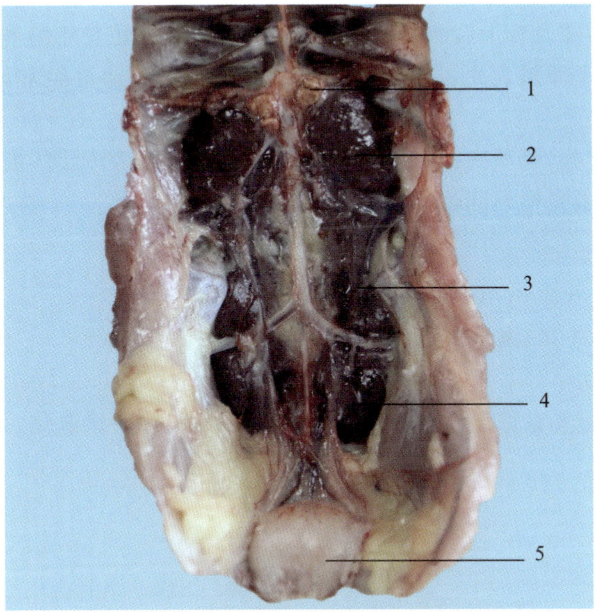

图 12-21　鸡肾脏

1. 肾上腺　2. 肾前部　3. 肾中部　4. 肾后部　5. 法氏囊

鸡的肾脏相对身体来说比例较大，位于综荐骨的腹侧，可分为前、中、后 3 部分，前方有黄白色的肾上腺，输尿管从肾中部发出，向后通到泄殖腔，无膀胱。

第五节　生殖系统

一、公禽生殖器官

公禽睾丸位于肾前部下方，体表投影在最后两椎肋骨的上部。幼禽睾丸米粒大，黄色。成禽睾丸生殖季节达(35～60) mm×(25～30) mm，颜色为乳白色。

输精管与输尿管并列，末端形成输精管乳头，突出于泄殖腔(输尿管口略下方)。

公鸡、公鸽无阴茎，仅有位于肛门腹侧唇内侧的3个小阴茎体、一对淋巴褶和一对泄殖腔旁血管体。阴茎体在刚出壳的雏鸡较明显，可用来鉴别雌雄。

公鸭、公鹅有较发达的阴茎，长分别为6～8 cm和7～9 cm。

二、母禽生殖器官

母禽仅左侧的卵巢与输卵管发育正常，右侧退化。

卵巢位于左肾前部及肾上腺腹侧，幼禽为扁平椭圆形。随着年龄和性活动周期，卵泡发育为成熟卵泡，突出于卵巢表面，如一串葡萄状。在产蛋期，卵巢经常保持有四五个较大的卵泡。

左输卵管发育充分，可顺次分5部分：漏斗(受精部位)、膨大部(蛋白分泌部位)、峡(壳膜形成部位)、子宫(蛋壳形成部位)和阴道。

执业兽医资格考试真题

6. (2009年、2014年)雌性家禽生殖系统的特点是(　　)。

A. 卵巢不发达　　B. 输卵管不发达　　C. 卵巢特别发达

D. 左侧的卵巢和输卵管退化　　E. 右侧的卵巢和输卵管退化

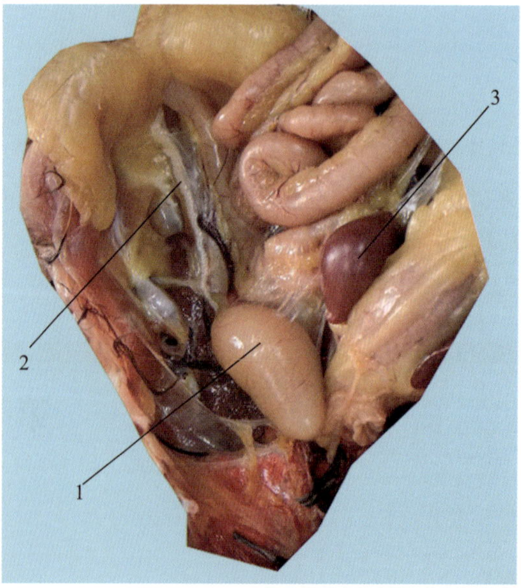

图12-22　鸡睾丸和输精管

1. 睾丸　2. 输精管　3. 脾脏

睾丸呈卵圆形，表面光滑，位于腹腔内，其大小随年龄和季节变化，幼禽睾丸米粒大，淡黄色。成禽睾丸具有明显的季节变化，生殖季节发育到最大。输精管是一对弯曲的细管，是贮存精子的主要场所，在生殖季节增长并加粗，弯曲密度增大，因贮有精液而呈乳白色。

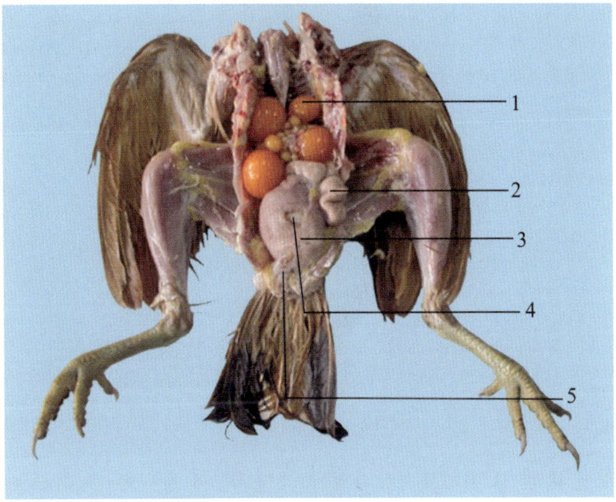

图 12-23　生殖器官(母鸡)

1.成熟卵泡　2.输卵管　3.输卵管子宫部　4.成蛋　5.泄殖腔

雌性生殖器包括卵巢和输卵管。输卵管可分为漏斗部、膨大部、峡部、子宫部及阴道部 5 部分。卵在子宫内停留时间最长，有水分和盐类透过壳膜加入蛋白而形成稀蛋白。子宫腺的分泌物则沉积于壳膜外形成蛋壳。

第六节　心血管系统

家禽心血管系统由心脏、血管和血液组成。

一、心脏

禽心脏位于胸腔的腹侧，心基部朝向前背侧，与第 1 肋相对，心尖斜向后，正对第 5 肋骨。

二、血管与血液

禽的血管系统包括动脉和静脉。禽类血液约占体重的 8%。禽红细胞呈椭圆形，有细胞核，寿命 30～45 d。

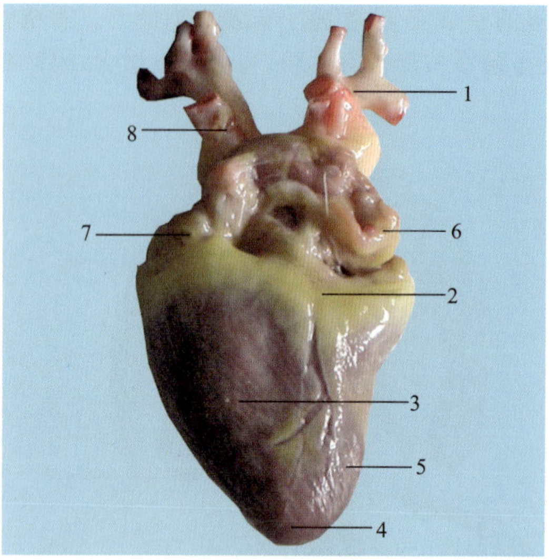

图 12-24　心脏(鹅)

1.肺动脉　2.冠状沟　3.右心室　4.心尖　5.左心室　6.左心房　7.右心房　8.主动脉

禽的心外包以心包,位于胸部的后下方,心基向前向上,心尖向后向下,夹在肝的两叶之间,构造与哺乳动物相似,也分为两心房和两心室。

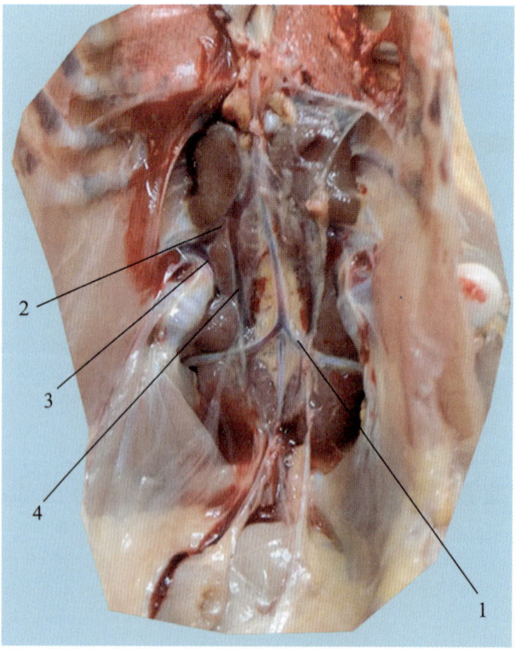

图 12-25　鸡坐骨动脉

1.坐骨动脉　2.髂总静脉　3.后肾门静脉　4.肾后静脉

坐骨动脉在肾中部和肾后部间发出,向外侧延伸,穿过坐骨孔成为后肢动脉主干;鸡髂总静脉由后肾门静脉和髂外静脉汇合形成，肾后静脉与后肾门静脉并行向前，汇入髂总静脉。

第七节　淋巴系统

一、胸腺

胸腺位于颈部两侧皮下，每侧一般有7叶(鸡)或5叶(鸭、鹅和鸽)，沿颈静脉直到胸腔入口的甲状腺处；淡黄色或带红色。性成熟前发育最大，此后逐渐退化。

二、法氏囊

法氏囊又称腔上囊，是禽特有的淋巴器官，位于泄殖腔背侧，开口于肛道；圆形(鸡)或长椭圆形(鸭、鹅)。性成熟前发育至最大(3～5月龄，鹅稍迟)，此后逐渐退化(鸡10月龄，鸭1年，鹅稍迟)。法氏囊是产生B淋巴细胞的初级淋巴器官。

三、脾

脾位于腺胃右侧，鸡脾呈圆形，鸭脾呈三角形，鸽脾呈长形，质软而呈褐红色。主要参与免疫功能。

四、淋巴结

淋巴结仅见于鸭、鹅等水禽；有两对，一对颈胸淋巴结，长纺锤形，长1.0～1.5 cm，位于颈基部和胸前口处，紧贴颈静脉。一对腰淋巴结，长形，长达2.5 cm，位于腰部主动脉两侧。

执业兽医资格考试真题

7. (2011年)家禽体内性成熟后逐渐退化并消失的器官是(　　)。
   A. 脾和腔上囊　　B. 淋巴结和胸腺　　C. 盲肠扁桃体和腔上囊
   D. 腔上囊和胸腺　　E. 盲肠扁桃体和胸腺
8. (2019年)鸡法氏囊是产生(　　)。
   A. T淋巴细胞的初级淋巴器官　　B. T淋巴细胞的次级淋巴器官
   C. B淋巴细胞的初级淋巴器官　　D. B淋巴细胞的次级淋巴器官
   E. NK淋巴细胞的次级淋巴器官

五、盲肠扁桃体

一对盲肠基部壁内有淋巴组织聚集，形成盲肠扁桃体，禽患某些传染病后此处常形成明显的病变。

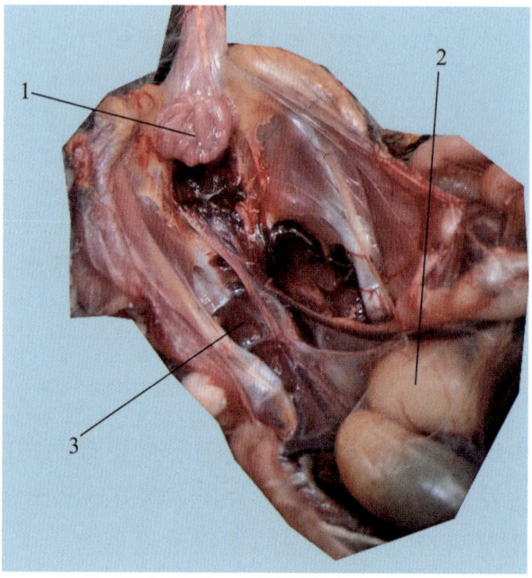

图 12-26　鸡法氏囊

1. 法氏囊　2. 睾丸　3. 肾脏

法氏囊为禽类特有的免疫器官，位于泄殖腔的背侧，开口于泄殖道，内面黏膜形成纵行褶，内有大量的淋巴小结，性成熟后退化。

图 12-27　鸡脾脏

脾脏位于腺胃右侧，圆形或三角形，褐红色，外包薄的被膜。

第八节　神经系统

禽坐骨神经最粗大，穿过髂坐孔，在股下 1/3 处分为胫神经和腓总神经。

联系临床实践

当鸡患马立克氏病时，一侧坐骨神经会肿大、变性。

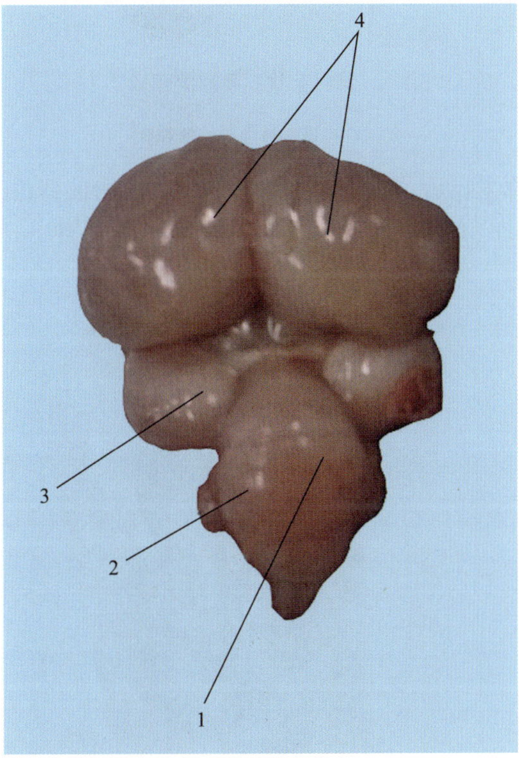

图 12-28　鸡脑

1. 小脑　2. 小脑绒球　3. 中脑视叶　4. 大脑半球

鸡小脑蚓部发达，两侧形成小脑绒球，脑桥不明显，中脑发达，有发达的视叶。

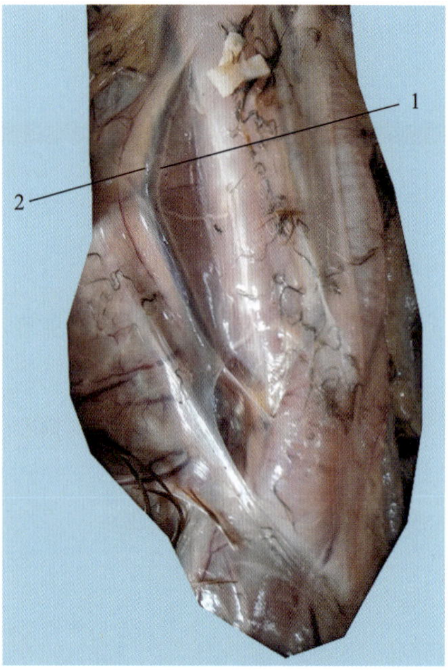

图 12-29 鸡迷走神经

1. 迷走神经 2. 颈静脉

鸡迷走神经从脑部发出后，在颈部与颈静脉并行，在胸前部位于锁骨下静脉和颈静脉汇合处内侧，在心脏背侧左、右迷走神经靠拢，沿肺动脉两侧延伸。

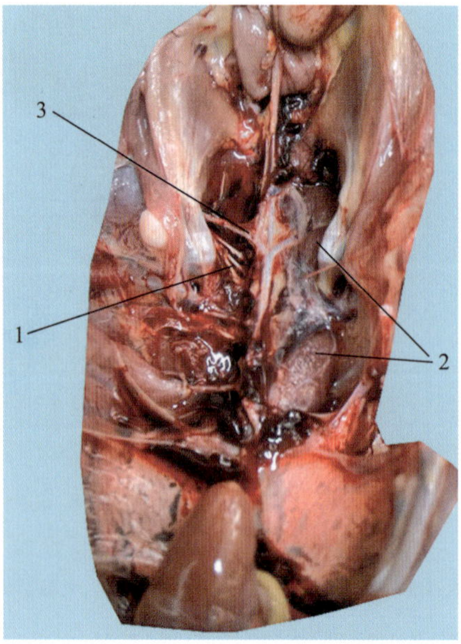

图 12-30 鸡腰荐神经丛

1. 腰荐神经丛 2. 肾脏 3. 坐骨动脉

腰荐神经丛在肾脏深层,腰丛分成两条大干,前干分布于髂胫前肌和股外侧皮肤,后干形成股神经;荐丛形成粗大的坐骨神经,在股下 1/3 处分为胫神经和腓总神经。

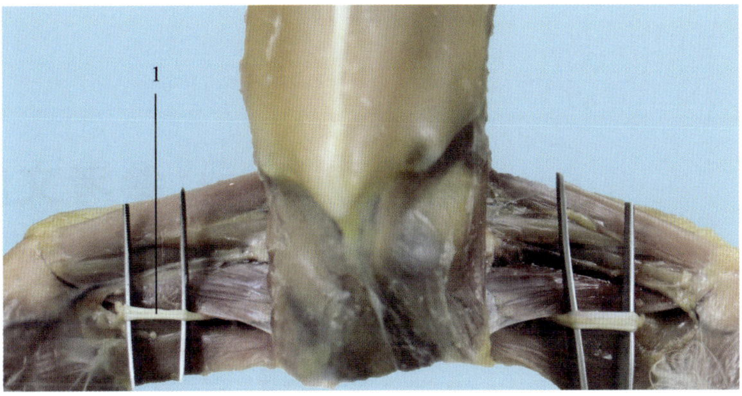

图 12-31 鸡坐骨神经

1. 坐骨神经

禽坐骨神经是体内最大的神经。马立克氏病病毒常常侵害一侧坐骨神经,表现为神经肿大。临床上禽类表现出“劈叉”姿势。

执业兽医资格考试真题答案

1. C 2. D 3. B 4. A 5. E 6. E 7. D 8. C

参考文献

[1]马仲华.家畜解剖学及组织胚胎学.3版.北京:中国农业出版社,2002.

[2]王会香.动物解剖原色图谱.合肥:安徽科学技术出版社,2008.

[3]雷治海.动物解剖学.北京:科学出版社,2015.

[4]董常生.家畜解剖学.5版.北京:中国农业出版社,2015.

[5]沈霞芬,卿素珠.家畜组织学与胚胎学.5版.北京:中国农业出版社,2015.

[6]孟婷,尹洛蓉.动物解剖生理.北京:中国林业出版社,2015.

[7]潘素敏,解慧梅.动物解剖学与组织胚胎学.北京:科学出版社,2017.

[8]陈耀星,崔燕.动物解剖学与组织胚胎学:全彩版.北京:中国农业出版社,2019.

[9]陈耀星,曹静.动物解剖学彩色图谱.2版.北京:中国农业出版社,2021.